期表

	13	14	15	16	17	18
						2 He ヘリウム 4.003
	5 B ホウ素 10.81	6 C 炭素 12.01	7 N 窒素 14.01	8 O 酸素 16.00	9 F フッ素 19.00	10 Ne ネオン 20.18
	13 Al アルミニウム 26.98	14 Si ケイ素 28.09	15 P リン 30.97	16 S 硫黄 32.07	17 Cl 塩素 35.45	18 Ar アルゴン 39.95

11	12						
29 Cu 銅 63.55	30 Zn 亜鉛 65.38	31 Ga ガリウム 69.72	32 Ge ゲルマニウム 72.63	33 As ヒ素 74.92	34 Se セレン 78.97	35 Br 臭素 79.90	36 Kr クリプトン 83.80
47 Ag 銀 107.9	48 Cd カドミウム 112.4	49 In インジウム 114.8	50 Sn スズ 118.7	51 Sb アンチモン 121.8	52 Te テルル 127.6	53 I ヨウ素 126.9	54 Xe キセノン 131.3
79 Au 金 197.0	80 Hg 水銀 200.6	81 Tl タリウム 204.4	82 Pb 鉛 207.2	83 Bi ビスマス 209.0	84 Po ポロニウム (210)	85 At アスタチン (210)	86 Rn ラドン (222)
111 Rg レントゲニウム (280)	112 Cn コペルニシウム (285)		114 Fl フレロビウム (289)		116 Lv リバモリウム (293)		

65 Tb テルビウム 158.9	66 Dy ジスプロシウム 162.5	67 Ho ホルミウム 164.9	68 Er エルビウム 167.3	69 Tm ツリウム 168.9	70 Yb イッテルビウム 173.1	71 Lu ルテチウム 175.0
97 Bk バークリウム (247)	98 Cf カリホルニウム (252)	99 Es アインスタイニウム (252)	100 Fm フェルミウム (257)	101 Md メンデレビウム (258)	102 No ノーベリウム (259)	103 Lr ローレンシウム (262)

本化学会原子量専門委員会が作成した4桁の原子量表（2015）に基づく．

理工系のための 化学実験

● 基礎化学からバイオ・機能材料まで

Undergraduate Experiments in Chemistry
from Basic Chemistry to Biochemistry and Functional Materials

岩村　秀・角五正弘 監修
大月　穣・青山　忠・浮谷基彦・遠山岳史・松田弘幸 編

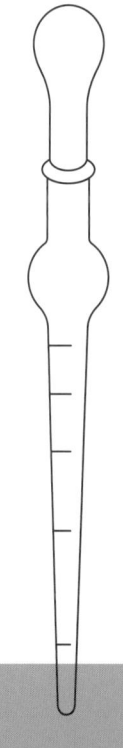

共立出版

著者一覧

青山 忠	（あおやま ただし）	日本大学理工学部物質応用化学科 准教授	4.3～4.6
浮谷 基彦	（うきや もとひこ）	日本大学理工学部物質応用化学科 准教授	1.1, 1.3, 5.1～5.3
大月 穰	（おおつき じょう）	日本大学理工学部物質応用化学科 教授	1.1～1.3, 2.6～2.8
角田 雄亮	（かくた ゆうすけ）	日本大学理工学部物質応用化学科 助教	2.2～2.5
櫛 泰典	（くし やすのり）	日本大学理工学部物質応用化学科 教授	1.1, 5.7～5.19
栗原 清文	（くりはら きよふみ）	日本大学理工学部物質応用化学科 教授	6.1～6.4
小嶋 芳行	（こじま よしゆき）	日本大学理工学部物質応用化学科 教授	3.1～3.3
櫻川 昭雄	（さくらがわ あきお）	日本大学理工学部物質応用化学科 教授	2.1
清水 繁	（しみず しげる）	日本大学理工学部物質応用化学科 教授	4.10～4.15
須川 晃資	（すがわ こうすけ）	日本大学理工学部物質応用化学科 助教	6.7
鈴木 佑典	（すずき ゆうすけ）	日本大学理工学部物質応用化学科 助教	5.6
谷川 実	（たにがわ みのる）	日本大学理工学部物質応用化学科 准教授	5.4, 5.5
遠山 岳史	（とうやま たけし）	日本大学理工学部物質応用化学科 准教授	3.4, 3.5
西宮 伸幸	（にしみや のぶゆき）	日本大学理工学部物質応用化学科 教授	6.5, 6.6
萩原 俊紀	（はぎわら としき）	日本大学短期大学部生命・物質化学科 教授	4.1, 4.2, 4.7～4.9
星 徹	（ほし とおる）	日本大学理工学部物質応用化学科 助教	3.6, 3.7
吉川 賢治	（よしかわ けんじ）	日本大学理工学部物質応用化学科 専任講師	1.3, 2.9

（五十音順，所属先・肩書きは刊行時のもの，最右列は執筆箇所）

監修のことば

　化学実験は，座学で学んだ基礎知識をもとに，実際に物質を手に取って，設定された物理的・化学的または生物学的諸条件の下で物質がどう振る舞うかを実感し，どのような装置を使ってそれを定量的に調べるかを学習し，結果をきちんと記録し，整理してレポートを作成することからなる．

　日本大学理工学部では，かつては『大学課程実験工業化学』（金丸競 編）を教科書として用い，最近では時代の要請に応じたカリキュラムの改訂に対応して内容を改め，各担当教員作成のプリントで対応してきた．この度，次代を担う理工系学部学生に広く学んでもらうことを意図して，これまで実施してきた化学実験をもとに，物質応用化学科の教員諸氏が分担執筆し，大月穣教授らが取りまとめて，新しい実験書を上梓することとなった．監修に際しては国際純正応用化学連合（IUPAC）の学術用語および単位のチェックに特に注意した．

　本書の大きな特徴は，従来の化学および化学工学実験が更新されただけでなく，生物実験／遺伝子操作を含む生物化学実験が充実している点であり，これは時代の変化を反映している．また近年，応用化学系学科のみならず機械学科や電気・電子工学科などでも化学物質を取り扱う実験を行う局面が生じているが，そのような際にも有用な構成となっている．

　本書を使って実験を行う学生諸君は，実験書とにらめっこして実験を行うのではなく，予習して手順の流れ図を予め作ってから実験に臨むことが強く勧められる．

岩村　秀

　化学は既存の物質を出発原料として新たな機能と価値を有する物質を創製する学問である．歴史的には錬金術に端を発する．アメリカ化学会のCAS REGISTRYには1億を超える化学物質が登録されている．まさに合成実験の成果であるが，得られた化合物の構造を解析し，その物質の有する機能を調べ，機能の発現機構を調べるには実験が必要である．コンピューターケミストリーの進歩により反応性や機能の発現機構を予測できるようになってきてはいるが，ベースになるデータ採取や検証には実験が必須であり，これからも化学研究の基本が実験にあることは変わらない．予測に反する実験結果が新発見につながったケースも数多く報告されている．

　近年，化学の対象とする物質はサイズ（分子，ナノ粒子，結晶など）や状態（気体，液体，固体など）など極めて広範囲にわたり，用途も拡大している．本書では無機化学，有機化学，高分子化学，生化学，分析化学，物性測定から化学物質を工業的に製造する際の基礎となる化学工学まで，広範囲な分野を対象にしている．このような広い領域を対象にした化学実験書は日本には今までなかっただろう．

　本書では化学の面白さを実感しながらスキルを磨くことができるように工夫されており，卒業研究，さらには大学院での研究実験の基礎となるものと確信している．

角五正弘

はじめに

　化学は，物理との境界領域である基礎から，新物質・新材料の合成といった技術に近い分野，さらには，生命のしくみの解明にいたるまで幅広く発展している．化学は物質の化学であり，実際に物質に触れることが欠かせない．大学の化学系学科では初年時から化学実験と座学が両輪としてカリキュラムが組まれているだろう．

　市販されている化学系学科のための学生実験のテキストを見てみると，まだ内容的に，定性分析，定量分析，物質の合成，反応速度，スペクトルという伝統的な化学実験の範囲に限られているものが多いようである．ところが，化学系学科では，高分子，化学工学，生物化学といったより広い内容を取り扱う学科も多く，最近の機能材料や生命科学に関する実験も学生実験として取り扱うことが望ましい状況になっているだろう．日本大学理工学部物質応用化学科では，化学の進展に合わせて学生実験の内容の見直しを行い，2014年度から一新した内容で進められている．それに合わせて，学生実験のテキストにも従来の化学実験に加えて，燃料電池や太陽電池などの応用デバイスに関する実験やタンパク質や遺伝子等に関する実験も含めてまとめておく必要があるだろうと企図されて誕生したのが本書である．

　本書は，正しい結果を出すためのマニュアルではなく，原理を考えて議論ができる構成にすること，そして，研究室に入ってからや卒業してからも使える内容とすることをコンセプトに編集した．また，どの大学の化学系学科でも活用できることを念頭に構成したので，多くの大学でテキストとして採択されることと期待している．

　本書では，化学の分野を「物理化学・分析化学」，「無機化学」，「有機化学・高分子化学」，「生物化学」，「化学工学・機能化学」と章ごとに分類し，その中の各節で一区切りの実験を説明した．それぞれの実験は半日を単位として1～2日程度で行える内容である．各節，つまり各実験は以下のように基本的な構成がもとになっている．各項目についてどのように読めばよいかヒントを挙げておこう．

❶ 実験の目的：それぞれの実験で理解し，身に付けてもらいたいことをまとめてある．
❷ 実験の背景：それぞれの実験を行うにあたっての背景知識を述べている．概要を簡単に紹介しているだけなので，自分自身が納得できるまで調べるとよい．
❸ 実験の方法：実験に用いる器具や薬品をまとめ，実験法を説明している．
❹ 結果と考察：実験の目的に照らし合わせて実験結果を整理してまとめ，自分なりに主体的に考察してほしい．本項はそのためのヒントである．

　本書を出版するにあたって，学生実験担当である助手の小田真弓，早川麻美子，原秀太，渡貫泰寛の各先生をはじめ，非常勤講師の先生方の助けを大いに借りました．これらの先生方並びに丁寧に監修していただいた岩村秀先生，角五正弘先生，そして，短期間で完成度の高い書籍に仕上げていた共立出版の岩下孝男氏，日比野元氏に感謝いたします．

2016年3月

　　　　　　　　　　　　　　大月　穣，青山　忠，浮谷基彦，遠山岳史，松田弘幸

目　次

第 1 章　化学実験とは ………………………………………………………………… 1
　1.1　化学実験の基本 …………………………………………………………………… 1
　1.2　実験データ ………………………………………………………………………… 8
　1.3　化学実験便利帳 …………………………………………………………………… 12

第 2 章　物理化学・分析化学 ………………………………………………………… 20
　2.1　キレート滴定（水の硬度測定） ………………………………………………… 20
　2.2　液体の密度 ………………………………………………………………………… 23
　2.3　液体の粘度 ………………………………………………………………………… 25
　2.4　気体の密度 ………………………………………………………………………… 27
　2.5　反応速度（一次反応） …………………………………………………………… 30
　2.6　酸・塩基平衡 ……………………………………………………………………… 33
　2.7　反応速度（二次反応） …………………………………………………………… 38
　2.8　吸　　着 …………………………………………………………………………… 41
　2.9　電気化学的分析法 ………………………………………………………………… 45

第 3 章　無機化学 ……………………………………………………………………… 52
　3.1　炭酸カルシウムの合成 …………………………………………………………… 52
　3.2　炭酸カルシウムの粒度分布 ……………………………………………………… 58
　3.3　炭酸カルシウムの比表面積 ……………………………………………………… 62
　3.4　フェライトの合成 ………………………………………………………………… 65
　3.5　セラミックスの作製と評価 ……………………………………………………… 70
　3.6　熱重量分析（TGA） ……………………………………………………………… 75
　3.7　熱機械分析（TMA） ……………………………………………………………… 83

第 4 章　有機化学・高分子化学 ……………………………………………………… 87
　4.1　アセトアニリドの合成 …………………………………………………………… 87
　4.2　p-ニトロアニリンの合成 ……………………………………………………… 91
　4.3　ベンゾイル乳酸エチルの合成Ⅰ ………………………………………………… 95
　4.4　ベンゾイル乳酸エチルの合成Ⅱ ………………………………………………… 98
　4.5　ジベンザルアセトンの合成 ……………………………………………………… 103
　4.6　旋光度測定 ………………………………………………………………………… 106
　4.7　ポリエステルの合成 ……………………………………………………………… 110
　4.8　メタクリル酸メチルの蒸留 ……………………………………………………… 114
　4.9　ポリメタクリル酸メチルの合成 ………………………………………………… 118

4.10	鎖状高分子モデルの統計実験	123
4.11	高分子希薄溶液の粘性	128
4.12	高分子の温度特性	134
4.13	静的粘弾性	137
4.14	ゴム弾性	141
4.15	結晶性高分子材料の結晶化度	144

第5章　生物化学　149

5.1	糖質・アミノ酸の定性分析	149
5.2	緩衝液の調製と酵素反応	153
5.3	ブラッドフォード法を用いたタンパク質定量と分光計の取り扱い	157
5.4	微生物培養	160
5.5	タンパク質の精製	168
5.6	酵素活性測定	174
5.7	ゲノムDNAの抽出と定量	186
5.8	遺伝子のクローニング	189
5.9	プラスミドDNAの抽出と精製	193
5.10	RNAの抽出と1stストランドcDNAの合成	196
5.11	特異的なプライマーによるPCRを用いた遺伝子の増幅	199
5.12	プラスミドDNAの制限酵素処理	201
5.13	アガロースゲル電気泳動	203
5.14	DNAフラグメントの抽出と精製（ゲル抽出）	205
5.15	ライゲーションと形質転換	207
5.16	シークエンス反応	210
5.17	シークエンス反応物の精製	212
5.18	シークエンス解析	214
5.19	塩基配列のデータベース解析	216

第6章　化学工学・機能化学　218

6.1	物質の状態と物性	218
6.2	物質収支	228
6.3	物質分離	235
6.4	流体輸送	240
6.5	ミクロサイズ電気分解による水素の発生とその爆発性の評価	247
6.6	固体高分子形燃料電池による水素→電気エネルギー変換	251
6.7	色素増感型太陽電池の作成と評価	256

索　引　262

第①章 化学実験とは

1.1 化学実験の基本

1 化学実験とは

　化学は物質とは何かについて理解を深め，また物質はどのように変化するかを明らかにすることを目的とする科学である．化学の追究の過程で，人間は物質を役に立つように変化させることを学び，新しい物質を創造することにもつながってきた．その意味で化学は技術とも結びつきやすい科学である．

　「化学物質」というと，工場で人間の手が加えられた物質，というイメージがあるが，人工の物質も天然の物質も，そして生命を形作る物質も，本質的な違いは何もない．

　化学についての昔からの知識が整理された教科書的な知識や理解は非常に重要であるが，化学が「モノ」を対象とする科学である以上，実際にモノを見て，いじって，感じる化学実験も，同じように重要である．化学では，物質やその変化を記号で表す．水素と酸素から水ができる反応は次のように表される．

$$H_2 + \frac{1}{2}O_2 \rightarrow H_2O \tag{1.1.1}$$

記号の理解は重要であり，左辺と右辺で原子数が変化していないことを係数の計算からわからなければならない．一方でこれは数学の式ではなく，現実におこる反応を表す式であり，2種類の気体から液体ができ，反応のさせ方によっては爆発的に進行することもあれば，じわじわと反応させて電気エネルギーに変換することもできるといった，実際の感覚，イメージをもっておくことも大切である．爆発的な反応も電気を作る反応も第6章で実験を紹介している．

2 安全に実験を行うために

　化学の実験するにあたっては，やはり安全第一である．化学に関して初心者である学生にとっては，まずは，指導してくれるスタッフの指示

に従うことが重要である．その上で，自分から取り組むべきことがらをいくつか挙げておこう．

・**実験中は保護メガネをすること．**

薬品，特に水酸化ナトリウム等の塩基性物質が眼に入ると失明に至る危険がある．自分が操作していなくても，隣の実験台から薬品が飛んでこないとは限らない．油断しがちで危ないのが，実験後の器具の洗浄時である．洗浄時は液体がはねやすいし，容器を落とす可能性も高い．フラスコに少量のこった試薬がはねてきても大丈夫なように常に保護メガネを着用しておこう．

・**白衣，手袋，マスクを着用すること．**

薬品から皮膚や洋服を守るため白衣を着用しよう．化学系の白衣は，薬品を被ったり火がついたときに素早く脱げるように袖がルーズなものが多いが，実験台上の器具や薬品に引っ掛けると危ないので気を付けること．また，手に触れてはいけない薬品を取り扱う場合には手袋を着用する，粉体等舞いやすいものを取り扱う際にはマスクを着用するなど，体と薬品が直接接触することのないように気を付けよう．もちろん，液体を量り取るときに，ピペットを口でくわえて吸い込んだりしてはいけない．

・**予習が重要．**

化学薬品は，それぞれの人体に与える影響，環境に与える影響，反応性など特徴があるので，実験で使う薬品に関して，スタッフからの注意をよく守ること．それに先立って，自分で扱う薬品の性質は自分でも調べておくことも大切である．融点や沸点などの基本的な性質に加えて，安全性，取り扱い上の注意も実験前に調べておこう．

3 環境に配慮した実験

化学実験を行うと，使用済みの薬品や物質がでる．どれをどのように捨てればよいか初心者にはわかりにくい．これもやはり，スタッフの指示に従うことである．特に，スタッフに断り無しに，水道の流しに液体を流してしまってはいけない．

化学系の学科では廃棄される物質ごとに，処理法や処理の委託法が確立されているはずであり，自分が廃棄した物質がどのように処理されるのかも知っていることが望ましい．

4 化学薬品に関する法令

化学実験で扱う可能性のある物質は，いくつかの法律によって，使用・保管・廃棄に関するルールが定められている．それぞれの法律がどのような物質を対象としているか調べてみるとよい．

市販の試薬には様々なラベルが添付されている．図 1.1.1 に示すような，劇物，毒物，危険物などについては，ラベルの表示が法令によって義務づけられている．最近では，それに加えて，GHS が導入され，その物質の危険性等が詳しく表示されるようになっている．GHS というのは，Globally Harmonized System of Classification and Labelling of Chemicals（化学品の分類および表示に関する世界調和システム）という，化学薬品の表示の世界スタンダードである．学生実験では，用いる薬品のラベルをよく読み，表示されている記号の意味等をインターネットで調べてみよう．

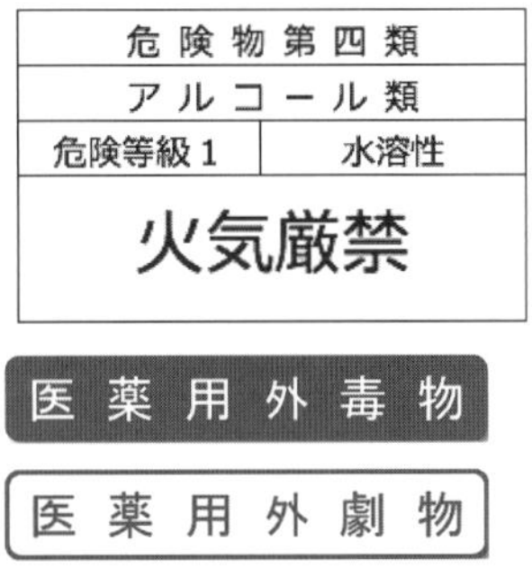

図 1.1.1 化学薬品の容器の表示．

【消防法】
消防法によって「危険物」が定められており，次のように分類され，それぞれ保管方法等が決められている．

第 1 類　酸化性固体
第 2 類　可燃性固体
第 3 類　禁水性物質
第 4 類　引火性物質
第 5 類　自己反応性物質
第 6 類　酸化性液体

【毒物及び劇物取締法】
医薬品や医薬部外品以外で人体に有害な薬品を劇物または毒物と分類している．より少量で危険なものが毒物である．

【医薬品，医療機器等の品質，有効性及び安全性の確保等に関する法律】
医療で用いられる医薬品や，それよりも一般的な医薬部外品が定義されている．

【特定化学物質の環境への排出量の把握等及び管理の改善の促進に関する法律】（化管法）
この法律は，PRTR 制度と SDS 制度を柱として，事業者（大学を含む）による化学物質の自主的な管理の改善を促進する目的でつくられている．

PRTR（Pollutant Release and Transfer Register）制度は，対象物質の事業所（大学等）から環境へ排出される量，廃棄物に含まれて事業所外へ移動する量を，事業者が自ら把握し国に届け出をし，国が排出量・移動量を集計・公表する制度である．

SDS（Safety Data Sheet）制度は，事業者が対象物質を他の事業者に譲渡・提供する際にその情報を提供するという制度である．以前，MSDS（Material Safety Data Sheet）と呼ばれていたものである．

【遺伝子組換え生物等の使用等の規制による生物の多様性の確保に関する法律】（カルタヘナ法）

国際的に協力して生物の多様性の確保を図るため、遺伝子組換え生物等の使用等の規制に関する措置を講ずることにより、カルタヘナ議定書の的確かつ円滑な実施を確保することを目的として制定された．遺伝子組換え実験を行う際にはルールを守る必要があり、例えばP1、P2レベルといった適切な拡散防止措置をとった上で実験を実施する必要がある．

ある生物のDNAを別の生物に導入し、遺伝子組換え生物を作成すると、健康や環境に有害な性質を有する場合がある．例えば、病気の原因遺伝子や、毒素を作り出す遺伝子の導入などである．したがって、遺伝子組換え生物の作成を行う場合、導入するDNA（供与核酸）と、その由来する生物（核酸供与体）、DNAを導入する生物（宿主）の危険度（実験分類，表1.1.1）に応じて、漏出を防ぐのに必要な設備と操作（拡散防止措置，表1.1.2）が定められている．また、特に安全性の高い宿主とベクターの組み合わせ（宿主-ベクター系，表1.1.3）も指定されている．遺伝子組換え実験を行う場合、用いる核酸供与体、供与核酸、宿主、ベクターの組み合わせ、および必要と判断される拡散防止措置を記載した実験計画書を作成し、実施機関（大学等）の遺伝子組換え安全委員会の承認を得なければならない（機関実験）．危険度が高いと予想さ

表1.1.1 実験分類：宿主または核酸供与体をその性質．（病原性，伝播性）に応じて分けたもの．

	クラス1	クラス2	クラス3	クラス4
病原性	なし	低	高	高
伝播性			低	高

クラス1：大腸菌，パン酵母，動物，植物など
クラス2：コレラ菌，肝炎ウイルスなど
クラス3：結核菌，ペスト菌，AIDSウイルスなど
クラス4：エボラウイルスなど

表1.1.2 拡散防止措置．

実験分類	拡散防止措置（微生物使用実験）
クラス1	P1
クラス2	P2
クラス3*	P3

＊宿主がクラス3の場合およびクラス4は拡散防止措置が定められていない → 大臣確認

表1.1.3 認定宿主-ベクター系の例．

区分	名称	宿主とベクターの組み合わせ
B1レベル*1	EK1	*E. coil* K12株と接合能力のないプラスミドまたはバクテリオファージ
	BS1	*B. subtilis Marburg* 168株とプラスミドまたはバクテリオファージ
	SC1	*S. cerevisiae* とプラスミド，ミニクロムソーム
B2レベル*2	EK2	*E. coli* K12株のうち，特殊な培養条件下以外での生存率を極めて低い株を宿主とし，宿主への依存性が特に高く，他の細胞への伝達性が極めて低いプラスミドまたはバクテリオファージをベクターとするもの

*1 自然条件下では生存能力が低い宿主と、宿主依存性が高く、他の細胞、微生物に移行しにくいベクターの組み合わせ、または遺伝学的、生理学的および自然条件下での生態学的挙動に基づいて安全性が高いと認められる宿主-ベクター系
*2 B1レベルの条件を満たし、かつ自然条件下での生存能力が特に低い宿主と宿主依存性が特に高いベクターを組み合わせた宿主-ベクター系

れる実験は，カルタヘナ法に拡散防止措置が定められておらず，文部科学大臣に申請して，しかるべき拡散防止措置の判断を個別に仰ぐ必要がある（大臣確認実験）．

本書で扱う実験（5.8節〜5.12節）は，核酸供与体，宿主ともクラス1で，B1宿主-ベクター系を用いており，しかるべき拡散防止措置がP1レベルの機関実験として承認されている必要がある．P1レベルの要点は，以下のような内容である．

【施設等】
・通常の生物の実験室等．

【運搬】
・遺伝子組換え生物等が漏出しない構造の容器に入れる．

【その他】
・遺伝子組換え生物等の不活化．
・実験室の扉を閉じておく．
・実験室の窓等の閉鎖等．
・エアロゾルの発生を最小限にとどめる．
・遺伝子組換え生物等の付着・感染防止のための手洗い等．
・関係者以外の者の入室制限（例えば，図1.1.2に示すような表示をすることが望ましい）．

図1.1.2 P1実験室であることを示す掲示の例．

5 実験の安全に関する参考図書

安全に実験を行うために参考になる図書を以下に挙げておく．基本的な知識を身に付けると同時に，様々な事故の事例を知っておくことも必要である．

・『研究室に所属したらすぐ読む　安全化学実験ガイド』研究実験施設・環境安全教育研究会編，講談社．
・『研究のためのセーフティサイエンスガイド―これだけは知っておこう』東京理科大学安全教育企画委員会編，朝倉書店．
・『実験を安全に行うために』化学同人編集部編，化学同人．
・『基礎化学実験安全オリエンテーション』山口和也，山本仁，東京化学同人，DVD付き．
・『学生のための化学実験安全ガイド』徂徠道夫，山成数明，山本仁，鈴木孝義，山本景祚，斎藤一弥，高橋成人，東京化学同人．
・『化学実験の安全指針』日本化学会編，丸善．
・『実験室の笑える？　笑えない！　事故実例集』田中陵二，松本英之，講談社．
・『バイオ系実験安全オリエンテーション』片倉啓雄，山本仁，東京化学同人，DVD付き．

・『有機化学実験の事故・危険，事例に学ぶ身の守り方』鈴木仁美，丸善．
・『取り扱い注意試薬ラボガイド』東京化成工業編，講談社．

6 実験ノート

　学生実験は，将来，研究・開発者となるためのトレーニングでもある．研究・開発の現場では，実験ノートにきちんと記録することは，実験をすることと同じくらい重要である．

　実験ノートの基本は，いつ，何をして，どうなったか，ということが，自分が後から見ても，そして他人が見てもわかること，それを見て実験が再現できること，また，もし再現できなかった場合には，原因となる可能性のある操作や観察事項が記録されていることである．

　また，実験ノートは，記録された年月日にその実験が行われて，記録されている結果が得られたことの証拠としても採用される．そのため，後で書きかえられないように，鉛筆ではなくボールペンを使って詰めて書く．

　実験ノートには，一方で読みやすく正確な記録が必要であるということと，他方で気づいたことは何でも記録することが望ましいという，相反する要求がある．これを解決するには，例えば，左のページは様々なメモに利用し，右のページにはきちんと記録するというような工夫をするとよい．また，ノートの最初の2ページくらいは空けておいて，その実験ノートの目次に当てるとよい．

7 実験レポート

　学生実験の実験レポートを書く目的は，行った実験，得られた結果，そこから明らかになったこと，考察などを，自分自身でも整理し，他人にも理解できるように論理立ててまとめる能力を養成することであり，将来，科学論文や開発報告書などを書くためのトレーニングをすることでもある．それぞれの学科によって，書式のローカルルールがあると思うので，それは指導者に従ってもらうとして，ここでは科学論文に共通の事項についてまとめておこう．

　一般に，論文の構成は，以下の①から⑧のようになっている場合が多い．それぞれについてポイントをまとめておこう．

① タイトル

　タイトルは論文の最も短い要旨である．論文の主旨を簡潔に表す．

② 氏名，所属

　科学論文の場合は，大学名，学部名や住所等を書くが，学生実験の場合は，学生番号や実験の班名を書くことになるだろう．

③　要旨

　緒言，実験，結果と考察，結論をすべて含んだ簡潔なまとめ．

④　緒言

　その論文に書いた研究，実験で何を行ったかを読者にわかってもらうことが緒言の役割である．そのために，なぜそれを行ったかの目的を記す．またそのために，なぜその目的に行き着いたかの背景を説明する．通常はこれを順序立てて，背景 → 目的 → 内容の順に論理的に示す．背景は参考文献を適宜引用しつつ説明する．

　　緒言の構成
　　　　○○という背景がある．
　　　　　→ そのために，○○を目的とした．
　　　　　　→ そこで本研究（実験）では，○○を行った．

⑤　実験

　その分野の知識のある人が読んだ場合に実験が再現できるよう行った実験操作，使った材料等を書く．

⑥　結果と考察

　結果と考察を別々に分けて書く場合もある．「結果」では，どのような結果が得られたかを説明する．その方がわかりやすい場合には図や表にまとめて示す．その場合にも，「結果は図に示す」で終わってはいけない．文章でその図や表のデータをどのように読んで解釈したか，説明が必要である．「考察」では，得られた結果は，それまでに知られている知識と照らし合わせてどういう位置づけになるか，文献を引用するなどして，議論する．また，得られた結果からどのようなことがいえるか，どのように研究目的につながるのか議論する．

⑦　結論

　実験，結果と考察を踏まえ，結論をまとめる．緒言に記した目的と対応していることが必要である．

⑧　参考文献

　引用した，または参考にした文献のリスト．引用論文なら，著者，雑誌名，年，巻，ページを記す．書籍を引用した場合には，著者，本のタイトル，編者，出版社，発行年，ページを記す．

1.2 実験データ

1 物理量

　長さ，質量，温度，物質量など，数字を使って表される物理的に意味のある量を物理量という．物理量は数値と単位のかけ算で表される．例えば，1 m は $1\times\mathrm{m}$，1 g は $1\times\mathrm{g}$，1 mol は $1\times\mathrm{mol}$ である．そして単位も数値と同じように，かけ算や割り算ができる．これを理解していると，複雑な単位の換算でも迷わずにできる．

$$\text{物理量} = \text{数値} \times \text{単位} \tag{1.2.1}$$

　モル質量 180 g mol^{-1} のグルコース 270 g の物質量 (mol) は，単位も割り算ができることに注意して，結果が mol になるように機械的に分母と分子にこれらの量を並べればよい．

$$\frac{270\,\mathrm{g}}{180\,\dfrac{\mathrm{g}}{\mathrm{mol}}} = 1.50\,\mathrm{mol} \tag{1.2.2}$$

　単位の換算も機械的にできる．モル質量 180 g mol^{-1} のグルコース 270 mg の物質量は，1000 mg = 1 g，1000 mmol = 1 mol の関係から，

$$1000\,\mathrm{mg} = 1\,\mathrm{g} \rightarrow \mathrm{mg} = \frac{1}{1000}\,\mathrm{g}$$

$$\text{および } 1000\,\mathrm{mmol} = 1\,\mathrm{mol} \rightarrow \mathrm{mmol} = \frac{1}{1000}\,\mathrm{mol} \tag{1.2.3}$$

を代入して，

$$\frac{270\,\mathrm{mg}}{180\,\dfrac{\mathrm{g}}{\mathrm{mol}}} = \frac{270 \times \dfrac{1}{1000}\,\mathrm{g}}{180\,\dfrac{\mathrm{g}}{\mathrm{mol}}} = 1.50 \times \frac{1}{1000}\,\mathrm{mol} = 1.50\,\mathrm{mmol} \tag{1.2.4}$$

2 測定値と有効数字

　ある物質の質量を天秤で 5 回繰り返し測定したところ，

$$0.025\,\mathrm{g},\ 0.024\,\mathrm{g},\ 0.025\,\mathrm{g},\ 0.026\,\mathrm{g},\ 0.026\,\mathrm{g}$$

であったとしよう．この物質の質量は，0.025 g 程度であろうと思われるが，一般に測定値はこのように毎回ばらつくものであり，真の値はわからない．どこまで正確に値を求めなければならないかは，実験の目的次第である．

測定値がおよそこの程度までは正しいだろうという目安に，有効数字というものがある．上記の物質の質量は 0.025 g として，最後の桁の 5 は不確かさを含むだろうと考えられるので，この値の有効数字は 2 桁，小数点以下第 3 位までである．この物質を溶媒に溶かして 10.0 mL の溶液を作ったとしよう．10.0 mL は有効数字 3 桁，小数点以下第 1 位までである．この溶液の濃度は，

$$\frac{0.025}{10.0}\frac{\text{mmol}}{\text{mL}}$$

であるが，有効数字はどうなるであろうか．0.025 は，最後の数字が不確かなので，0.026 かもしれないし，0.024 かもしれない．10.0 は，最後の数字が不確かなので，10.1 かもしれないし，9.9 かもしれない．そこでこれらの値だったときに結果がどうなるか計算してみよう．

$$\frac{0.026}{10.1} = 0.00257\cdots, \quad \frac{0.026}{9.9} = 0.00262\cdots,$$
$$\frac{0.024}{10.1} = 0.00237\cdots, \quad \frac{0.024}{9.9} = 0.00242\cdots \quad (1.2.5)$$

これらの数値は 0 でない数の上から 2 桁目でばらつくことがわかる．したがって，この 2 桁目が最後の数字になるように，

$$\frac{0.025}{10.0}\frac{\text{mmol}}{\text{mL}} = 0.00025\frac{\text{mmol}}{\text{mL}} = 0.25 \text{ mmol L}^{-1} \quad (1.2.6)$$

と記すのが適切である．一般にかけ算や割り算の結果の有効数字は，もとの数値の有効数字の桁数の少ない方（今の場合は，0.025 が 2 桁で 10.0 が 3 桁なので，少ない方の 2 桁）と同じになる．

次の例を考えよう．0.025 g の物質をフラスコに入れてフラスコごと質量を量ったら，210.5 g となった．最後の桁の 5 が不確かである．さて，フラスコだけの質量は何 g だろうか．フラスコの質量を求める式は，

$$210.5 \text{ g} - 0.025 \text{ g} \quad (1.2.7)$$

となるが，また，不確かな桁を確かめよう．0.025 は，最後の数字が不確かなので，0.026 かもしれないし，0.024 かもしれない．一方，210.5 は 210.6 かもしれないし，210.4 かもしれない．

$$210.6 - 0.026 = 210.574, \quad 210.6 - 0.024 = 210.576$$
$$210.4 - 0.026 = 210.374, \quad 210.4 - 0.024 = 210.376 \quad (1.2.8)$$

小数点以下第 1 位でばらついている．したがって，小数点以下第 1 位が最後の数字になるように記して，

$$210.5 \text{ g} - 0.025 \text{ g} = 210.5 \text{ g} \tag{1.2.9}$$

と表されるのが適切である．一般に足し算と引き算の結果の有効数字は，もとの数値の有効数字の大きな方の位（今の場合は 201.5 の 0.1 の位）までとなる．

測定値に関して，有効数字による取り扱いは目安であって，厳密には統計学的に取り扱うべきものであることを記憶しておこう．実験データの取り扱いに関して『実験データを正しく扱うために』（化学同人編集部編，化学同人）を推薦しておこう．

3 最小二乗法

いくつかの温度 T における，ある物質の体積 V を求める実験を行い，それぞれの温度での体積のデータが得られたとして，この物質の温度と体積の関係はどのようになっているかを知りたいとしよう．

データは数値ではわかりにくいので，このような場合はまず，横軸に温度，縦軸に体積をとったグラフをつくってみるとよい．

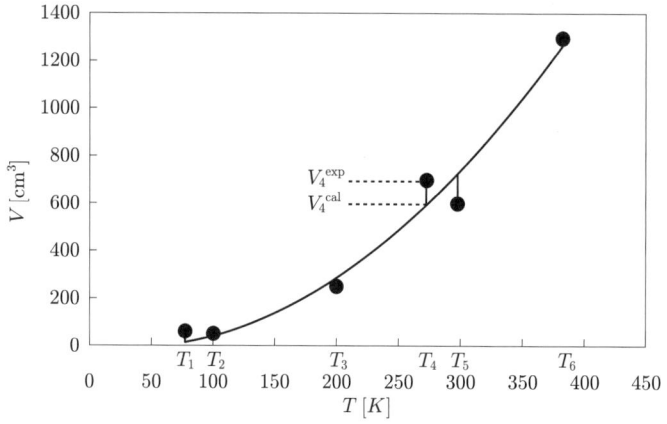

図 1.2.1 最小二乗法．実験値と計算値の差の二乗 $(V_i^{\text{exp}} - V_i^{\text{cal}})^2$ の $i = 1, 2, \cdots, 6$ の和を最少にする．黒丸が実験値，曲線が計算結果．

図 1.2.1 に示したグラフ中の黒丸が実験結果である．体積 V は温度 T に対して二次の関係にあるように見え，温度ゼロで体積がゼロにむかっているように見える．そこで，$V = aT^2$ の関係を仮定しよう．a の値はまだわからないが，こう仮定すると，それぞれの温度 T_i における体積 V_i の計算値は $V_i^{\text{cal}} = aT_i^2$ と表すことができる．

それぞれの温度で実験値 V_i^{exp} と計算値 V_i^{cal} の差の二乗 $(V_i^{\text{exp}} - V_i^{\text{cal}})^2$ をとり，すべての i についてこの和をとる．

$$s = \sum_{i=1}^{6} (V_i^{\text{exp}} - V_i^{\text{cal}})^2 = \sum_{i=1}^{6} (V_i^{\text{exp}} - aT_i^2)^2 \tag{1.2.10}$$

この値が最小になるような a が最もよく実験値を再現すると考える．これが最小二乗法である．

この場合は，

$$s = \sum_{i=1}^{6} (V_i^{\exp} - aT_i^2)^2 = \sum_{i=1}^{6} \left((V_i^{\exp})^2 - 2aV_i^{\exp}T_i^2 + a^2 T_i^4\right)$$
$$= \sum_{i=1}^{6} (V_i^{\exp})^2 - 2a\sum_{i=1}^{6} V_i^{\exp}T_i^2 + a^2 \sum_{i=1}^{6} T_i^4 \quad (1.2.11)$$

となるから，この値が最小になる a を見つけるためには，a で微分してゼロとおけばよい．

$$\frac{ds}{da} = -2\sum_{i=1}^{6} V_i^{\exp}T_i^2 + 2a\sum_{i=1}^{6} T_i^4 = 0 \quad (1.2.12)$$

より，

$$a = \sum_{i=1}^{6} V_i^{\exp}T_i^2 \Big/ \sum_{i=1}^{6} T_i^4 \quad (1.2.13)$$

となる．右辺は用いた温度と体積の実験値だけから求まるから，この式から a の値が求まる．この a を使って $V = aT^2$ を描くと，図1.2.1中の曲線が得られる．

最小二乗法はあくまでも最初に仮定した式の中で最適なパラメーター（今の場合は a）を求める方法であって，仮定した式が妥当かどうかは別に検討しなければならない．今の場合だと，体積が温度の2乗に比例する理由を検討することになる．

1.3 化学実験便利帳

1 液体の計量器具

化学実験には多様な器具が用いられるが，ここでは，最も共通して用いられるであろう，液体の計量器具をまとめた（図 1.3.1）．一定量の液体を採取する計量のためだけでも様々な器具がある．どの程度の正確さで採取する必要があるかは，実験目的次第であるが，適切な器具を選択するためにも，計量器具の特性を知っておく必要があるだろう．それぞれの器具ごとに，許容される誤差が決められている．

自分の実験でどの程度まで正しく定量できるかは，何回か一定量の水を採取して，電子天秤で質量を量って，正確さ（理論値との差はどれくらいか）や精度（測定のばらつきはどのくらいか）を確かめておくとよい．

計量ガラス器具は，高温にすると膨張して体積が変化するので，原則として加熱乾燥器には入れず，空気中で自然乾燥させる．また，ピペットに共通の注意事項であるが，ピペットを口で吸ってはいけない．

メスシリンダー
(messcylinder)
メートルグラス
(graduated glass)
駒込ピペット
(Komagome pipette)

図 1.3.1 に示したような器具を用いて液体の体積を量るが，**メスシリンダー**，**メートルグラス**や**駒込ピペット**は，おおざっぱに量るときに用いる．駒込ピペットにはスポイトを付けて使う．図 1.3.1 のそれ以外の器具は検定されており，より正確な体積を量り取る場合に用いる．以下に使用法を述べる．特に生物系の実験でよく用いられるマイクロピペットについては次節で詳しく述べる．

メスフラスコ
(volumetric flask)

メスフラスコは，その標線に液面を合わせたときに，表示された体積になるように検定されている．一定濃度の溶液を調製する際には，溶媒ではなく溶液の体積を設定値にする必要があるので，溶質を溶かした状

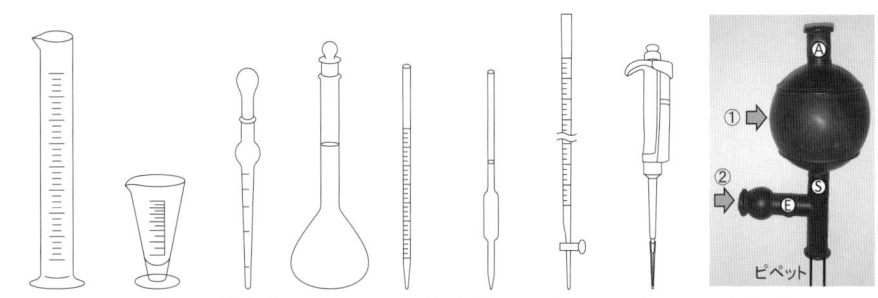

図 1.3.1 液体の計量器具と安全ピペッター．

態で標線に液面を合わなければならない．そのため，溶媒を標線近くまで加えた段階でよく振り混ぜ，溶質を完全に溶かして均一な溶液にしておく．その後，ピペット等で標線まで溶媒を加えて，メニスカス（液面の凹み）の下端を標線にあわせる．標線に合わせたら付属の栓をして，再びよくかき混ぜて，溶液を均一にしてから使用する．

　全量ピペット（ホールピペット）は安全ピペッターを付けて用いる．目的の液を少量吸い上げ，ピペットを横にしてまわし内壁をよく洗浄したのち捨てる（これを共洗いという）．液を標線まで吸い上げ，先端に付着した液滴はビーカーの外壁などに触れさせて除く．目的の容器に排出し，先端部分に残った液は数秒間待ったのち，安全ピペッターを操作するか，球部を手で握って内部の空気を膨張させて追い出す．**メスピペット**の操作方法もほぼ同じであるが，決まった量を量り取るのであれば，全量ピペットの方が正確である．

　ビュレットは目盛付きのガラス管にコックがついたもので，体積を量りながら少しずつ液体を加える滴定に用いる．まず，滴定液を少量入れ，ピペットと同じように共洗いをして捨てる．そして，充分量の滴定液を入れてからコックをまわして液を流出させる．先端の液滴は使わないビーカーの外壁などに触れさせて取り除く．ビュレットのコックと先端との間に気泡がないことを確認してから目盛を読む（0 mLの目盛に合わせる必要はない）．液面と目の高さを同じにしてメニスカスの下端の目盛を読む．

　滴定は，右手に滴定ビーカーを持ち，左手でビュレットのコックをゆるめ，ビーカーを振り混ぜながら液をほぼ一定の速度で滴下し，終点近くでは少量ずつ加える．また，1滴または半滴以下で終点を決めたいときは，ビュレットの先端の液が半滴程度になったらコックを閉め，ガラス棒または滴定ビーカーの内壁にこれを付け滴定ビーカーに流入させる．

　安全ピペッターはメスピペットや全量ピペットに用いる．図1.3.1のA, E, Sの部分を押さえると空気の通路が開くようになっていることを知っておけば操作の意味が理解できる．まずAを押さえた状態で①を押さえて大きな球をへこませ，Aを離す．この状態でピペットの先を液体に漬けてSを押さえると①の球が膨らもうとして液体がピペットに吸い込まれるので，所定量採取したらSを離す．ピペットを液体を入れる容器に移動してからEを押さえると②から空気が入るので液体がピペットから流れ出る．最後にEを押さえた状態で小球をつぶすように②を押し込んでピペットの先に残った液体を流しだす．

　注意すべきことは，安全ピペッターに液体を触れさせないことであり，そのためには急に吸い込まないこと，ピペットに液体が入った状態で安全ピペッター側を下に向けないことである．

全量ピペット
(transfer pipette)

メスピペット
(graduated pipette)

ビュレット
(buret)

安全ピペッター
(safety pipette filler (bulb))

2 マイクロピペットの使い方

(1) 分注容量の設定

まず，自分で採取する容量に適したマイクロピペット（最大容量の100～20％）を選択する．ディスプレイを見ながら，ピペット上端の目盛調整ダイヤルを回して分注容量をセットする．分注容量を増やすには反時計回りに，減らすには時計回りに回す．この際，ピペットの規格容量範囲外の容量を設定しないこと（範囲はピペットに記載されている．範囲外の値にすると，故障や損傷の原因となる）．

(2) チップの装着，プッシュボタンの操作，持ち方

チップをピペットにしっかりと装着し，チップ内部に異物が入っていないことを確認する．

プッシュボタンの操作は常にゆっくり行い，特に粘性の高い液体を扱うときは，ゆっくりと押してゆっくりと離す．プッシュボタンをはじくような扱いは決してしないこと（気泡が生じたり，溶液がジャンプしてピペット内に入り故障する）．

溶液を吸引する時は，ピペットを垂直に保ち，人差し指の上にフィンガーレストがかかるように握る．チップ内に溶液がある状態でピペットを横に倒さないこと（ピペット内に溶液が入り故障する）．

(3) 分注の仕方

分注の仕方には，フォワード法，リバース法，リピート法などがある．扱う溶液や目的により使い分けるとよい．

(i) フォワード法

① プッシュボタンを1段目まで押し下げる．
② チップ先端を液に入れ，プッシュボタンをゆっくり離す．チップを溶液から引き上げ，容器の縁に先端を軽く触れて外側についた余分な溶液を除く．
③ プッシュボタンを1段目まで静かに押し下げ溶液を分注する．約1秒後，続けてプッシュボタンを2段目まで押し下げる（チップの中が空になる）．
④ プッシュボタンを離してレディポジションに戻す．必要に応じてチップを交換し，分注を続ける．

(ii) リバース法

リバース法は，粘度の高い溶液や泡立ちやすい溶液の分注に適している．また，微量分注にも適している．

① プッシュボタンを2段目まで押し下げる．

② チップ先端を液に入れ，プッシュボタンをゆっくりと離す．チップが溶液で満たされる．チップを溶液から引き上げ，容器の縁に先端を軽く触れて外側についた余分な溶液を除く．
③ プッシュボタンを1段目まで静かに押し下げ，設定した容量の溶液を分注する．プッシュボタンは必ず1段目までで止める．チップの中に少量の溶液が残るが，これは分注しない．
④ チップ内に残った溶液を廃棄するか，もとの容器に戻す．

(iii) リピート法

リピート法は，同じ溶液を同じ容量だけ，繰り返しすばやく分注するのに適している．
① プッシュボタンを2段目まで押し下げる．
② チップ先端を液に入れ，プッシュボタンをゆっくりと離す．チップが溶液で満たされるので，チップを溶液から引き上げ，容器の縁に先端を軽く触れ，外側についた余分な溶液を除く．
③ プッシュボタンを1段目まで静かに押し下げ，設定した容量の溶液を分注する．プッシュボタンは必ず1段目までで止める．チップの中に少量の溶液が残るがこれは分注しない．
④ 手順②③を繰り返し，分注を続ける．

(4) 練習してみよう

用意する器具と材料：200 μL マイクロピペット，20 μL マイクロピペット，天秤（最小単位 0.1 mg），天秤皿，ポリビーカー，水，パラフィルム

(i) フォワード法（200 μL マイクロピペット）

下記の手順で，200 μL マイクロピペットを用いて，まずはフォワード法の練習をしてみよう．
① 100 mL ポリビーカーに適量（約 30 mL）の水（イオン交換水）を入れる．
② 採取したい容量にピペットの目盛を合わせる．
③ ピペットの先端に，適合した大きさのチップを付ける．
④ ピペットを垂直に持ち，プッシュボタンを1段目までゆっくり押し下げる．
⑤ チップの先端 3～6 mm 位を垂直に水に浸す（あまり深く浸さない）．
⑥ チップの先端を水に浸したままプッシュボタンをゆっくり戻す．ここでゆっくりと吸排を数回繰り返し，チップを水になじませる．
⑦ プッシュボタンを戻し（水を吸った状態），チップの先端をゆっくり水面から引き上げ，容器の縁に先端を軽く触れて外側についた余分な水を除く．

⑧ 水を入れたい容器（ここは練習なのでビーカーに戻す）の内壁にチップの先端を沿わせ，プッシュボタンを1段目までゆっくり押し下げる．チップの内壁の蒸留水がチップ先端まで下るのを確認した後，プッシュボタンの2段目までしっかり押し込んでチップ内の水をすべて排出する．

⑨ チップ内に水が残っていないことを確かめる．

フォワード法の感覚がつかめたら，同じ要領でリバース法を練習してみよう．

(ii) 天秤を使用しての練習：フォワード法（200 μL マイクロピペット）

① 100 mL のポリビーカーに蒸留水を入れる．

② 用いる器具と蒸留水を室温にしばらく置いておく．

③ 電子天秤に空のビーカーをのせ，リセットボタンを押す（表示を 0.0 mg にする）．

④ ピペットを用い，フォワード法で水 200 μL を採取し，電子天秤上の容器に入れ，重量を読む．これを5回繰り返し，記録する．水の密度（実際は温度・気圧により異なるが，今回は 1 g/mL として計算する）を用いて容量を計算し，平均容量を算出する．平均容量の誤差が 2 μL 程度以下になるように練習をする．

$$\text{平均容量の誤差} = \text{5 回の平均容量} - \text{理論値（200 μL）} \quad (1.3.1)$$

フォワード法で正確な操作ができるようになったら，同じ要領でリバース法を練習してみよう．

(iii) パラフィルムを使用しての練習（20 μL マイクロピペット）

パラフィルムの上に 20 μL の水を置き，液滴を作る．同じ操作で5個～10個の液滴を作る．正確な操作ができていれば液滴の大きさが揃っているはずである．

パラフィルムの上に置いた 20 μL の液滴を 4 μL の液滴5個に分ける．うまく操作できていれば，きれいに均等になるはずである．

(5) マイクロピペットのメンテナンス（Finnpipette F3 の場合）

(i) クリーニング（図 1.3.2）

ピペットを汚染した場合など，必要に応じてピペットを分解し，メンテナンスを行う．

① ピペットのイジェクターを外す（a～d）．

② 専用の工具を使用してチップコーンを反時計回りに回して緩める（e～g）．

③ ピストンとその他のパーツを引き抜く．次にチップコーンを上下逆さにしてチップコーンからパーツをすべて抜き取る．後で組み立て直

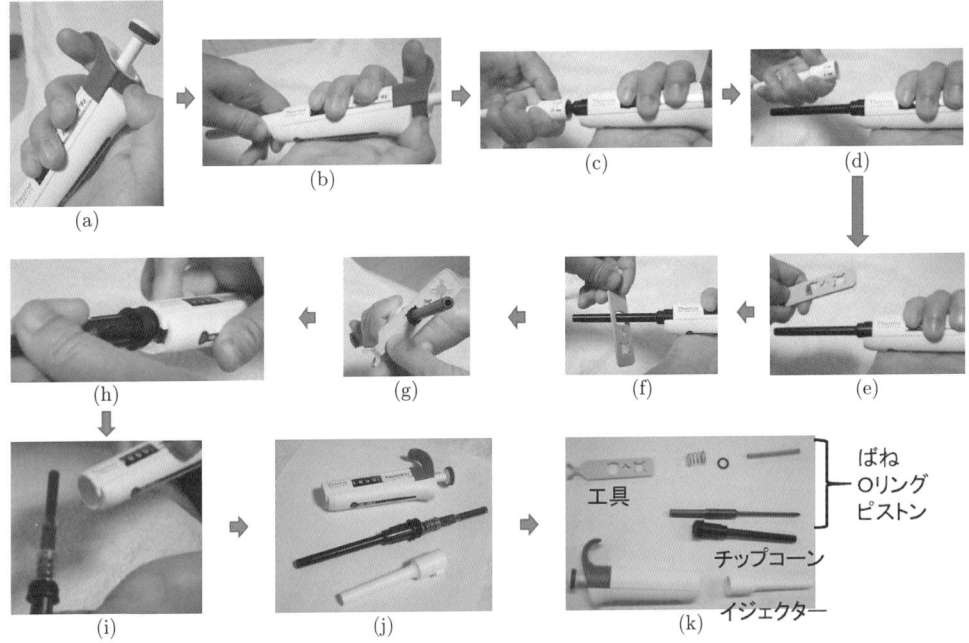

図 **1.3.2** マイクロピペットのメンテナンス手順.

す時にそなえて,パーツは実験台の上に順番に置くこと(h〜k).

⚠ "ばね"等,なくしやすい部品が多いため,慎重に外すこと.

④ キムワイプでピストン,ピストンリング,Oリングの汚れを拭き取る.
⑤ チップコーン内に異物が入っていないか確認する.
⑥ ピペット付属のグリースをクリーニング済みのパーツに,綿棒を使って塗る.
⑦ 分解と逆の手順でパーツを組み立てる.

(6) マイクロピペットの校正

分注量に狂いが生じた場合,校正を行う.ここでは,クリーニング後の 1000 μL マイクロピペットを用いて,練習してみよう.

① ピペットの分注量を 1000 μL に合わせ,"天秤を使用しての練習"の手順で分注する.その値をもとに,プッシュボタン下側のキャリブレーションナットを,専用工具を用いて以下のように回して調整する.
 ・分注容量を増やす場合 ⇒ 時計回り
 ・分注容量を減らす場合 ⇒ 反時計回り
② 調整後,再度天秤を用いて分注量を量り,設定した値に合うか確認する.これを繰り返して校正を完了させる.

3 pHメーターの使用方法

① ガラス電極を保存液から引き出し，ゴムキャップを開け，先端をイオン交換水で洗い，キムワイプでやさしく拭き取る．
② 標準緩衝液を用いてpHメーター（図1.3.3）の校正を行う（通常，2種類の標準緩衝液を用いて2点校正をすることが多い）．校正方法はそれぞれの装置の説明書を参照すること．
③ pHを測定したい溶液に撹拌子を入れ，ゆっくり回転させる．
④ 溶液にガラス電極を浸し（撹拌子にぶつけないよう注意），pHメーターの値を読む．
⑤ 測定後，ガラス電極の先端をイオン交換水で洗浄し，キムワイプでやさしく拭き取る．
⑥ ガラス電極の先端を保存液に浸し，電源を切る．ガラス電極は保存液に浸った状態で保管する．

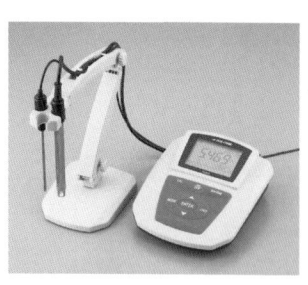

図 1.3.3 pH メーター．
(出典：アズワン株式会社ホームページ)

4 緩衝液

少々条件が変わったり，少量の酸や塩基を加えても，水溶液を一定のpHに保ちたい場合には緩衝液を用いる．緩衝液としては，弱酸とその塩，または弱塩基とその塩の組み合わせが用いられる．弱酸とその塩の組み合わせを例に，その仕組みを説明しよう．

弱酸をAH，その塩をCAとする．酸の解離度をxとすると，初濃度aのAH溶液中のそれぞれの成分の濃度は，

$$\begin{array}{ccc} \text{AH} & \to & \text{A}^- + \text{H}^+ \\ a \to a(1-x) & & ax \quad ax \end{array} \quad (1.3.2)$$

となる．一方塩はすべてイオンとなって溶ける．塩CAの初濃度をsとすると，

$$\begin{array}{ccc} \text{CA} & \to & \text{C}^+ + \text{A}^- \\ s \to 0 & & s \quad s \end{array} \quad (1.3.3)$$

となる．ここに後から酸を濃度yだけ加えたとして，それがpHに与える影響を調べよう．弱酸の酸解離定数をK_aとすると，酸解離平衡の関係は，

$$K_\text{a} = \frac{[\text{A}^-][\text{H}^+]}{[\text{AH}]} = \frac{(ax+s)(ax+y)}{a(1-x)} \quad (1.3.4)$$

である．AHが弱酸なら$x \ll 1$であり，aとsを同程度にしておけば$ax \ll s$である．したがって，

$$K_\text{a} \approx \frac{s(ax+y)}{a} \quad (1.3.5)$$

という関係が近似的に成り立つ．したがって，この溶液の pH は，

$$\mathrm{pH} = -\log[\mathrm{H}^+] = -\log(ax+y) \approx -\log\frac{aK_\mathrm{a}}{s} = \mathrm{p}K_\mathrm{a} - \log\frac{a}{s} \tag{1.3.6}$$

となる．右辺は定数であり，y を変化させても上記の近似が成り立つ限り，pH はほぼ一定となることがわかる．また，a と s を同じ程度にしておけば，緩衝液は用いた弱酸の $\mathrm{p}K_a$ 付近で働くこともわかる．これが緩衝液の仕組みである．

代表的な緩衝液の例を表 1.3.1 に示す．

表 **1.3.1** 緩衝液の例．

(mmol L^{-1})

0.05M クエン酸緩衝液			
pH	3.0	4.0	5.0
クエン酸	46.5	33.3	20.5
クエン酸ナトリウム（C$_6$H$_5$O$_7$Na$_3$）	3.5	16.7	29.5
0.1M リン酸緩衝液			
pH	6.0	7.0	
NaH$_2$PO$_4$	88.4	39.1	
Na$_2$HPO$_4$	11.6	60.9	
0.05M トリス緩衝液			
pH	8.0	9.0	
トリス（ヒドロキシルメチル）アミノメタン	50.0	50.0	
HCl	26.8	5.0	

クエン酸：HO$_2$CC(OH)(CH$_2$CO$_2$H)$_2$,
トリス（ヒドロキシルメチル）アミノメタン：H$_2$NC(CH$_2$OH)$_3$

第❷章 物理化学・分析化学

2.1 キレート滴定（水の硬度測定）

1 実験の目的

金属イオンの簡便な絶対定量法の1つであるキレート滴定法の原理を理解し，基礎的手法を習得する．また，その応用例を学ぶ．

2 実験の背景

キレート滴定は，錯生成滴定の1つで，滴定試薬にキレート配位子を分子内に含むキレート試薬を用いる．キレート試薬とは，分子中に金属に配位する複数個の原子（O，N，S，P原子など）をもつ錯形成剤である．キレート試薬が金属イオンに配位すると金属を含む安定な環（キレート環）を形成する．この金属キレートの生成を利用して，金属イオンを定量する方法をキレート滴定と呼ぶ．金属イオンの絶対定量法（検量線を用いる方法を比較定量法といい，これに対して測定値から直接定量値を求める方法を絶対定量法という）の1つであり，金属イオンの標準溶液などを調製する場合にも用いられる．滴定の終点の決定には，金属イオンと結合して変色を示す金属指示薬が用いられる．

EDTA（H_4Y）は金属イオン M^{n+} と結合し，1：1の組成をもつ水溶性のキレートを生成する．

$$M^{n+} + Y^{4-} \rightarrow MY^{(n-4)+} \tag{2.1.1}$$

あらかじめ金属指示薬（In^-）を金属イオンを含む試料溶液に加えておくと，金属イオンと結合した状態になる．

$$M^{n+} + In^- \rightarrow MIn^{(n-1)+} \tag{2.1.2}$$

このような溶液にEDTA滴定液を滴下していくと，In^- と Y^{4-} の競争反応となり，$MIn^{(n-1)+}$ の In^- が Y^{4-} に置き換わり，終点近傍では $MIn^{(n-1)+}$ の色調から In^- の色調へと変わっていく．この色調の変化を利用して，M^{n+} と Y^{4-} の当量点を求める．

キレート滴定
(chelatometry)
錯生成滴定
(complexometric titration)

EDTA
(ethylenediamine tetracarboxylic acid)

実際には，Y^{4-} や In^- には酸塩基反応も関与し，溶液の pH により，HY^{3-}, H_2Y^{2-}, H_3Y^-, H_4Y, $HIn^{(n-1)-}$, $H_2In^{(n-2)-}$ などとして存在するので，pH により金属イオンとの反応は大きく左右され，当量点は不正確になる．したがって，滴定に用いる試料溶液は緩衝液を用いて最適の pH に調整しておく必要がある．

キレート滴定の応用例として，水の全硬度を測定しよう．**硬度**の表し方には，全硬度，カルシウム硬度およびマグネシウム硬度がある（場合によっては，全硬度，非炭酸塩硬度および炭酸塩硬度に区分される）が，ここでは，Ca^{2+} と Mg^{2+} の合計量をすべて炭酸カルシウムの形態で存在すると仮定して計算した値である全硬度を，EDTA をキレート試薬，**EBT** を指示薬として用いて測定する．

硬度
(hardness)

EBT
(eriochrome black T)

3 実験の方法

(1) 実験器具と試薬

表 2.1.1 のとおり．

表 2.1.1 実験器具と試薬．

品　名	数量	品　名	数量
20 mL メートルグラス	1	スタンド	1
はかり瓶（小）	1	ビュレットクランプ	2
500 mL メスフラスコ	1	電子天秤	
200 mL コニカルビーカー	3	特級 EDTA 試薬	
50 mL ビュレット	1	塩化アンモニウム	
25 mL 全量ピペット	1	濃アンモニア水	
10 mL 駒込ピペット	1	EBT 指示薬	
500 mL ビーカー	1	河川水，水道水，井戸水，	
300 mL ビーカー	1	ミネラルウォーター等	
100 mL ビーカー	1		
500 mL 試薬瓶	1		

(2) 実験操作

(i) 0.01 mol/L EDTA 標準溶液の調製

110℃ の電気オーブンで 3 時間乾燥させた特級 EDTA 試薬の約 1.9 g をはかり瓶に取り，電子天秤で mg の桁まで精秤する．100 mL ビーカー（程度）に移し，純水を加え溶解する．溶けにくいので，飛散しないように十分時間をかけてかき混ぜて溶解させる．溶けない場合は，上澄み液をメスフラスコに移した後，溶け残りの入ったビーカーに純水を追

加して溶解する操作を繰り返す．すべて 500 mL メスフラスコに移し，標線まで純水を加えた後，よくかき混ぜた溶液を試薬瓶に保存する．試薬瓶には，必要事項を記入したラベルを貼っておく．

(ii) アンモニア系緩衝液（pH 10，0.2 mol/L）の調製

塩化アンモニウム（NH_4Cl）5.4 g を，500 mL ビーカー中で純水に溶かし，これに濃アンモニア水 27 mL を加え，全量を約 500 mL とする．アンモニアが揮散するのを防ぐため，密栓容器に保存する．

(iii) 水の全硬度測定

試料水（水道水等）を 25 mL 全量ピペットで 2 回採取してコニカルビーカーに 50.00 mL 量り取り，これに pH 緩衝液（pH 10）を駒込ピペットで 1〜2 mL，EBT 指示薬 2〜3 滴を加え，EDTA 標準溶液で滴定する．終点での指示薬の変色は赤紫色から青色であり，赤みが完全になくなったところが滴定の終点であり，当量点になる．この滴定値はカルシウムイオン（Ca^{2+}）とマグネシウムイオン（Mg^{2+}）の合量（全硬度）に相当する．

(3) 全硬度

滴定値の平均値を b mL とすると，次式の関係からカルシウムイオンとマグネシウムイオンの合量濃度が求められる．モル濃度を C で表して，

$$C_{EDTA} \times b \, \text{mL} = C_{(Ca+Mg)} \times 50.00 \, \text{mL} \tag{2.1.3}$$

より，

$$C_{(Ca+Mg)} = C_{EDTA} \times b/50 \, \text{mol/L} \tag{2.1.4}$$

となる．全硬度はカルシウムあるいはマグネシウムがすべて $CaCO_3$（モル質量 100.1 g/mol）として存在すると仮定して，その質量濃度（ppm ≈ mg/L）で表したものである．

$$\text{全硬度 (ppm)} = C_{(Ca+Mg)} \times 100.1 \, \text{g/mol} \times 1000 \tag{2.1.5}$$

4 結果と考察

□ 緩衝溶液を添加し，pH を調整する理由を把握せよ．
□ 硬度について調べよ．

2.2 液体の密度

1 実験の目的

密度は，物質固有の物理量であり，物質の同定，測定容器の体積補正，表面張力や粘度の測定等に広く用いられ，物理化学的に重要な量である．比重はある物質の水に対する相対密度であり，無次元量となる．つまり，密度と比重は異なるため注意を払う必要がある．当実験では30℃における所定の割合の純水-メタノール混合溶液の密度を測定し，メタノールの重量分率と密度の関係を学ぶ．また，空気の浮力補正をした値としない値を比較してその違いを考察する．

密度
(density)

2 実験の背景

測定にはピクノメーター(図 2.2.1) を用い，密度既知の標準液体で容量 V を測定し，同容量における試料液体の重量より密度を求める．すなわち，空のピクノメーターの質量を W_0，ピクノメーターに標準液体（純水）を満たしたときの質量を W_W，未知試料を満たしたときの質量を W，測定温度での純水の密度 ρ_W とすれば，未知試料の密度 ρ_S は

ピクノメーター
(pycnometer)

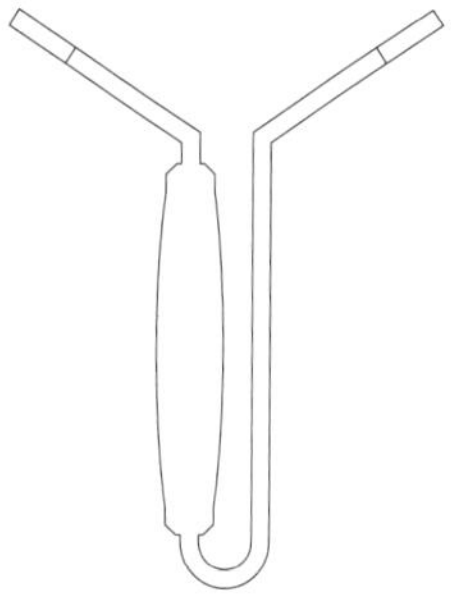

$$\rho_S = \frac{W - W_0}{V} = \frac{W - W_0}{W_W - W_0}\rho_W \qquad (2.2.1)$$

精密な密度を測定するためには，秤量する際空気の浮力補正を行わなければならない．そのため，空のピクノメーターの空気を排除して秤量すると仮定すると，1 atm，20℃ における空気の密度が 0.0012 g/cm³ であるから，排除する空気の質量は

図 2.2.1 オストワルド型ピクノメーター．

$$1.2 \times 10^{-3} \times \frac{W_W - W_0}{\rho_W} \qquad (2.2.2)$$

となる（単位は g）．

3 実験の方法

(1) 実験器具と試薬

表 2.2.1 のとおり．

(2) 実験操作

ピクノメーターに針金を巻き付け，恒温槽に吊るすためのフックを作る．よく洗った後にメタノールを入れてアスピレーターで乾燥させ，秤

表 2.2.1 実験器具と試薬.

品　名	数量	品　名	数量
恒温槽	1	100 mL ビーカー	2
アスピレーター	1	500 mL ビーカー（廃液用）	1
ピクノメーター	1	10 mL メスピペット	2
ゴム管	1	安全ピペッター	1
シリンジ	1	電子天秤	
50 mL 共栓三角フラスコ	5	メタノール	

表 2.2.2 水およびメタノールの密度.

(g/cm³)

温度 (℃)	メタノール	水
15.0	0.79580	0.99910
16.0	0.79498	0.99894
17.0	0.79416	0.99878
18.0	0.79334	0.99860
19.0	0.79252	0.99841
20.0	0.79170	0.99821
21.0	0.79070	0.99799
22.0	0.78970	0.99777
23.0	0.78870	0.99754
24.0	0.78770	0.99730
25.0	0.78670	0.99705
26.0	0.78574	0.99679
27.0	0.78478	0.99652
28.0	0.78382	0.99624
29.0	0.78286	0.99595
30.0	0.78190	0.99565

量する（W_0）．これに純水を満たし，30℃に保持された恒温槽に吊るす．この際，液は標線よりわずかに多く入れ，ピクノメーターの口にゴム管を付けて水分の混入を防ぐ．5分間放置した後，取り出し管口の一端からシリンジを用いて標線に液面がくるように吸い取る．外壁の水分をよく拭き取ってから秤量する（W_W）．

再びピクノメーターを上述のように乾燥させた後，メタノールまたは水-メタノール混合溶液を満たす．この際，ピクノメーターの一方にゴム管を付け，他方を溶液に浸してシリンジで吸い込めばよい．上述と同様の手順を行った後秤量する（W）．なお，水-メタノール混合溶液は表2.2.2を用いて採取する容量を計算して調製する．

電子天秤を用いてピクノメーターを秤量する際は，重量既知のビーカーの中にピクノメーターを入れて測定するとよい．

4　結果と考察

☐ 空気の浮力補正をした値としない値を比較せよ．

☐ メタノールの重量分率と密度のグラフから，なぜ直線関係が得られないか，まとめよ．

2.3 液体の粘度

1 実験の目的

液体が，一定の圧力差 p によって，半径 r，長さ l の毛細管内を流れるとき，時間 t の間に流出する体積 V は次式によって与えられる．

$$V = \frac{\pi p r^4 t}{8\eta l} \tag{2.3.1}$$

η は液体の種類および温度によって定まる定数であり，この液体の**粘性係数**または**粘度**と呼ぶ．上の諸量を測定すれば η を求められるわけだが，η の絶対値の測定はかなり難しい．そこで標準物質，例えば水の粘度 η_0 を基準とし，これと比較した値，つまり**相対粘度**(η_r) を求める．

粘度
(viscosity)

相対粘度
(relative viscosity)

$$\eta_\mathrm{r} = \frac{\eta}{\eta_0} \tag{2.3.2}$$

メタノールの重量分率が 0, 20, 40, 50, 60, 80, 99.9% のメタノールと水の混合溶液について，組成と粘度の関係を求め，図示せよ．

2 実験の背景

この測定に利用するオストワルド粘度計を図 2.3.1 に示す．この粘度計を垂直に保持して，毛細管のすぐ上にある液体だめ（A と B の間の部分）から液体を自然流下させる．

同一粘度計で同一の体積の溶液を測定すれば r, l, V は同一であり，圧力差はそれぞれの溶液の密度 ρ に比例するので，式 (2.3.1), (2.3.2) より

$$\eta_\mathrm{r} = \frac{\rho t}{\rho_0 t_0} \tag{2.3.3}$$

が成り立つ．したがって，試料溶液とともに，同じ温度で同じ体積の粘度既知の標準物質の密度 ρ_0 と流下時間 t_0 を測定すれば，試料溶液の粘度を知ることができる．

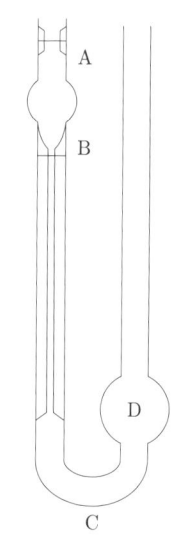

図 **2.3.1** オストワルド粘度計．

酸性度定数
(acidity constant)

平衡状態では，以下のモル濃度の比が一定となり，これを**酸性度定数**という．

$$K_\mathrm{a} = \frac{[\mathrm{A}^-][\mathrm{H}^+]}{[\mathrm{AH}]} \tag{2.6.2}$$

両辺の対数を取ると，

$$\log K_\mathrm{a} = \log \frac{[\mathrm{A}^-]}{[\mathrm{AH}]} + \log[\mathrm{H}^+] = \log \frac{[\mathrm{A}^-]}{[\mathrm{AH}]} - \mathrm{pH} \tag{2.6.3}$$

ここで，$\mathrm{p}K_\mathrm{a}$ を $\mathrm{p}K_\mathrm{a} = -\log K_\mathrm{a}$ と定義すると，

$$\log \frac{[\mathrm{A}^-]}{[\mathrm{AH}]} = \mathrm{pH} - \mathrm{p}K_\mathrm{a} \tag{2.6.4}$$

となり，酸の $\mathrm{p}K_\mathrm{a}$ がわかっていれば，ある pH の水溶液中の酸形と塩基形の割合がわかる．

(3) 置換基効果

異なる置換基をもつ分子は様々な性質が異なる．置換基の効果は，主に立体的な効果か電子的な効果である場合が多い．電子的には，その置換基が電子求引性か電子供与性であるかによって逆の効果を与える．電子求引性の置換基は，分子中の電子のエネルギーを下げるので，負電荷をもつ状態を安定化する．電子供与性の置換基は，逆に，分子中の電子のエネルギーを上げ，負電荷をもつ状態を不安定化する．

この考え方を酸・塩基反応

$$\text{置換基-AH} \rightleftarrows \text{置換基-A}^- + \mathrm{H}^+$$

に当てはめると，置換基が電子求引性の場合には負電荷をもつ右辺が安定化されると考えられる．したがって平衡は右に偏り，酸としては強くなるであろう．置換基が電子供与性の場合には，逆に，右辺が不安定化されると考えられる．したがって平衡は左に偏り，酸としては弱くなるであろう．このようにして，酸の強弱に与える置換基の効果を説明できる．

上記 (1) の pH 指示薬では，メチル基やブロモ基が置換基である．これらの電子供与性／求引性と酸性度の関係を考察するのが本実験の主題である．

3 実験の方法

(1) 実験器具と試薬

表 2.6.1 のとおり．

表 2.6.1 実験器具と試薬.

品　　名	数量	品　　名	数量
pH メーター	1	500 mL ビーカー（廃液用）	1
分光光度計	1	100 mL ポリビーカー	2
上皿天秤	1	bromocresol purple	
50 mL ビーカー	7	bromophenol blue	
100 mL ビーカー	4	phenol red	
50 mL メスフラスコ	2	トリス（ヒドロキシメチル）アミノメタン	
10 mL メスピペット	3	クエン酸	
1 mL マイクロピペット	1	クエン酸ナトリウム（Na$_3$）二水和物	
2〜20 μL マイクロピペット	1	5 mmol L^{-1} NaOH 水溶液	
10 mL サンプル瓶	3	0.2 mol L^{-1} HCl 水溶液	
10 mL 試験管	21	デジタルカメラ	
薬さじ	1	グラフ用紙	
薬包紙		コンピューター，Excel	
吸収用セル	2		
安全ピペッター	1		

(2) 実験操作

(i) pH メーターの校正

2 種類の pH 標準液を用いて校正する．校正後測定までの間は，ガラス電極をビーカーに入れた純水に浸しておく（第 1 章参照）．

校正
(calibration)

(ii) 緩衝液の調製と pH 測定

0.05 mol L^{-1} クエン酸溶液 50 mL，0.05 mol L^{-1} クエン酸ナトリウム溶液 50 mL をそれぞれメスフラスコに調製する．これらの溶液を，10 mL メスピペットを用いて，以下のように混合し，pH 3〜6 の 0.05 mol L^{-1} クエン酸緩衝液 20 mL ずつを 50 mL ビーカーに調製する．

緩衝液
(buffer solution)

					(mL)
0.05 mol L^{-1}	クエン酸溶液	18.6	14.0	8.2	4.8
0.05 mol L^{-1}	クエン酸ナトリウム溶液	1.4	6.0	11.8	15.2

0.2 mol L^{-1} トリス (ヒドロキシメチル) アミノメタン溶液 50 mL をメスフラスコに調製する．この溶液と 0.2 mol L^{-1} HCl と水を，10 mL メスピペットを用いて，以下のように混合し，pH 7〜9 の 0.05 mol L^{-1} トリス緩衝液を 20 mL ずつ 50 mL ビーカーに調製する．

			(mL)
0.2 mol L^{-1} トリス（ヒドロキシメチル）アミノメタン溶液	5.00	5.00	5.00
0.2 mol L^{-1} HCl	4.40	2.70	0.50
水	10.60	12.30	14.50

以上の緩衝液の pH を測定する．クエン酸緩衝液が pH 3～6，トリス緩衝液が pH 7～9 の範囲でほぼ等間隔に分布した pH の計 7 種類の溶液が得られたはずである．

(iii) 吸収スペクトル測定

吸収スペクトル測定用の分光光度計（図 2.6.1）は，光源からでた光を波長ごとに分け（分光），それを試料に当て，試料の背面から透過する光の強度を測定する．部屋を暗くしてから，セルホルダー部分の蓋を開け，どこから光がでてきて，どこへ出て行く光を検出するのか観察しよう．また，照射光がでてくる部分に白い紙を置いて，光の波長を順次変えていって，光の色と波長の関係を把握しよう．

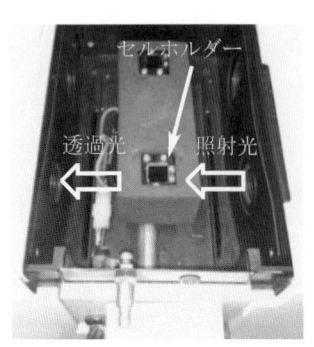

図 2.6.1 分光光度計の試料部分．

操作は，装置のマニュアルに従うが，原理的には，波長ごとに，試料溶液の吸光度から溶媒（本実験では水）のみの吸光度（バックグラウンド）を差し引いて，溶質（本実験では pH 指示薬）の吸収スペクトルを得ることになる．

(iv) pH 指示薬の吸収スペクトルの測定

各 pH 指示薬の吸収スペクトルを 7 種類の pH のもとで測定する．すべての試料溶液の濃度を揃えたいが，試料溶液ごとに固体試料を天秤で量る方法では，濃度を揃えるのにたいへん手間がかかる．そこで，pH 指示薬溶液を 1 つだけ調製しておき（これを母溶液という），その溶液の少量の一定量を緩衝液に添加して試料溶液とする．

まず，測定に適した試料溶液の濃度を決めなければならない．この実験では濃度の値はわからなくてもよいが，吸光度の最大値がおよそ 0.5 ～2 の範囲にはいる試料としたい．最初は，適した濃度がわからないので，母溶液として，微量の pH 指示薬を少量（1 mL 程度）の 25 mmol L^{-1} NaOH 溶液に溶かした溶液を 10 mL サンプル瓶に調製する．

2 個のセルに純水を 1 mL マイクロピペットで 1.00 mL 入れる．一方はバックグラウンド用とする．他方のセルにマイクロピペットで 10.0 μL の母溶液を入れ，吸収スペクトルを測定する．この測定結果を参考に，吸光度の最大値が 0.5～2 の間に入るような添加量を決める．場合によっては母溶液を作り直した方がよいかもしれない．

上記（ii）で調製した 7 種類の緩衝液をそれぞれ 1 mL マイクロピペットで 2.00 mL ずつ試験管に量り取り，これらの試験管に上記で決めた濃度になる量の指示薬溶液を加え，pH の異なる同じ濃度の試料溶液を調製する．ラベルを付けて順番に並べ，デジタルカメラで撮影する．そして，それぞれの吸収スペクトルを測定する．3 種の指示薬について 7 種の pH の溶液のデータが得られるので，計 21 通りの吸収スペクトルが得られることになる．

4 結果と考察

- [ ] 溶解度の関係で，母溶液の溶媒に純水ではなく 25 mmol L^{-1} NaOH 溶液を用いたが，試料の pH に影響を与えないか，議論せよ．
- [ ] 指示薬ごとに pH の順にスペクトルを並べて観察し，傾向を議論せよ．
- [ ] 指示薬ごとに特定の波長の吸光度を縦軸に，pH を横軸に取ったグラフを作成せよ．
- [ ] 上記のグラフより，各指示薬の pK_a を推定せよ．
- [ ] 推定した pK_a を用いて，酸形と塩基形の指示薬の割合を pH に対してプロットした理論曲線を作成し，実験結果と比較して議論せよ．
- [ ] 指示薬上の置換基の種類と pK_a の関係を，置換基効果の観点から議論せよ．

2.7 反応速度（二次反応）

1 実験の目的

反応速度が，反応物の濃度の二次（[A][B] または [A]²）に比例する反応を二次反応という．ここでは反応中の濃度の変化を刻々と追跡することによって，二次反応が進行する様子を理解しよう．

二次反応
(second-order reaction)

2 実験の背景

(1) 二次反応

反応速度
(reaction rate)

反応速度 v が

$$v = k[\text{A}][\text{B}] \tag{2.7.1}$$

のように，反応物の濃度の2乗に比例する反応を二次反応という．酢酸エチルと水酸化ナトリウムの反応

$$\text{AcOEt} + \text{NaOH} \rightarrow \text{AcONa} + \text{EtOH} \tag{2.7.2}$$

では，反応速度は，AcOEt の減少速度，NaOH の減少速度，AcONa の生成速度，EtOH の生成速度，いずれでも表すことができて，

$$v = -\frac{d[\text{AcOEt}]}{dt} = -\frac{d[\text{NaOH}]}{dt} = \frac{d[\text{AcONa}]}{dt} = \frac{d[\text{EtOH}]}{dt} \tag{2.7.3}$$

である．この反応は，反応速度が

$$v = k[\text{AcOEt}][\text{NaOH}] \tag{2.7.4}$$

で与えられる二次反応であると仮定しよう．式を見やすくするために，[AcOEt] = a，[NaOH] = b とおき，それぞれの初濃度を a_0, b_0 とする．時間 t が経過したときに，反応が進んで a_0 が $(a_0 - x)$ になったとすると，そのときに b_0 は $(b_0 - x)$ になっている．x は反応した濃度に相当し，ゼロからスタートして a_0 か b_0 のどちらか小さい方の値まで増加する．反応速度 v は，

$$v = \frac{dx}{dt} = kab = k(a_0 - x)(b_0 - x) \tag{2.7.5}$$

と表される．x が刻々と変化するので v も刻々と変化する．すなわち，x と v は時間の関数である．途中は省くが，この式を解くと x は t の関数として表され，

$$x = a_0 b_0 \frac{e^{b_0 kt} - e^{a_0 kt}}{b_0 e^{b_0 kt} - a_0 e^{a_0 kt}} \tag{2.7.6}$$

となる．したがって，a と b も以下のように t の関数として表される．

$$a = a_0 - x = a_0 \left(1 - b_0 \frac{e^{b_0 kt} - e^{a_0 kt}}{b_0 e^{b_0 kt} - a_0 e^{a_0 kt}}\right) \tag{2.7.7}$$

$$b = b_0 - x = b_0 \left(1 - a_0 \frac{e^{b_0 kt} - e^{a_0 kt}}{b_0 e^{b_0 kt} - a_0 e^{a_0 kt}}\right) \tag{2.7.8}$$

3 実験の方法

(1) 実験器具と試薬

表 2.7.1 のとおり．

表 2.7.1 実験器具と試薬．

品　　名	数量	品　　名	数量
50 mL メスシリンダー	1	クランプ	1
安全ピペッター	1	ビュレットクランプ	2
20〜200 μL マイクロピペット	1	500 mL ビーカー（廃液用）	1
100 mL 栓付き三角フラスコ	1	純水（洗瓶）	1
50 mL 三角フラスコ	1	酢酸エチル	1
50 mL ビーカー	9	0.025 mol L^{-1} NaOH 水溶液	1
5 mL メスピペット	1	0.025 mol L^{-1} HCl 水溶液	1
温度計	1	1% フェノールフタレイン水溶液	1
ストップウォッチ	1	グラフ用紙	
湯浴	1	コンピューター，Excel	
25 mL ビュレット	1		
スタンド	2		

(2) 実験操作

次の溶液を用意する．

- 溶液 A：H$_2$O 25 mL に酢酸エチル 0.04 mL を加えた混合溶液[a]
- 溶液 B：0.025 mol L^{-1} NaOH 水溶液 25 mL[b]
- 溶液 C1〜C8：0.025 mol L^{-1} HCl 水溶液 5 mL を 8 個[c]

そして，溶液 B を溶液 A に加え，よくふり混ぜる．この時間を時刻ゼロとし，ストップウォッチをスタートさせる．この混ぜた溶液を反応溶液と呼ぶ．なるべく速く，反応溶液から 5 mL 採取し[d]，溶液 C1 に加えて反応を止め，そのときの時間を記録する．また，このときの室温を記録する．以降反応開始から 5 分，10 分，15 分，20 分，30 分，45 分後に，反応溶液から 5 mL ずつ採取し，溶液 C2 から C7 に加え，それぞれ時間と室温を記録する．

その後，反応溶液を湯浴で 1 時間程加熱し[e]，冷ましてから 5 mL 採

取し，溶液 C8 に加える．加熱温度，加熱時間，湯浴から出した時間，溶液に加えた時間などを記録する．

溶液 C1 から C8 を NaOH 水溶液で滴定し，塩酸の残量を調べる[f]．

【注釈】
(a) 50 mL メスシリンダーで H$_2$O を，20〜200 μL マイクロピペットで酢酸エチルを 100 mL 栓付き三角フラスコに入れる．
(b) 50 mL メスシリンダーを用いて，50 mL 三角フラスコに入れる．
(c) 5 mL メスピペットでそれぞれ 50 mL ビーカーに入れる．
(d) 5 mL メスピペットを用いる．
(e) スタンドで反応溶液の入った三角フラスコを固定して，湯浴に漬ける．
(f) NaOH 溶液は，ストック瓶から一旦 50 mL ビーカーに移し，25 mL ビュレットに注ぎ入れる．あらかじめ中和に必要な NaOH 溶液の量を推定しておく．溶液 C のビーカーに 1% フェノールフタレイン水溶液を 2 滴加え，撹拌しながらビュレットで 0.025 mol L^{-1} NaOH を滴下し，無色の溶液が赤色を呈するまでに要した NaOH 溶液の量を記録する．

4 結果と考察

☐ 反応溶液（溶液 A + B）での反応，溶液 C に入れたときの反応，滴定時の反応の反応式を書け．
☐ それぞれの時間ごとに塩酸の残量から反応液中の水酸化ナトリウムの残量を求めよ．
☐ 反応溶液を C8 に加えたときには，反応は完了していたと仮定して滴定値より a_0 を求めよ．最初に加えた量と矛盾しないか．
☐ 横軸を時間，縦軸を反応溶液中の水酸化ナトリウム濃度および酢酸エチル濃度とするグラフをつくれ（グラフ 1）．
☐ 式 (2.7.5) を用いて，時間ごとに k を求めよ．v はグラフ 1 の曲線の傾きから求める．k は一定か．
☐ 式 (2.7.5) で得られた k を用いて a と b を時間ごとに求め，グラフ 1 に重ねてプロットし，実験と比較せよ．

2.8 吸着

1 実験の目的

溶液中に固体が存在すると，その表面に溶質が結合し，**界面**の濃度が溶液の**大部分**である内部よりも高くなることがある．このような現象を**吸着**といい，表面に結合する物質を**吸着質**，表面を提供する固体を**吸着媒**という．温度が一定の平衡状態では，吸着する物質の量は溶液内部の濃度の関数になり，この関係を表す曲線を**吸着等温線**という．

2 実験の背景

フロイントリッヒは吸着等温線を経験的に次のような式として表した．

$$\frac{x}{m} = kC^{\frac{1}{n}} \tag{2.8.1}$$

ここで，C は溶液中の溶質の濃度，x は吸着質の量，m は吸着媒の質量，k と n は実験から決定される定数である．

式 (2.8.1) の両辺の対数をとれば

$$\log \frac{x}{m} = \log k + \frac{1}{n} \log C \tag{2.8.2}$$

これより $\log C$ に対し $\log(x/m)$ をプロットし，得られる直線の縦軸との切片より k が，傾きより n が求められる．

またラングミュアは，溶質が溶液から表面へ吸着する速度と，表面に吸着した溶質が脱離する速度のつり合いから，式 (2.8.3) を導いた．

$$\frac{\theta}{1-\theta} = KC \tag{2.8.3}$$

ここで θ は固体表面が溶質の吸着によって占められる割合で 0 から 1 の間の値をとる．C は溶液中の溶質濃度であり，K は定数である．吸着される溶質の量 x は，θ に比例するから N を比例定数として，$x = N\theta$ と表される．K と N の値を実験データから求めることになる．

3 実験の方法

(1) 実験器具と試薬

表 2.8.1 のとおり．

界面
(interface)
大部分
(bulk)
吸着
(adsorption)
吸着質
(adsorbate)
吸着媒
(adsorbent)
吸着等温線
(adsorption isotherm)
フロイントリッヒ
(Herbert Freundlich)

ラングミュア
(Irving Langmuir)

表 2.8.1 実験器具と試薬．

品　　名	数量	品　　名	数量
遠心分離機	1	100 mL ビーカー	8
上皿天秤	1	5 mL メスピペット	1
栓付き 100 mL 三角フラスコ	6	10 mL 全量ピペット	1
25 mL ビュレット	1	遠沈管	6
スタンド	1	500 mL ビーカー（洗浄用）	1
ビュレットクランプ	2	安全ピペッター	1
200 mL メスフラスコ	1	薬さじ	1
バランスディッシュ	1	0.1 mol L^{-1} NaOH	1
酢酸	1	純水（洗瓶）	1
活性炭	1	グラフ用紙	1
1% フェノールフタレイン水溶液（ピペット付き瓶）	1	コンピューター，Excel	1

(2) 実験操作

酢酸の 0.2 mol L^{-1} 水溶液 200 mL を調整する[a]．この溶液を純水で適宜希釈して，以下の濃度の水溶液を 50 mL ずつ三角フラスコに調整する[b]．

　　0.2，　0.1，　0.05，　0.02，　0.01，　0.005　（単位 mol L^{-1}）

これらの溶液をそれぞれ 10 mL ずつビーカーに移す[c]．溶液 40 mL が残った三角フラスコにそれぞれ活性炭 0.5 g ずつ加え（正確な質量を記録する），よく振とうする．これらの三角フラスコを一定温度で少なくとも 60 分以上放置し，その間 10 分ごとに振とうする，この間の室温を記録する．

この間，活性炭を入れていない各濃度の酢酸溶液 10 mL を 0.1 mol L^{-1} NaOH で滴定し，それぞれの試料溶液濃度（C_0）を求めておく[d]．

放置，撹拌してあった活性炭の入った溶液をそれぞれ遠心分離し，浮遊している活性炭を沈降させる（3000 rpm，5 分）[e]．上澄み液 10 mL を 0.1 mol L^{-1} NaOH で滴定して試料溶液濃度（C）を決定する[f]．

【注釈】
(a) 5 mL メスピペットで所要量の酢酸を 200 mL メスフラスコに入れ，純水で 200 mL に希釈する．
(b) これらの溶液を 100 mL 栓付き三角フラスコ（×6）に調整する．25 mL ビュレットで，それぞれのビーカーに，まず必要量の純水を取り，次いで 0.2 mol L^{-1} 酢酸水溶液を取る．酢酸水溶液はメスフラスコから一旦 100 mL ビーカーに移してからビュレットに注ぎ入れる．

濃度 (mol L^{-1})	0.005	0.010	0.020	0.050	0.10	0.20
純水 (mL)	48.75	47.5	45.0	37.5	25.0	0.0
0.2 molL^{-1} 酢酸 (mL)	1.25	2.5	5.0	12.5	25.0	50.0

(c) 全量ピペットを用いる．実験の都合上，共洗いできないので薄い溶液から順に，三角フラスコから 100 mL ビーカーに移す．

(d) NaOH 溶液は，ストック瓶から一旦 50 mL ビーカーに移し，25 mL ビュレットに注ぎ入れる．あらかじめ中和に必要な NaOH 溶液の量を推定しておく．各濃度の酢酸溶液の入ったビーカーに 1% フェノールフタレイン水溶液をピペットで 2 滴加え，撹拌しながらビュレットで 0.1 mol L^{-1} NaOH を滴下し，無色の溶液が赤色を呈するまでに要した NaOH 溶液の量を記録する．滴定後には，次の滴定のためにビーカーを純水で洗浄しておく．

(e) 30 mL 程度を遠沈管に移す．遠心分離機のローターが安定して回転するために，遠沈管（×6）にはほぼ同量ずつ溶液を入れる．

(f) 遠沈管から 10 mL 全量ピペットで上澄みを 100 mL ビーカーに移す．この溶液を上記同様に滴定する．

(3) データ整理

多くの試料のデータを取って解析するときには，間違いの防止や，データの傾向を把握するために，データを見やすく整理することが重要である．例えばこの実験では，実験ノートに次のような表をつくって試料濃度，滴定結果等を整理するとよい．この際，計画時の値（質量等）ではなく，実際の値を記録することが重要である．

CH$_3$COOH 水溶液濃度 (M)		0.005	0.01	0.02	0.05	0.1	0.2
調製	純水 (mL)						
	0.2 M 酢酸水溶液 (mL)						
吸着前滴定量	始点 (mL)						
	終点 (mL)						
	差：V (mL)						
初濃度 C_0 (M)							
活性炭採取量 (g)							
吸着後滴定量	始点 (mL)						
	終点 (mL)						
	差：V (mL)						
吸着後濃度 C (M)							

4 結果と考察

- ☐ 酢酸水溶液中における活性炭の酢酸吸着等温線を求め，それをフロイントリッヒの式およびラングミュアの式に適用して，いずれによく一致するかを比較検討せよ．そのために，データを表に整理し，グラフを作成してモデルの妥当さを検討する．

- ☐ 物理モデルから理論式を作るよい練習になるので，前提となるモデルを調べ，ラングミュアの式 (2.8.3) を導いてみよ．

2.9 電気化学的分析法

1 実験の目的

目的成分を含む溶液に対して濃度既知の**標準溶液**で滴定し，その滴定量から**当量点**を求める方法が**容量分析法**である．当量点は，溶液の電位の変化から求めることも可能である．本実験では，CH$_3$COOH と NaOH による**中和反応**，Fe(II) と KMnO$_4$ による**酸化還元反応**を利用し，**電気化学的分析法**によって電位の変化から容量分析法の当量点を決定するための原理と方法を学ぶことを目的とする．

標準溶液
(standard solution)
当量点
(equivalence point)
容量分析法
(volumetric analysis)
中和反応
(neutralization reaction)
酸化還元反応
(oxidation-reduction reaction)
電気化学的分析法
(electrochemical analysis)

2 実験の背景

(1) ネルンストの式

溶液中の化学種の**酸化還元電位**は，酸化体および還元体の活量（a_Ox および a_Red）を用いると，以下のネルンストの式で表される．

$$E = E° + \frac{RT}{nF} \ln \frac{a_\mathrm{Ox}}{a_\mathrm{Red}} \tag{2.9.1}$$

酸化還元電位
(redox potential)
ネルンストの式
(Nernst equation)

式 (2.9.1) は溶液の濃度を用いて近似的に表すことも可能であり，気体定数およびファラデー定数を代入し，自然対数を常用対数に変換すると，25℃における電位は以下のように表される．

$$E = E° + \frac{0.059\mathrm{V}}{n} \log \frac{[\mathrm{Ox}]}{[\mathrm{Red}]} \tag{2.9.2}$$

ここで，E をこの反応系の**電極電位**，$E°$ を**標準酸化還元電位**という．[Ox] = [Red] のとき，式 (2.9.2) は $E = E°$ となる．電位の基準には，1 atm の水素の気体と 1 mol L^{-1} の水素イオンが平衡にあるときの電位をゼロと定義した**標準水素電極**が用いられる．

電極電位
(electrode potential)
標準酸化還元電位
(standard redox potential)
標準水素電極
(standard hydrogen electrode)

(2) 参照電極と指示電極

実際の実験では，水素電極の使用は不便である．これに代わる基準の電極として，一般的に**参照電極**（**飽和カロメル電極**など）が用いられる．一方，溶液中のイオン濃度の変化を電位の変化として測定する際に使用する電極を**指示電極**という．指示電極として，**中和滴定**では**ガラス電極**，**酸化還元滴定**では**白金電極**が主に用いられる．

参照電極
(reference electrode)
指示電極
(indicator electrode)
飽和カロメル電極
(saturated calomel electrode)
中和滴定
(neutralization titration)
ガラス電極
(glass electrode)
酸化還元滴定
(redox titration)
白金電極
(platinum electrode)

(3) ガラス電極によるpHの測定

ガラス電極は実験室で汎用的に用いられる．水溶液のpH測定は，ガラス電極を用いる電気化学的分析法の1つとして挙げられる．pHはガラス電極内の水素イオン濃度と試料溶液の水素イオン濃度との差による**起電力**により定義される．ところが，ガラス電極は参照電極と組み合わせて用いられ，これらの電極間に生じる電位差も含めた値しか求まらないので，pHと起電力の関係には未知の定数kが含まれてしまう．25℃においてその関係は次式で与えられる[1]．

$$\mathrm{pH} = \frac{E-k}{0.059} \quad (2.9.3)$$

そのため，あらかじめpHがわかっている標準溶液を用いて事前に計器を調整する必要がある．この操作を**校正**という．

起電力 (electromotive force)

校正 (calibration)

(4) CH₃COOH-NaOH系の中和反応

弱酸を強塩基で滴定すると，溶液のpHは徐々に上昇し，当量点前後で急激なpH変化が起こる．この現象を利用して，滴定中の溶液のpH変化を**pHメーター**で測定し，**滴定曲線**を作成することで当量点を求めることができる．また，横軸に滴定量，縦軸に$\Delta\mathrm{pH}/\Delta V$の関係を示す一次微分曲線を作成すると，当量点を正確に決定することができる．

ちなみに，滴定開始時は酢酸の水溶液であり，酢酸の濃度をC_A Mとすると，弱酸の溶液のpHは以下の式(2.9.4)で表される[2]．

$$\mathrm{pH} = \frac{1}{2}\mathrm{p}K_a - \frac{1}{2}\log C_A \quad (2.9.4)$$

pHメーター (pH meter)
滴定曲線 (titration curve)

この反応において，滴定途中は**緩衝溶液**の状態であり，溶液のpHは以下の式(2.9.5)で表される[2]．

$$\mathrm{pH} = \mathrm{p}K_a + \log \frac{[\mathrm{CH_3COO^-}]}{[\mathrm{CH_3COOH}]} \quad (2.9.5)$$

緩衝溶液 (buffer solution)

半当量点（半分が中和された点すなわち $[\mathrm{CH_3COOH}] = [\mathrm{CH_3COO^-}]$ の点）のとき，$\mathrm{pH} = \mathrm{p}K_a$となり，酢酸の**解離定数**が求まる．

さらに，当量点では酢酸ナトリウムの水溶液であり，酢酸ナトリウムの濃度をC_B Mとすると，弱塩基の溶液のpHは以下の式(2.9.6)で表される[2]．

解離定数 (dissociation constant)

$$\mathrm{pH} = 7 + \frac{1}{2}\mathrm{p}K_a + \frac{1}{2}\log C_B \quad (2.9.6)$$

(5) Fe(II)-KMnO₄ 系の酸化還元反応

$[H^+] = 1.0\,\mathrm{M}$ のとき，式 (2.9.7) および式 (2.9.8) で表される 2 つの半反応式から，この系の全反応式は式 (2.9.9) で表される．

$$\mathrm{MnO_4^- + 8H^+ + 5e^- \rightleftarrows Mn^{2+} + 4H_2O} \quad E_{\mathrm{Mn}}^\circ = 1.51\,\mathrm{V} \quad (2.9.7)$$

$$\mathrm{Fe^{3+} + e^- \rightleftarrows Fe^{2+}} \quad E_{\mathrm{Fe}}^\circ = 0.77\,\mathrm{V} \quad (2.9.8)$$

$$\mathrm{5Fe^{2+} + MnO_4^- + 8H^+ \rightleftarrows 5Fe^{3+} + Mn^{2+} + 4H_2O} \quad (2.9.9)$$

25℃ における Mn および Fe の電位は，ネルンストの式より下記のように表される．以下の式から求まる電位の単位は V である．

$$E_{\mathrm{Mn}} = 1.51 + \frac{0.059}{5}\log\frac{[\mathrm{MnO_4^-}][\mathrm{H^+}]^8}{[\mathrm{Mn^{2+}}]} \quad (2.9.10)$$

$$E_{\mathrm{Fe}} = 0.77 + 0.059\log\frac{[\mathrm{Fe^{3+}}]}{[\mathrm{Fe^{2+}}]} \quad (2.9.11)$$

この反応が平衡 ($E_{\mathrm{eq}} = E_{\mathrm{Mn}} = E_{\mathrm{Fe}}$) のとき，以下の条件を満たす．

$$6E_{\mathrm{eq}} = 5E_{\mathrm{Mn}}^\circ + E_{\mathrm{Fe}}^\circ + 0.059\log\frac{[\mathrm{Fe^{3+}}][\mathrm{MnO_4^-}][\mathrm{H^+}]^8}{[\mathrm{Fe^{2+}}][\mathrm{Mn^{2+}}]} \quad (2.9.12)$$

また，当量点では，$[\mathrm{Mn^{2+}}]/[\mathrm{MnO_4^-}] = [\mathrm{Fe^{3+}}]/[\mathrm{Fe^{2+}}]$ の関係が成立し，$[\mathrm{H^+}] = 1.0\,\mathrm{M}$ のとき，当量点における電位は式 (2.9.13) で表される．

$$E_{\mathrm{eq}} = \frac{5E_{\mathrm{Mn}}^\circ + E_{\mathrm{Fe}}^\circ}{6} = \frac{(5\times 1.51) + (1\times 0.77)}{6} = 1.39\,\mathrm{V} \quad (2.9.13)$$

電位の値は標準水素電極に対してであるが，実際の実験では**複合電極**を用いるので，当量点の電位は異なる．したがって，滴定曲線から作図して当量点を求める必要がある．

複合電極
(combined electrode)

3 実験の方法（水酸化ナトリウムによる酢酸の滴定）

(1) 実験器具と試薬

表 2.9.1 のとおり．

(2) 実験操作

(i) pH メーターの校正

測定前に pH 既知のリン酸系緩衝溶液（pH 6.86）およびフタル酸系緩衝溶液（pH 4.01）を用いて pH メーターを校正する（第 1 章参照）．

表 2.9.1 実験器具と試薬.

品　名	数量	品　名	数量
pH メーター	1	1 mL メスピペット	1
pH メーター用スタンド	1	安全ピペッター	1
ガラス電極	1	ピペットホルダー	1
マグネチックスターラー	1	500 mL ビーカー（廃液用）	1
スターラーチップ	1	時計皿（大）	1
300 mL ビーカー	1	酸性用 pH 校正液　(pH 4.01)	
100 mL ビーカー	2	中性用 pH 校正液　(pH 6.86)	
100 mL メスフラスコ	2	0.1 M NaOH 標準溶液	
25 mL 全量ピペット	1	CH_3COOH 原液	
安全ピペッター	1	フェノールフタレイン指示薬	
洗浄瓶	1		
ビュレット	1		
ビュレット用スタンド	1		

(ii) 溶液の調製

① 計算から求めた CH_3COOH 原液を水の入った 100 mL メスフラスコに取り，水を加えて 0.1 M CH_3COOH 水溶液を 100 mL 調製する．

② 先に調製した 0.1 M CH_3COOH 水溶液の 25 mL を全量ピペットで 100 mL メスフラスコに取り，水を加えて 100 mL にする．この段階で 0.025 M CH_3COOH 水溶液を調製したことになる．

③ 滴定に用いる 0.1 M NaOH 標準溶液については，事前に準備された標定済みの溶液を用いる．溶液の濃度およびファクターを実験ノートに記録する．

(iii) pH 測定

① 先に調製した 0.025 M CH_3COOH 水溶液を 300 mL ビーカーに移し，フェノールフタレイン指示薬を加え，ガラス電極を浸す．

② スターラーでかき混ぜながら，0.1 M NaOH 標準溶液で滴定し，各滴定量に対する pH を測定し，滴定曲線を作成する．

③ 開始から数 mL 程度までは 0.1 mL ずつ，緩衝領域（pH が急上昇し始める前）までは 1.0 mL ずつ，当量点前後は 1 滴ずつ，当量点を過ぎて pH 変化が落ち着いたら，交点法で当量点が求められる程度まで 0.5 mL ずつ滴下して pH を測定する．

(iv) データ解析

① 横軸に NaOH の滴定量，縦軸に溶液の pH の関係を示した滴定曲線を作成する．

② 先に作成した滴定曲線より，当量点を中心に 2～3 mL の範囲における拡大図を作成し，交点法（図 2.9.1）により当量点を求める．

③ 横軸に滴定量，縦軸に滴定量の変化に対する溶液の pH の変化 ($\Delta pH/\Delta V$) の関係を示した一次微分曲線（図 2.9.2）を作成する．

図 2.9.1　交点法の例.

図 2.9.2　一次微分曲線の例.

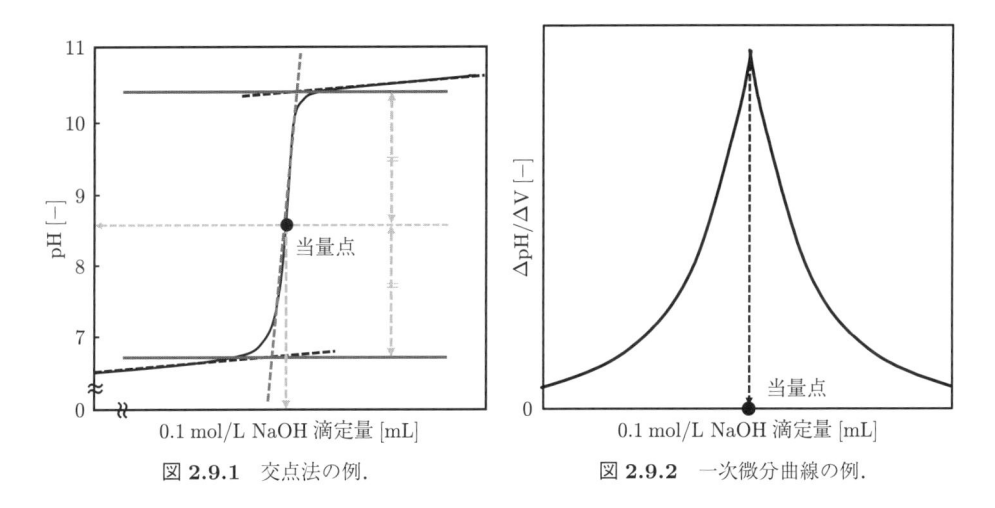

4 実験の方法
（鉄(II)による過マンガン酸カリウム標準溶液の標定）

(1) 実験器具と試薬

表 2.9.2 のとおり．

表 2.9.2　実験器具と試薬.

品　名	数量	品　名	数量
電位差滴定装置	1	ラフ天秤	1
電位差滴定装置用スタンド	1	電子天秤	1
ORP 複合電極	1	薬さじ	1
マグネチックスターラー	1	バランスディッシュ	1
スターラーチップ	1	20 mL メートルグラス	2
300 mL ビーカー	1	500 mL ビーカー（廃液用）	1
100 mL ビーカー	2	100 mL ビーカー（廃試薬用）	1
250 mL メスシリンダー	1	時計皿（大）	1
デシケーター	1	約 0.02 M KMnO$_4$ 標準溶液	
はかり瓶	1	モール塩	
洗浄瓶	1	硫酸	
ポリスマン	1	キンヒドロン溶液	
指サック	1		
ビュレット	1		
ビュレット用スタンド	1		

(2) 実験操作

(i) 複合電極の校正

　本実験では，あらかじめ水温を測定した後，フタル酸系緩衝溶液にキンヒドロン粉末を溶解させたキンヒドロン溶液を指示電極（白金電極）と比較電極が一体になった複合電極に浸し，所定の電位を示すか確認すればよい．

電極使用時はゴム栓をはずすが，電極を乾燥させないこと．また，異なる溶液を電極に浸す前には，先端を純水でよく洗浄すること．

(ii) 溶液の調製

① モール塩（$(NH_4)_2Fe(SO_4)_2 \cdot 6H_2O$）約 0.80 g をバランスディッシュに量り取り，はかり瓶に移した後，電子天秤を用いて正確な質量を求める．はかり瓶はデシケーターに入れて移動すること．

② 量り取ったモール塩を，濃硫酸約 5 mL を含む水溶液 180 mL に溶解し，Fe(II) 標準溶液を調製する．

⚠ 濃硫酸に水を加えないこと．発熱が大きく危険である．濃硫酸を少しずつ水に加える．

③ 滴定に用いる約 0.02 M $KMnO_4$ 標準溶液については，事前に準備された溶液を用いる．

(iii) 電位の測定

① 先に調製した Fe(II) 標準溶液を 300 mL ビーカーに移し，ORP 複合電極を浸す．

② スターラーなどでかき混ぜ，約 0.02 M $KMnO_4$ 標準溶液で滴定しながら，電位を測定し，滴定曲線を作成する．

③ 開始から数 mL 程度までは 0.1 mL ずつ，電位が急上昇し始める前までは 1.0 mL ずつ，当量点前後は 1 滴ずつ，当量点を過ぎて電位の変化が落ち着いたら，交点法で当量点が求められる程度まで 0.5 mL ずつ滴下して電位を測定する．

(iv) データ解析

① 横軸に $KMnO_4$ の滴定量，縦軸に溶液の電位の関係を示した滴定曲線を作成する．

② 先に作成した滴定曲線のうち，当量点を中心に 2〜3 mL の範囲における拡大図を作成し，交点法（図 2.9.1）により当量点を求める．

③ 横軸に滴定量，縦軸に滴定量の変化に対する溶液の電位の変化（$\Delta E/\Delta V$）の関係を示す一次微分曲線（図 2.9.2）を作成する．

5 結果と考察

(1) 水酸化ナトリウムによる酢酸の滴定

☐ 滴定曲線拡大図および一次微分曲線から求めた当量点を比較し，差が生じる場合は，その原因を考察せよ．

☐ 酢酸の半分が中和されたときの pH を図から読み取り，その液温での酢酸の pK_a を求め，文献値と比較せよ．

- [ ] 滴定開始時と当量点における試料溶液の pH をそれぞれ計算し，実験値と比較せよ．

（2） 鉄 (II) による過マンガン酸カリウム標準溶液の評定

- [ ] 滴定曲線拡大図および一次微分曲線から求めた当量点を比較し，差が生じる場合は，原因を考察せよ．
- [ ] 当量点における滴定値から $KMnO_4$ 標準溶液の正確な濃度およびファクターを求めよ．また，同一の溶液を用いた他班のデータと比較し，異なる場合は原因を考察せよ．
- [ ] 酸化還元滴定における終点決定法について調べよ．

6 参考文献

[1] 本水昌二ほか：『新版　分析化学実験（基礎教育シリーズ）』東京教学社，2008, pp.145-146.

[2] 本水昌二ほか：『分析化学〈基礎編〉（基礎教育シリーズ）』東京教学社，2011, pp.65-68.

第❸章 無機化学

3.1 炭酸カルシウムの合成

1 実験の目的

本実験では液相反応による**炭酸カルシウムの核生成**と**核成長**のメカニズムおよび**カルサイト**，**アラゴナイト**，**バテライト**などの3種の炭酸カルシウム多形の合成条件について検討する．

2 実験の背景

炭酸カルシウム（CaCO₃）は石灰石として我が国で唯一自給可能な資源で，製鉄，セメント工業などに多量に供給されており，また液相反応によって合成された沈降炭酸カルシウムは，紙，プラスチックおよびゴムなどの無機フィラーとして広い範囲に利用されている．

炭酸カルシウムは陽イオン Ca^{2+} と陰イオン CO_3^{2-} との1:1のパッキングによって構成されている**イオン結晶**である．一般にイオン結晶の結晶型は陽イオンと陰イオンの半径比によって決まる．カルサイト型結晶は陽イオンの**配位数**が6であり，陽イオンが小さいとき，アラゴナイト型結晶は陽イオンの配位数が9であり，陽イオンが大きいときに生じる．Ca^{2+}（0.099 nm）よりイオン半径の小さい，Mg^{2+}（0.066 nm），Zn^{2+}（0.074 nm），Cd^{2+}（0.097 nm）などの炭酸塩はカルサイト型結晶，Ca^{2+} よりイオン半径の大きな Sr^{2+}（0.112 nm），Ba^{2+}（0.134 nm）などの炭酸塩はアラゴナイト型結晶となる．さらに，イオン半径が 0.135 nm 以上になるとアラゴナイト型結晶の構造も不安定となる．カルサイト型とアラゴナイト型の境界に位置する炭酸カルシウムだけはカルサイト，アラゴナイト，バテライトの3種の異なった構造をとる（表3.1.1）．

炭酸カルシウムの多形の基礎的性質を示したのが表3.1.2である．カルサイトは方解石あるいは大理石として，アラゴナイトはあられ石として天然に存在し，常温・常圧下ではカルサイトが安定で，アラゴナイトは準安定相である．バテライトは天然にはほとんど見られず，ボイラー

炭酸カルシウム
(calcium carbonate)
核生成
(nucleation)
核成長
(nuclear growth)
カルサイト
(calcite)
アラゴナイト
(aragonite)
バテライト
(vaterite)

イオン結晶
(ionic ctystal)

配位数
(coordination number)

表 3.1.1 炭酸塩の結晶型.

炭酸塩	陽イオンの半径 (nm)	配位数	結晶型
MgCO$_3$	0.066	6	カルサイト
ZnCO$_3$	0.074	6	カルサイト
CdCO$_3$	0.097	6	カルサイト
CaCO$_3$	0.099	6, 9	カルサイト，アラゴナイト，バテライト
SrCO$_3$	0.113	9	アラゴナイト
BaCO$_3$	0.134	9	アラゴナイト

表 3.1.2 炭酸カルシウム多形の基礎的性質.

		カルサイト	アラゴナイト	バテライト
晶析学的データ	晶析系	菱面体晶（六方晶換算）	斜方晶	六方晶
	空間群	R$\bar{3}$c	P$_{mcn}$	P6$_{3mc}$
	格子定数 a	0.4989	0.49614±0.0003	0.413±0.001
	格子定数 b	0.4989	0.79671±0.00004	0.413±0.001
	格子定数 c	1.7062	0.57404±0.00004	0.848±0.002
比重		2.71〜2.72	2.94〜2.95	2.64〜2.66
モース硬度		3.0	3.5〜4.0	—
溶解度 (mg 100 cm^{-3}H$_2$O, 20℃)		1.4	1.5	2.4
カルサイトへの転移温度		—	約 450℃	約 400℃
熱分解の活性化エネルギー ($\Delta H°$, kcal mol^{-1})		41	37	—
不純物として入りやすいイオン		Mn^{2+}, Fe^{2+}, Mg^{2+}	Sr^{2+}, Pb^{2+}	Ba^{2+}

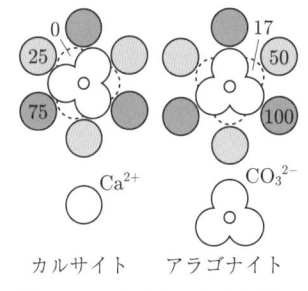

図 3.1.1 カルサイトとアラゴナイトの原子位置.

スケール（ボイラー内壁の付着物）に含まれ，生物界ではある種の巻貝の真珠層中などにアラゴナイトとともにまれに産出する．しかし，極めて不安定である．

カルサイト（**菱面体晶**）中の Ca^{2+} には 6 個の CO$_3^{2-}$ の 6 個の O 原子が配位し，各 O 原子は 2 個の Ca^{2+} および C 原子 1 個に結合し，Ca^{2+} は立方最密充填している．一方，アラゴナイト（**斜方晶**）中の Ca^{2+} は六方最密格子が軸方向に少し圧縮された形で並んでいる．CO$_3^{2-}$ は 6 個の Ca^{2+} に取り囲まれているので，CO$_3^{2-}$ を 1 個の原子のように考えれば，カルサイトとアラゴナイトの構造の違いは立方最密的であるか，六方最密的であるかの相違だけである（図 3.1.1）．また，バテライト（**六方晶**）の構造は各 Ca 原子が 6 個の O 原子に複雑に取り囲まれている．

菱面体晶
(rhombohedral crystal)

斜方晶
(orthorhombic crystal)

六方晶
(hexagonal crystal)

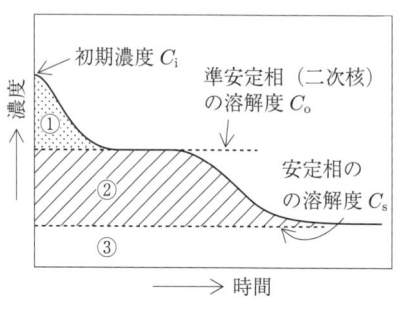

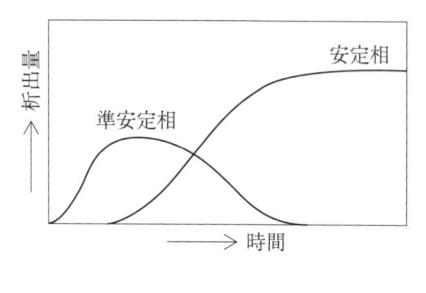

図3.1.2 炭酸カルシウム過飽和溶液からの結晶析出のモデル．

炭酸カルシウム過飽和溶液からの結晶析出過程について示したのが図3.1.2である．これは初期濃度 C_i から結晶析出濃度 C_o をへて炭酸カルシウムの安定相の溶解度 C_s にいたる濃度低下の過程を示している．領域①は結晶が存在しない場合に起こる自然発生的な一次核発生である．②の領域になると，結晶存在下での二次核発生，および生成した一次核の成長が起こる．したがって，炭酸カルシウムの析出曲線は2段階となる．

溶解度積
(solubility product)

核生成と**溶解度積** K_p との関係から領域①～②では過飽和状態（$K_p < [\mathrm{Ca}^{2+}][\mathrm{CO}_3^{2-}]$）であるが，領域③では不飽和状態（$K_p > [\mathrm{Ca}^{2+}][\mathrm{CO}_3^{2-}]$）で核の生成は起こらない．②と③の境界線では飽和状態（$K_p = [\mathrm{Ca}^{2+}][\mathrm{CO}_3^{2-}]$）であり，炭酸カルシウム結晶が溶液中で溶解も成長もしない平衡濃度である．領域①～②での濃度はこの平衡濃度 C_s より高いが，このような準安定領域が存在するのは，二次核の微細粒子の溶解度 C_o がきわめて大きいためである．また，領域②の中でも飽和状態 C_s に近い濃度においては，溶液内に存在する結晶核は成長するが，新しい核の発生は見られない．

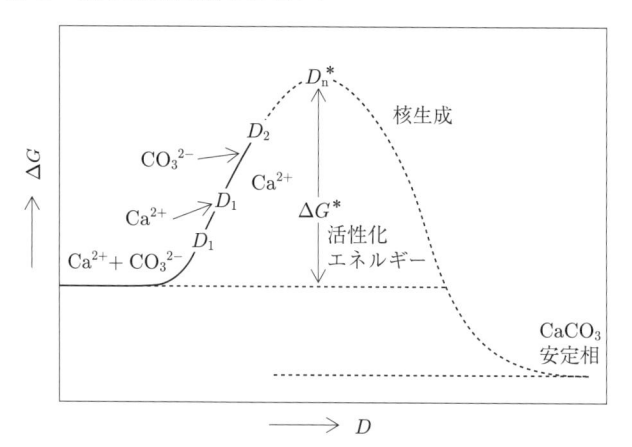

図3.1.3 過飽和溶液から炭酸カルシウムクラスターの生成．

炭酸カルシウムの核生成のプロセスをモデル的に示すと図3.1.3のようになる．炭酸カルシウム過飽和溶液中では，過剰になった溶質イオンが集合して，いろいろな大きさのクラスター（**結晶胚**）を生成し，熱力学的にも不安定で高エネルギー状態にある．このクラスターは臨界粒径（D_n^*）までしだいに増大し，最もエネルギーが高い状態となるが，そこで，この余分なエネルギーを放出して，核生成が起こる．D_n^*を生成するためのエネルギーが核生成のための**活性化エネルギー** ΔG^* となる．

結晶胚 (embryo)

活性化エネルギー (activation energy)

このD_n^*に達するまでの時間が誘導期t_iである．また，炭酸カルシウムのクラスターは式(3.1.1)～(3.1.3)の段階をへて生成し，成長する．これらをまとめると式(3.1.4)となる．すなわち，核生成は溶質イオンが順次凝集または脱離を繰り返し，大きなクラスターが形成される．

$$Ca^{2+} + CO_3^{2-} \rightarrow D_1 \tag{3.1.1}$$

$$D_1 + Ca^{2+} \rightarrow D_1Ca^{2+} \tag{3.1.2}$$

$$D_1Ca^{2+} + CO_3^{2-} \rightarrow D_2 \tag{3.1.3}$$

$$Ca^{2+} + CO_3^{2-} \rightarrow CaCO_3 \quad (D_n^*) \tag{3.1.4}$$

一方，液相反応においては式(3.1.1)～(3.1.4)の核生成過程のほかに，熟成による**結晶成長**の過程が含まれているために，生成した沈殿の最終粒子径は熟成時間などによって大きく左右される．

結晶成長 (crystal growth)

生成した炭酸カルシウムを母液中で熟成すると母液中のCa^{2+}は6個の水分子と$[Ca(H_2O)_6]^{2+}$の水和イオンを形成し，この水和イオンの炭酸カルシウム表面上への吸着，および格子中への取り込みによって結晶成長が起こる．

$$CaCO_3 + 6H_2O \rightarrow [Ca(H_2O)_6]^{2+} + CO_3^{2-} \tag{3.1.5}$$

$$CO_3^{2-} + H_2O \rightarrow HCO_3^- + OH^- \tag{3.1.6}$$

$$HCO_3^- + H_2O \rightarrow H_2CO_3 + OH^- \tag{3.1.7}$$

式(3.1.6)，(3.1.7)のようにCO_3^{2-}イオンは，pH 4～6では炭酸（H_2CO_3），pH 6.5～10.3では炭酸水素イオン（HCO_3^-），pH 10.3以上では炭酸イオン（CO_3^{2-}）に解離し，pHが上昇するにつれ式(3.1.6)，(3.1.7)は左側に移動する．したがって，炭酸カルシウムの**溶解度**はpHが低く，CO_2濃度が高いほど増大する．また，炭酸カルシウムの溶解が発熱反応であることから，温度が低いほど溶解度は増大する．

溶解度 (solubility)

3 実験の方法

(1) 実験器具と試薬

表 3.1.3 のとおり．

表 3.1.3 実験器具と試薬

品　名	数量	品　名	数量
マントルヒーター	1	ガラス瓶	1
ビーカー（1 L）	2	ゴム栓	1
メスシリンダー	1	駒込ピペット	1
ストップウォッチ	1	アスピレーター	1
時計皿	1	ガラスフィルター	1
温度計	1	軍手	2
光学顕微鏡	1	アンモニア水（2 M）	
ポリスマン	1	炭酸水素カルシウム水溶液	
スライドグラス	10		

(2) 実験操作

炭酸カルシウム懸濁液に CO_2 ガスを吹き込むことにより炭酸水素カルシウム（$Ca(HCO_3)_2$）水溶液を作製し，この溶液から加熱によって脱炭酸することによる式 (3.1.8) の反応で炭酸カルシウムを再析出させる．

$$Ca(HCO_3)_2\ [l] \rightarrow CaCO_3\ [s] + H_2O[l] + CO_2\ [g] \qquad (3.1.8)$$

炭酸水素カルシウム水溶液の濃度は過飽和度で表現する．過飽和度は炭酸カルシウムの初期過飽和度（$C_i - C_s$）を炭酸カルシウムの溶解度（C_s）で割った式 (3.1.9) で表す．

$$過飽和度 = (C_i - C_s)/C_s \qquad (3.1.9)$$

ここで，C_i は炭酸水素カルシウム水溶液の濃度であり，炭酸カルシウム（カルサイト）の溶解度は $C_s = 1.4 \times 10^{-4}\ \mathrm{mol\,L^{-1}}$（20℃）である．

① 過飽和度 60 の炭酸水素カルシウム水溶液 600 mL を用意する．
② 過飽和度 60 の水溶液と純水を 1 : 1 で混合すると過飽和度 30 の炭酸水素カルシウム水溶液が得られる．過飽和度 60, 40, 30, 20 の水溶液を調整する．ただし，過飽和度 60 の炭酸水素カルシウム水溶液を必ず 200 mL 使用する．それぞれの過飽和度に調整した炭酸水素カルシウム水溶液に温度計を入れ，時計皿をのせて 100℃ まで加熱する（加熱中は撹拌を行わない）．このとき，加熱し始めてから炭酸カルシウム結晶が析出するまでの時間および温度を測定する．炭酸カルシウ

ムはガラスフィルターを用いてろ過することにより得る．この操作を繰り返す．

③ 合成した炭酸カルシウムをスライドガラスにのせて光学顕微鏡で観察し，スケッチする．このとき，形状から判断してカルサイト，アラゴナイト，バテライトの生成割合を記録しておく．また，炭酸カルシウムの形状，粒径を確認しておく．

④ 過飽和度 20 の炭酸水素カルシウム水溶液 600 mL を 4 つのビーカーに入れ，それぞれにアンモニア水を撹拌しながらゆっくりと 0.5, 1.0, 1.5, 2.0 mL 添加する．添加後速やかにこの溶液を加熱する．このとき，結晶の析出する温度，時間を記録する．

⑤ 過飽和度 20, 30, 40, 60 の炭酸水素カルシウム水溶液にアンモニア水 0.5 mL を添加し，加熱する．このとき，結晶の析出する温度，時間を記録する．

⚠ 高温度の水溶液であるため，ろ過の際にはやけどに注意すること．
⚠ アンモニア水は刺激臭がするため，取り扱いの際には顔を近づけすぎないこと．

4 結果と考察

☐ アンモニア水を添加しないで加熱した場合に，炭酸カルシウムの生成時間と過飽和度の関係はどのようになったか．過飽和度が高くなると合成した炭酸カルシウムの粒径および形状はどのように変化したか．その理由を考察せよ．

☐ 過飽和度を一定にしてアンモニア水の量を変化させた場合，アンモニア水の添加量の増大にともない炭酸カルシウムの析出する時間はどのように変化したか．このとき炭酸カルシウムの形態および粒径はどのように変化したか．その理由を考察せよ．

☐ アンモニア水添加量一定で過飽和度を変化させた場合，過飽和度の増大に伴い炭酸カルシウムの析出する時間はどのように変化したか．また，このとき炭酸カルシウムの形態および粒径はどのように変化したか．その理由を考察せよ．

3.2 炭酸カルシウムの粒度分布

1 実験目的

炭酸カルシウムを例として，アンドレアゼンピペット法を用いて炭酸カルシウムの**粒度分布**を測定する．

2 実験の背景

適当な媒体中を降下する**粒子**の沈降速度 v から粒子径 D を求める沈降法は，粉体の粒度測定に最もよく利用されている．重力下における**球状粒子**の一次元運動を考えると，粒子の運動に関与するおもな力は重力，粒子と流体の密度差による浮力，流体の粘性による抵抗力がある．いま，粒子の密度 ρ_p が流体の密度 ρ_v より大きいとすると，重力下においては液体中に存在する粒子は沈降し，下向きに重力，上向きに浮力と抵抗力が作用する．

g を重力加速度，C_D を抵抗係数とすると，粒子が一定速度で定常運動するときの終末沈降速度 v_t は式 (3.2.1)，C_D は式 (3.2.2) で表される．流体の粘性係数を η とすると式 (3.2.3) となり，これは**ストークスの式**と呼ばれる．ここで H は沈降距離，t は沈降時間を示す．

$$v_\mathrm{t} = \frac{4D(\rho_\mathrm{p} - \rho_\mathrm{v})g}{3\rho_\mathrm{v} C_\mathrm{D}} \tag{3.2.1}$$

$$C_\mathrm{D} = \frac{24\eta}{D_\mathrm{V} \rho_\mathrm{v}} \tag{3.2.2}$$

$$v_\mathrm{t} = \frac{H}{t} = \frac{D^2(\rho_\mathrm{p} - \rho_\mathrm{v})}{18\eta} \tag{3.2.3}$$

粒子の沈降速度を，一定深さ H における沈降量の時間的変化か，一定時間 t における深さ方向の濃度勾配を測定すれば式 (3.2.3) から粒度分布が求められる．

各粒子の沈降速度は粒径の 2 乗に比例する．すなわち，大きい粒子ほど遠くまで沈降していく．しかし，単一粒径 d_1 で構成されている粒子を沈降させると，各粒子の沈降速度は等しいので沈降曲線は直線となる．また，水平面における濃度は一定であり，時間 t_1 において濃度は 0 となる．一方，3 種の異なる粒径 d_1, d_2, d_3 の不均一な粉体の沈降においては，粒径に応じた屈折曲線（**天秤法**）や階段曲線（**ピペット法**）が得られる（図 3.2.1）．

ピペット法では t_1, t_2, t_3 ごとに段階的に濃度が減少し，階段の高

さの差が d_1, d_2, d_3 の各粒子の量を示す．屈折曲線も階段曲線もすべて一様な曲線となるから，これらの曲線を適当な粒径間隔で区切って屈折曲線，階段曲線をそれぞれ作図し，各区分内の粒子量を縦軸から求めれば**粒度分布曲線**を作成することができる．沈降曲線の解析例を示したのが図 3.2.2 である．沈降曲線より積算ふるい上分布曲線が得られるがこれを微分すると粒度分布曲線が得られる．実験例として図 3.2.3 にふるい下分布曲線，この図を微分して得た粒度分布曲線を図 3.2.4 に示す．

粒度分布曲線
(particle size distribution curve)

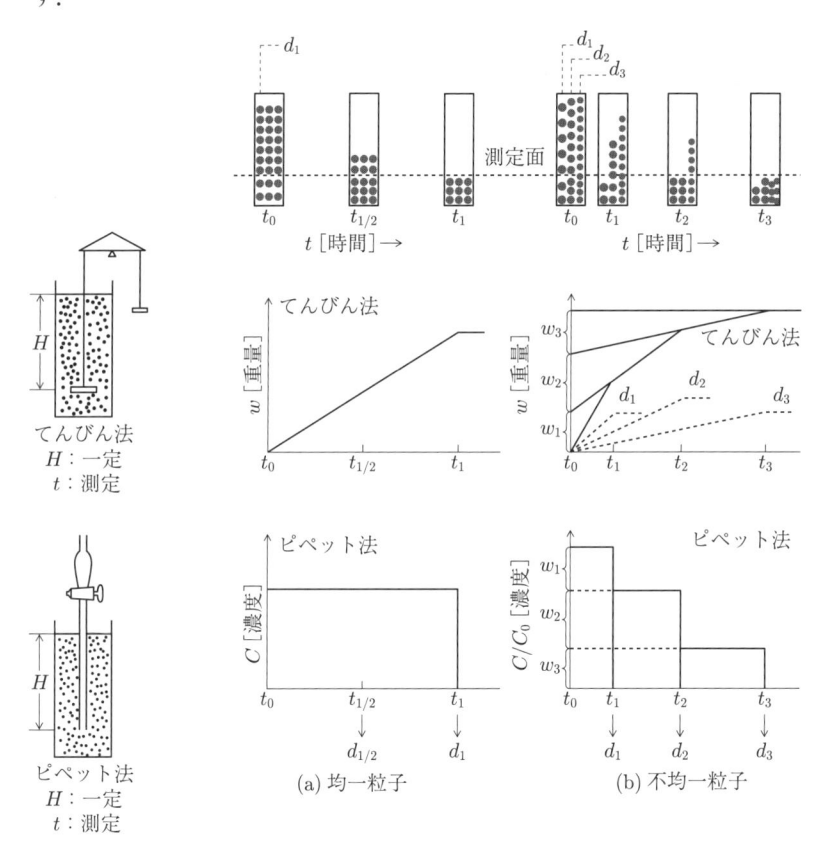

図 3.2.1　天秤法とピペット法の比較．

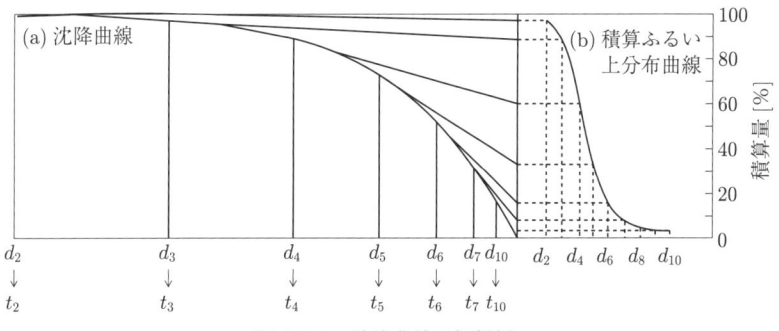

図 3.2.2　沈降曲線の解析例．

図 3.2.3 ふるい下分布曲線．

図 3.2.4 頻度分布曲線．

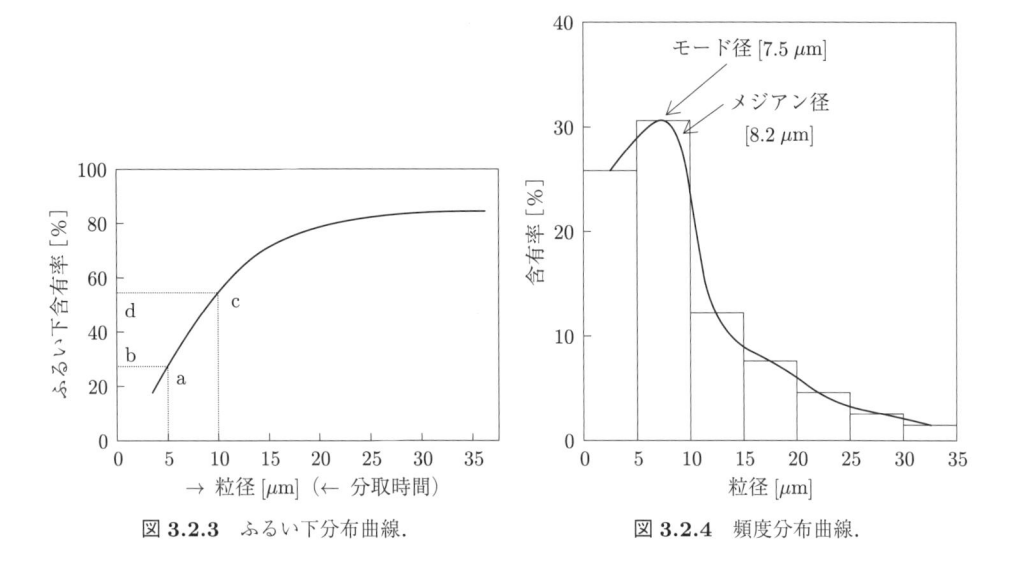

3 実験の方法

(1) 実験器と試薬

表 3.2.1 のとおり．

表 3.2.1 実験器具と試薬

品　名	数量	品　名	数量
アドレアゼンピペット	1	トレイ	1
マグネチックスターラー	1	20 mL 全量ピペット	1
スターラーチップ	1	薬包紙	
メスシリンダー	1	薬さじ	
ゴム管付きベロペッター	1	天秤	
500 mL ビーカー	1	ヘキサメタリン酸ソーダ（30/1000 M）	1
100 mL ビーカー	8	塩酸（0.1 M）	1
50 mL ビーカー	1	炭酸カルシウム（1 級）	1
ビュレット	1	水酸化ナトリウム（0.1 M）	1
スタンド	1	フェノールフタレイン	
クランプ	2		
ストップウォッチ	1		

図 3.2.5 標準形アンドレアゼンピペット．

(2) 実験装置

ピペット法では，アンドレアゼンピペットが簡便で，結果の再現性も良好なために最もよく利用されている（図 3.2.5）．この方法では沈降管中に分散させた懸濁液を静置して，所定の時間ごとに一定量ずつ吸引して濃度変化を測定し，粒度分布を求める．装置の構成は，直径約 5 cm，高さ 35 cm 程度のガラス製沈降管の中心軸にすり合わせ栓付きのピペット吸引管を挿入，固定される．栓の上に懸濁液を吸引・排出する三方

コックおよび容積 10 mL のピペット球が付いており，沈降管下部にはピペット先端位置と対応する基線があり，1 mm 間隔で 20 cm の沈降距離目盛が刻まれている．また，沈降管内容積は約 500 mL である．

(3) 実験方法

① アンドレアゼンピペットの 20 cm までの容積（測定容量）を実測する（500～600 mL になるだろう）．
② 試料を粒度分析時の懸濁液の濃度が約 1% になるように 500 mL ビーカーに採取する．
③ このビーカーに純水を測定容量の半分程度加える．
④ 分散剤溶液（30 mM，ヘキサメタリン酸ソーダ）を測定時に 2 mM 溶液になるように加える．
⑤ 十分撹拌し，よく試料を分散させる（約 15 分間撹拌する）．
⑥ この懸濁液をアンドレアゼンピペットに移し，純水でビーカーを洗浄しながら 20 cm の目盛線の少し下まで加え，ピペットを挿入したときちょうど目盛線に合うようにする．
⑦ シリンダーとピペットのスリ合わせ部分の穴 a_1，a_2 を合わさずに 1～2 分間手で十分振とうする．
⑧ 静置直後穴 a_1，a_2 を合致させ，その時の時刻を記録する．
⑨ 静置直後，5 分，10 分，15 分，30 分，1 時間，1.5 時間，2.5 時間と試料懸濁液を 10 mL ずつ 100 mL ビーカーに分取する．そのとき，各分取前の液面の高さを記録しておく．
⑩ 懸濁液を分取した各ビーカーに 0.1 M HCl を全量ピペットで 20 mL 加えて，完全に溶解させる．
⑪ 0.1 M NaOH で過剰な HCl を滴定し 10 mL 中の試料の重量を求める．

△ 測定中にはアンドレアゼンピペットを揺らさないこと．

4 結果と考察

☐ 炭酸カルシウムの頻度分布曲線を求めよ．また，モード径，メジアン径を求めよ．
☐ 恒圧通気式比表面積の測定結果（次節）から求めた平均粒径と比較せよ．
☐ アンドレアゼンピペット法の長所と短所を考えよ．

⑤ なお，試料圧縮器で圧縮するときに，一組のリング（6枚）の中，所用の厚さ分のリングを上記のように試料筒の上に挟み，残りのリングを試料と圧縮器との間に挟むと，ちょうど前述のように接点の高さが調節されるようになっている．

⑥ 圧縮する際にはある程度以上の力を加えないと圧縮体の上層は粗で，下層は密となる現象が起こる．

⑦ 試料層圧縮体は均質につくる必要があるので圧縮途中で試料を追加したり，圧縮を2回，3回にわたってはならない．

一方，圧縮力が強くなり，充填度が高くなると二次凝集体が破壊される．試料の厚さ L が大きすぎると充填密度が不均一になりやすく誤差の原因となる．

(4) 実験方法

① 試料（1級炭酸カルシウム）3g程度を精秤し，ブランジャーに入れ，加圧し，厚さを測る．このときの値から式(3.3.2)で ε を求め，これを ε_0 とする．

② 上記①で求めた ε_0 を基準として空隙率，厚さを変化させて恒圧通気式測定装置の特徴を検討する．W は式(3.3.2)から逆算すること．

③ 恒圧通気式装置を用いて，炭酸カルシウムの比表面積を測定する．

(5) 測定値の処理

測定値よりコゼニー・カーマンの式を用いて試料の比表面積を算出する．ただし，空気の粘性係数は表3.3.2を使用し，炭酸カルシウムの比重は2.71を使用する．

表 3.3.2 空気粘度 η (10^{-4} ポイズ) と動粘度 ν (ストークス)．

θ (℃)	η	ν
0	171.0	0.1322
10	176.0	0.1410
20	180.9	0.1501
30	185.7	0.1594
40	190.4	0.1689
50	195.1	0.1786
60	199.8	0.1885
70	204.4	0.1986
80	208.9	0.2089
90	213.3	0.2194
100	217.6	0.2300

η (23℃)
$= (1,830.0 \pm 2.5) \times 10^7$ ポイズ

η (θ ℃)
$= \eta(23℃) - 4.83 \times 10^7 (23 - \theta)$

4 結果と考察

☐ 測定した t と ε を式(3.3.1)に代入することにより比表面積を求めよ．このとき試料層の厚さを一定とした条件で空隙率と比表面積の関係を求めよ．

☐ 空隙率を一定とした条件で試料層の厚さと比表面積の関係を求めよ．

☐ 比表面積から次式を用いて平均粒径（比表面積径：d_{sp}）を求め，アンドレアゼンピペット法の粒径と比較検討せよ．

$$d_{sp} = k/\rho S_w$$

☐ 恒圧式比表面積測定の長所と短所を考えよ．

3.4 フェライトの合成

1 実験の目的

　フェライトとは磁性をもつ鉄の酸化物の総称であり，酸化鉄を主成分にコバルト，ニッケル，亜鉛などの元素を置換固溶させることで磁力を高めることができる．特に，亜鉛置換型フェライトは合成が容易ながら，比較的高い磁力を示すのが特徴である．合成した粉末フェライトは磁気テープ，キャッシュカード，切符などの磁気記録材料の原料として利用され，粉末を押し固めて任意の形に成型し，1000～1400℃で焼成処理を行うことでモーターやスピーカー，さらには我々がよく知っている磁石となる．

　亜鉛置換型フェライトの合成は一件単純な反応のように思えるが，pH，濃度，空気量などの反応条件が少し変化するだけで，目的生成物である Fe_3O_4 置換固溶物のほかに，α-FeOOH，γ-FeOOH，Fe_2O_3 などの各種酸化鉄が生成してしまう．本実験では，亜鉛置換型フェライトの微粒子を合成することによって，合成条件が磁気特性に大きく影響を与えることを理解する．

フェライト (ferrite)

2 実験の背景

(1) マグネタイトの磁気特性と磁気モーメント

　磁性体の発見はマグネタイト（磁鉄鉱，Fe_3O_4，黒色）に始まり，これはフェライトと呼ばれる一群の磁性材料の中心をなすものである．この化学組成は $FeO \cdot Fe_2O_3$ で，$Fe^{2+}/Fe^{3+} = 1/2$ の割合で含んでいるスピネル型構造をもつ複合酸化物である．

　周期表第4周期の3d遷移元素の陽イオンは，表3.4.1に示すとおりフント則によって3d軌道に不対電子を1～5個もつものが多い．これらのイオンの不対電子（スピン電子）は外部磁場に対して応答し，一般に常磁性を示す．しかし，軌道の中に電子対をつくっていると2個のスピンはお互いに逆向きであるから，磁気モーメントを消しあい常磁性が現れない．また，不対電子を4～5個もつ Cr, Mn, Fe, Co 元素のイオンの酸化物は外部磁場に対して大きく反応して強磁性を示し，磁性体として利用される．

　磁性の担い手は原子中の電子の公転（軌道運動）および自転（スピン）であるが，大部分は電子のスピンに起因する．磁気モーメントを

マグネタイト (magnetite)

常磁性 (paramagnetism)

強磁性 (ferromagnetism)

表 3.4.1 鉄族遷移元素イオンの磁気モーメント（μ_S）.

イオン	軌道	計算値※	実測値	超交換相互作用のある場合
Ti^{3+}, V^{4+}	$3d^1$	1.73	1.8	1.0
V^{3+}, Cr^{4+}	$3d^2$	2.83	2.8	2.0
Cr^{3+}, V^{2+}	$3d^3$	3.87	3.8	3.0
Mn^{3+}, Cr^{2+}	$3d^4$	4.90	4.9	4.0
Fe^{3+}, Mn^{2+}	$3d^5$	5.92	5.9	5.0
Fe^{2+}	$3d^6$	4.90	5.4	4.0
Co^{2+}	$3d^7$	3.87	4.8	3.0
Ni^{2+}	$3d^8$	2.83	3.2	2.0
Cu^{2+}	$3d^9$	1.73	1.9	1.0

※計算値は式 (3.4.1) を用いて算出したものである（単位：BM）.

ボーア磁子
(Bohr magneton)

もつというのは，電子に磁場を発生させる能力があるということである．したがって，スピン電子だけで磁気モーメント μ_S（単位，ボーア磁子（BM））が発生するとすれば，その大きさは式 (3.4.1) で近似される．なお，S はすべての不対電子に由来する全スピン量子数である．

$$\mu_S = 2[S(S+1)]^{1/2} \tag{3.4.1}$$

(2) 正スピネルと逆スピネル

フェライトの一般式は AB_2O_4 で表されるスピネル構造をとる（図 3.4.1）．この構造では，O^{2-} の立方密充填の間に A（Mn^{2+}, Fe^{2+}, Co^{2+}, Ni^{2+}）は 4 配位位置に，B（Fe^{3+}）は 6 配位位置に入って，それぞれ四面体，八面体となる．

スピネルの組成式は $(A_{1-x}B_x)^{IV}[B_{2-x}A_x]^{VI}O_4$ で表され，ここで（ ）は 4 配位，[ ] は 6 配位位置を示す．x は 4 配位位置に入る B

A：Mn^{2+}, Fe^{2+}, Co^{2+}, Ni^{2+}
B：Fe^{3+}

A-O-A 約 0.35 nm　80°
A-O-B 約 0.2 nm　126°
B-O-B 約 0.2 nm　90°

$(A)^{IV}[B_2]^{VI}O_4$

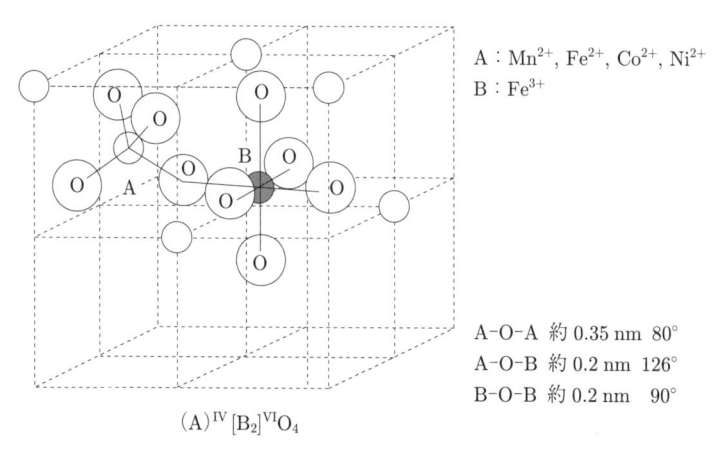

図 3.4.1 フェライト結晶の磁性発現.

例：Fe$_2$O$_3$　　　　O 原子の 2p 軌道

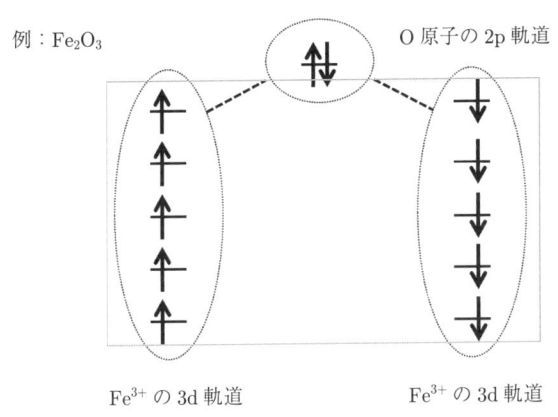

Fe^{3+} の 3d 軌道　　　　Fe^{3+} の 3d 軌道

図 3.4.2 超交換相互作用の概念．

のモル分率である．

$x = 0$ のときは $(A)^{IV}[B_2]^{VI}O_4$，すなわち 2 価陽イオンが 4 配位位置に，3 価陽イオンが 6 配位位置に入った状態となり，これを**正スピネル**と呼ぶ．一方，$x = 1$ のときは $(B)^{IV}[BA]^{VI}O_4$，すなわち 3 価陽イオンの半分が 4 配位位置に，2 価陽イオンと 3 価陽イオンの半分が 6 配位位置に入った状態となり，2 価と 3 価の配置が逆となる．これを**逆スピネル**構造と呼ぶ．

正スピネル
(normal spinel)

逆スピネル
(inverse spinel)

スピネル構造内の A 位置と B 位置に存在する金属陽イオンのスピンの間には A-O-A, B-O-B, A-O-B のように O^{2-} を介して相互作用がはたらく．この作用を**超交換相互作用**と呼ぶ．正スピネルである亜鉛フェライト，ZnFe$_2$O$_4$（注意：亜鉛置換型フェライトではない）の場合には，Zn^{2+} の電子配置は 3d^{10} で磁気モーメントをもたないため A-O-A, A-O-B 相互作用はない．しかし，B-O-B にある Fe^{3+} は図 3.4.2 に示すとおり O^{2-} を介して超交換相互作用により 3d 電子による不対電子スピンは反平行となって磁気モーメントを打ち消し合って磁性は現れない．すなわち**反磁性体**である．

超交換相互作用
(superexchange interaction)

反磁性体
(diamagnetic material)

一方，逆スピネル型のフェライト $(Fe^{3+})^{IV}[Fe^{3+}M^{2+}]^{VI}O_4$（M = Fe^{2+}）の場合には A-O-B 相互作用が最も強くなり，A 位置の Fe^{3+} の磁気モーメントと B 位置の Fe^{3+} が打ち消しあうが，B 位置の M^{2+} の磁気モーメントは残るため，この分が磁性となって現れる．

次に，今回実験を行う $(Fe^{3+})^{IV}[Fe^{3+}M^{2+}]^{VI}O_4$ の M^{2+} の一部を Zn^{2+} で置換した**亜鉛置換型フェライト**について考える．Zn^{2+} は，4s と 4p 軌道を使い部分的な sp^3 混成軌道を形成するため，4 配位位置に優先的に入る性質をもつ．このため，逆スピネル型フェライトに Zn^{2+} を置換させると，4 配位位置の Fe^{3+} を 6 配位位置に追いやる結果となる．4 配位位置にあって 6 配位位置の磁気モーメントを打ち消していた Fe^{3+} が減り，さらに 6 配位位置に Fe^{3+} が入るためその差の分だけ磁

亜鉛置換型フェライト
(zinc substituted ferrite)

気モーメントは増大する．

また，M^{2+} のもっている磁気モーメント m（表 3.4.1 参照：Fe^{2+} の場合は 4）も Zn^{2+} との置換分だけ減少するので，モル分率 x だけ Zn^{2+} で置換した場合の亜鉛置換型フェライトの組成は $(Fe^{3+}{}_{1-x}Zn^{2+}{}_x)^{IV}[Fe^{3+}{}_{1+x}Fe^{2+}{}_{1-x}]^{VI}O_4$ で示され，結果として $x(10-m)$ の磁気モーメントだけ増大することになる．

3 実験の方法

(1) 実験器具と試薬

表 3.4.2 のとおり．

表 3.4.2 実験器具と試薬．

品　名	数量	品　名	数量
$FeSO_4 \cdot 7H_2O$	4.5 g	ピペット	1
$ZnSO_4 \cdot 7H_2O$	0.5 g	ブフナー漏斗	1
NaOH	1.5 g	ろ過瓶	1
純水	適量	時計皿	1
200 mL 三角フラスコ	1	温度計	1
200 mL コニカルビーカー	1	ポリスマン	1
100 mL メスシリンダー	1	薬さじ	1
ろ紙	1	磁化器	1
薬包紙	適量	方位磁針	1
pH 試験紙	1	ガウスメータ	1
家庭用ラップ	適量	乾燥機	1

(2) 実験操作

(i) 亜鉛置換型フェライトの合成

$FeSO_4 \cdot 7H_2O$ および $ZnSO_4 \cdot 7H_2O$ をそれぞれ 4.5 g，0.5 g を精秤し，200 mL 三角フラスコに用意した純水 100 mL に溶解させる．200 mL コニカルビーカーに用意した純水 50 mL に NaOH 1.5 g を溶解させ，0.75 mol/L の NaOH 水溶液を調製する．その後，この NaOH 水溶液を三角フラスコに添加し，全体量を 150 mL とする．

三角フラスコをウォーターバス中に入れ，時々撹拌しながら三角フラスコ内の溶液温度が 70±5℃ となるよう調整する．目的温度に達したらアスピレーターを用いてフラスコ内に空気を送り込み，60 分間空気酸化を行う．反応が進むと pH が低下するため，定期的に pH 試験紙で溶液の pH をチェックし，pH の低下が認められたら別途調製した NaOH 溶液を少量ずつ加えて pH が 9〜10 の範囲になるように調整する．反応が終了したら，得られた沈殿を吸引ろ過し，純水で洗浄した後，試料をろ紙ごと時計皿にのせ，80℃ の乾燥機で十分乾燥させて生成物を得る．

⚠ 溶液は強アルカリ性のため，保護メガネを必ず着用のこと．
⚠ 高温度の水溶液であるため，pH チェック，ろ過の際にはやけどに注意すること．
⚠ 空気吹き込み管は三角フラスコの底面にあることを確認すること．液面近くにある場合には酸化反応が十分に起こらない場合がある．その場合には空気吹き込み管の位置を調整し，溶液の色が十分黒くなるまで吹き込みを行うこと．

(ii) 磁性評価

十分に乾燥した試料粉末を家庭用ラップに包み，棒状に成型する．成型した磁性材料を磁化器に入れ，磁化させる．その後，材料を方位磁針に近づけ，材料が磁化されているかどうか確認する．さらに，ガウスメータを用いて磁力を計測する．

4 結果と考察

☐ 空気酸化反応時の懸濁液の色はどのように変化するのか．また，pH の変化を確認し，どのような反応が起きているか考察せよ．
☐ マグネタイト（Fe_3O_4）の生成領域は合成条件によって変化し，不純物相が生成する．どのような鉄酸化物が生成する可能性があるのか検討せよ．
☐ 合成した亜鉛置換型フェライトの組成を表してみる．ただし，溶液中に金属陽イオンは残存していないものとする．
☐ 合成した亜鉛置換型フェライトの磁気モーメントを求める．
☐ Zn^{2+} が Fe^{3+} と置換すると立方晶系のマグネタイトの結晶構造（格子定数）はどのように変化するか議論せよ．

応力-ひずみ曲線
(stress-strain curve)

ヤング率
(Young's modulus)

図 3.5.3 に応力-ひずみ曲線の例を示す．今，引張力 σ により ε の伸びを生じたとき，σ と ε の直線関係の範囲で $\sigma = E\varepsilon$ の関係が成り立つ．比例定数 E は物質固有の数値でヤング率と定義される．

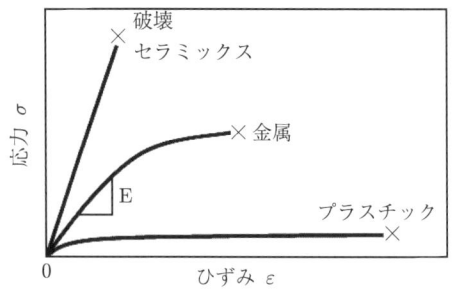

図 **3.5.3** 応力-ひずみ曲線.

3 実験の方法

(1) 実験器具と試薬

表 3.5.1 のとおり．

表 **3.5.1** 実験器具と試薬.

品　名	数量	品　名	数量
工作用紙	1	50 mL メスシリンダー	1
カッターマット	1	50 mL ポリ容器	1
カッター	1	凝結試験用針金	1
型枠押さえ用割り箸	適量	薬さじ	1
輪ゴム	適量	薬包紙	適量
セロハンテープ	適量	グラフ用紙	4
ストップウォッチ	1		

(2) 実験操作

(i) 型枠の作製

工作用紙を使って，$1\times1\times6$ cm の直方体状の型枠と $2\times2\times2$ cm の立方体状の型枠をそれぞれ 4 つ（混水量 70, 80, 90, 100 用）制作する．なお，型枠上面はセッコウスラリーを流し込むため開けておくこと．直方体の型枠は曲げ強さ試験に使用し，立方体状の型枠は凝結試験に用いる．特に曲げ強さ試験では上下加圧面は互いに平行であることが必要であるため，注意して制作すること．

⚠ 混水量が高い条件では水が漏れないようにセロハンテープでしっかり覆う．

⚠ 型枠は水を吸いすぎるとゆがむ．$1\times1\times6$ cm の型枠では両サイドにゆがみ防止のための割り箸を添えて，軽く輪ゴムで固定する．

(ii) セッコウ硬化体の作製

半水セッコウ 30 g を天秤にて精秤し，100 mL ポリ容器に入れる．その後，純水をそれぞれ混水量 70, 80, 90, 100 となるよう添加し，薬さじにて 1 分間しっかりと混練する．なお混水量 70 とは半水セッコウの重量に対して水を 70% 添加することを意味する．

(iii) 凝結試験

1 分間混練したセッコウスラリーを $2 \times 2 \times 2$ cm の型枠に流し込み，混練開始 2 分後に凝結試験用の針をスラリーの上に置き，沈み込んだ深さを測定する．その後，1 分おきに針を置き，針の進入深さを測定する．凝結が進行するに従い針は沈まなくなり，3 分間針が沈まなくなる（針の進入深さ 0 cm）まで測定を続ける．各混水量における凝結時間を測定した後，図 3.5.4 に示すようなグラフを作成する．硬化し始める点を「始発」と呼び，硬化がほぼ終了する点を「終結」と呼ぶ．

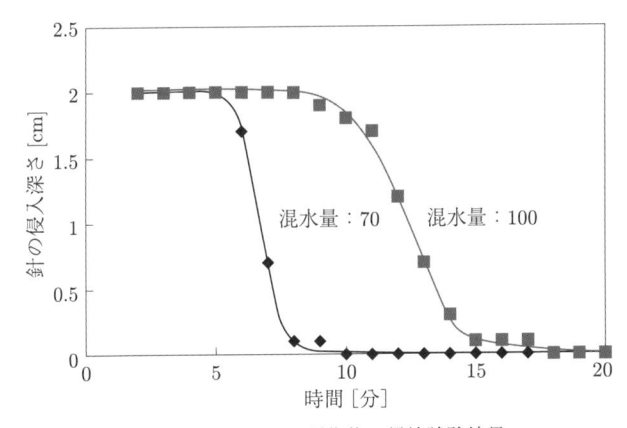

図 3.5.4 セッコウ硬化体の凝結試験結果．

(iv) 気孔率の測定

各混水量で作製した $1 \times 1 \times 6$ cm のセッコウ硬化体は型枠からはずす前にカッターナイフで上部を底面と平行となるように削り取り，その後型枠からきれいに取り出して測定用試料とする．

試料は定規を用いて「高さ」，「幅」，「長さ」を計測し，天秤を用いて重量を正確に秤量し，見かけの密度を求める．一方，二水セッコウの真密度は 2.32 g/cm^3 であるため，式 (3.5.5) を用いて**気孔率**を算出する．その後，混水量と気孔率との関係をグラフ化する．

気孔率
(porosity)

$$気孔率（\%）= 100 - \frac{見かけ密度}{真密度} \times 100 \qquad (3.5.5)$$

△ どの面を「高さ」「幅」としたのかわからなくならないように，カッターナイフで整形した面にペンで印を付けておくこと．また，混水量などの条件も書き込んでおくこと．

(v) 曲げ強さ測定

サイズを測定した硬化体を上部と底面が平行となる方向に注意しながら曲げ強さ試験機にセットする．また，荷重速度はすべて一定とし，得られる応力-ひずみ曲線から最大荷重を求め，曲げ強さを算出する．その後，混水量と曲げ強さとの関係をグラフ化する．

△ 試料のどの面に荷重がかかったのかをメモしておくこと．
△ スパンは **40 mm** とし，直方体の中心部分に上部圧子が接するように試料を配置すること．

(vi) 微構造観察（走査型電子顕微鏡観察）

気孔率および曲げ強さ試験測定後の硬化体を用いて，走査型電子顕微鏡観察を行う．1～2 mm の硬化体のかけら（なるべく薄いもの）を準備し，電子顕微鏡用試料台の上に両面テープ（導電性のカーボンテープ）を貼り，その上に試料をのせて固定化する．また，必要に応じて蒸着処理を行う．

試料台を電子顕微鏡にセットし，筐体内を真空排気後，セッコウ粒子が絡み合っている部分，あるいは空隙部分を観察し，写真を撮影する（図 3.5.5）．この際，異なる混水量の試料を観察し，混水量の違いにより微構造がどのように変化するのか比較する．

図 3.5.5 セッコウ硬化体の走査型電子顕微鏡写真．

4 結果と考察

☐ 混水量を変化させることで凝結時間が変化する．セッコウの溶解度からこの理由について考察せよ．
☐ セッコウの硬化メカニズムについて考察せよ．
☐ 混水量は気孔率にどのような影響を与えるのか議論せよ．また，その理由について考察せよ．
☐ 高温処理で作製した一般的なセラミックスの気孔率を調べ，セッコウ硬化体と比較し，セッコウ硬化体の特徴について議論せよ．
☐ 混水量を変化させることで硬化体の曲げ強さはどのように変化するのか議論し，その理由について考察せよ．
☐ 混水量の異なる2つの試料の微構造の差異について比較検討する．
☐ 微構造と曲げ強さとの関係について議論せよ．

3.6 熱重量分析（TGA）

1 実験の目的

　熱重量分析法は，試料を一定速度で加熱しながら，その重量を連続的に測定する方法である．このようにして得られた重量変化―温度の曲線から，試料や中間化合物の組成と熱安定性，ならびに残存物質の組成に関する情報が得られる．この実験では，水酸化亜鉛$(Zn(OH)_2)$の熱重量分析を行い，分解温度，分解機構と得られるデータの関係，測定上の注意などについて学ぶ．なお，ここでは，電子天秤と自作した装置を用いての実験を行う．

熱重量分析法
(thermogravimetric analysis)

水酸化亜鉛
(zinc hydroxide)

2 実験の背景

(1) 熱分析の概要

　熱分析は他の分析法と比べてその歴史は古く，1887年にルシャトリエが示差熱分析を，日本では1915年に本田光太郎が熱重量分析（熱天秤）を始めたとされている．機械技術やエレクトロニクスの発展とともに熱分析装置は急速に普及し，最近では装置の自動化が進み，汎用分析装置の1つとして位置づけられるようになった．熱分析は，「物質の温度を一定のプログラムによって変化させながら，その物質のある物理的性質を温度の関数として測定する一連の技法の総称（ここで，物質とはその反応生成物も含む）．」（JIS K 0129 : 2005 熱分析通則）と定義され，材料の温度に対する物性評価の方法として，様々な分野で利用されている．各種材料の研究・開発では，温度変化により物質の機能や効果が変化することもあるため，熱分析装置を用いて**熱物性**を明らかにすることは重要である．また，品質管理・工程管理においては，製品の出荷検査や受入れ検査などの用途でも重要な分析法の1つになっており，日本工業規格（JIS）などの公定分析法にも採用されている．

熱物性
(thermophysical property)

　一般的な熱分析装置の概念図を図3.6.1に示す．加熱炉に試料を入れ，温度を変化させたときに生じる様々な物性の変化を調べる手法であり，このときどのような物性の変化を検出するかにより，いくつかの技法に分類される．現在の装置は温度制御，データの記録，解析のすべてをコンピューターで実行可能である．

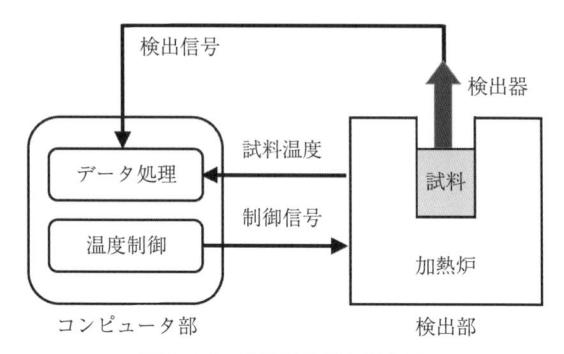

図 3.6.1 熱分析装置の概念図.

- 検出部 ：加熱炉，試料設置部，検出器（センサー）を備えた部分で，試料をヒーターにより加熱・冷却すると共に，試料の温度と物理的性質を測定する．
- 温度制御部 ：ヒーターの温度制御を行う部分で，設定されたプログラムに従ってヒーターの温度を制御する．
- データ処理部：検出器と温度センサーからの信号を入力して記録する部分で，データ記録から解析までの処理を行う．

示差熱分析
(differential thermal analysis)
示差走査熱量測定
(differential scanning calorimetry)
熱機械分析
(thermomechanical analysis)
動的粘弾性測定
(dynamic viscoelasticity analysis)

(2) 熱分析の手法と測定対象

熱分析は，検出する物理的性質に応じて複数の手法（技法）があるが，その中で最も一般的に用いられる5つの手法を表 3.6.1 に示す．

質量（重量変化）を検出する熱重量分析，温度（基準物質との温度差）を検出する**示差熱分析**，基準物質との熱流差を検出する**示差走査熱量測定**，寸法変化を検出する**熱機械分析**，弾性率を検出する**動的粘弾性測定**の5技法である．各技法は英語名の略号としてそれぞれ TGA，DTA，DSC，TMA，DVA（DMA）と記される．

表 3.6.1 熱分析の分類.

	名　称	測定対象	測定単位
TGA	熱重量分析 Thermogravimetric Analysis	重量	g
DTA	示差熱分析 Differential Thermal Analysis	基準物質との温度差	℃ (μV)
DSC	示差走査熱量測定 Differential Scanning Calorimetry	基準物質との熱流差 (ΔH：エンタルピー変化)	mJ/s
TMA	熱機械分析 Themomechanical Analysis	変形量	μm
DVA (DMA)	動的粘弾性測定 Dynamic Viscoelasticity Analysis (もしくは Dynamic Mechanical Analysis)	弾性率，荷重	Pa, N

表 3.6.2 は各熱分析手法を用いて観測できる現象や試料の物性をまとめたものである．DSC では融解，ガラス転移，結晶化といった転移をはじめ，反応や熱履歴の検討，比熱容量の測定が可能である．昇華，蒸発，熱分解に関しては，測定は可能であるが，分解等に伴い試料量が変化する事による定量性の欠如，ならびに分解で発生したガスによる DSC センサーの腐食等の理由により，あまり行われない．TGA では昇華，蒸発，熱分解，脱水等，反応に伴い重量変化の見られる現象が対象となる．TGA の DTA との同時測定装置では，比熱容量を除く DSC での測定対象が付加される．TMA では形状変化の伴う現象として，熱膨張，熱収縮，ガラス転移，硬化反応，熱履歴の検討等が主な対象となる．融解，結晶化も形状変化を伴い検出可能であるが，融解によるプローブへの融着が起こり適切でない場合もある．DVA では主として分子内の運動や構造変化に伴う現象を捉え，ガラス転移，結晶化，反応，熱履歴の検討等が対象となる．融解の初期状態は DVA で測定可能であるが，融解が進み試料の形状が保てなくなると測定できなくなる．試料の種類や測定の目的に合わせて最適な手法を選択する必要がある．

表 3.6.2 各熱分析手法により観測される現象および物性．

	TGA	DTA	DSC	TMA	DVA
測定対象	重量変化	温度差	ΔH	変形量	弾性率
融解	×	○	○	△	△
ガラス転移	×	○	○	○	○
結晶化	×	○	○	△	○
反応（硬化，重合）	△	○	○	○	○
昇華，蒸発	○	○	△	×	×
熱分解，脱水	○	○	△	×	×
膨張，収縮	×	×	×	○	×
熱履歴の検討	×	○	○	○	○
比熱容量	×	×	○	×	×

(3) 熱分析の応用

熱分析とその他の分析・観察手法とを組み合わせた複合装置も各種開発されている．光学顕微鏡と組み合わせて形態や色彩の変化を同時に観察する手法では，結晶化や液晶転移に伴って試料が白濁する様子や，融点付近で試料が液状に変形する挙動を観察することができる．またフーリエ変換赤外分光分析（FT-IR），質量分析（MS）などの化学分析と組み合わせて，加熱に伴って発生したガスの分析を行う手法もある．発生するにおいや有毒ガスの分析や，熱分解の機構の解明，構造の解析などに応用される．そのほか，湿度発生器との組み合わせでは，製造工程や実際にその材料が使用される温湿度環境下での**熱膨張・熱収縮**を観測することが可能である．

熱膨張
(thermal expansion)
熱収縮
(thermal contraction)

- バランスディッシュに試料を大まかに 0.3 g 程度採取する．
- サンプル容器を天秤にのせ 0 補正し，取り出す（重量がマイナス表示になるが，そのままにしておく）．
- バランスディッシュに採取した試料をサンプル容器に入れる．（$Zn(OH)_2$ は嵩高いため，スパチュラを用いてサンプル容器内に押し込む．）
- 試料を入れたサンプル容器を天秤で秤量する．
- サンプル容器内試料の正確な重量を記録する．試料重量は，異種サンプル間で可能な限り同じにし，0.2〜0.3 g とする．

⚠ 試料をサンプル容器に入れるときは，天秤の外で行うこと．

⚠ サンプル容器が変形している場合は指導者に申し出ること（変形していると，次の操作で安定しなくなる）．

⑦ サンプル容器を管状炉内に入れる（図 3.6.4）．
- サンプル支持台を持ち上げ，管状炉の上部より 1 cm 程度下に先端を保持する．

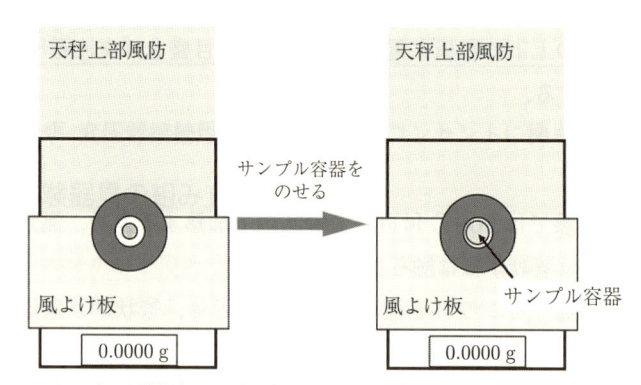

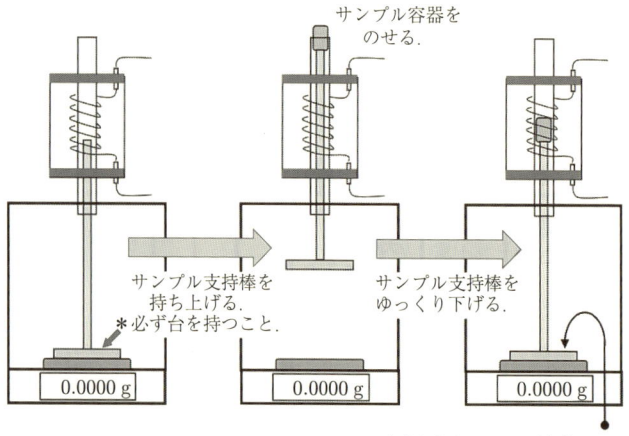

図 3.6.4　手順⑦と手順⑩：サンプル容器のセットおよびクリップをのせる場所．

- サンプル容器をピンセットで掴み管状炉上部より静かにのせる．
- サンプル支持棒を計量皿にのせる．

△ サンプル支持棒とサンプル容器が管状炉内壁に接触していると重量表示が不安定になる．LEDライトでサンプル支持台を照らして，管状炉上部から覗きながら，管状炉を固定したスタンドの位置を動かし，サンプル容器が管状炉内壁と接触しないように調整する．

⑧ 熱電対温度計の熱電対を管状炉上部よりゆっくり入れ，サンプル容器直上に固定し，温度計の電源を入れる．
⑨ 電子天秤の重量が安定した後，0補正する．
⑩ 0.0000 g で安定した後，サンプル支持棒の台の上にクリップをのせる．
⑪ クリップをのせた後に重量が安定したら，⑫の操作により測定を開始する．
⑫ 電圧計の表示が所定電圧になるように変圧器で調整する．50℃に達したときを測定時間0秒とし，10分間測定を行う．温度，重量を下記の条件で記録する．
- 測定電圧 12 V の場合：130℃ までは 10 秒，130℃ 以上は 20 秒ごとに記録する．
- 測定電圧 14 V の場合：150℃ までは 10 秒，150℃ 以上は 20 秒ごとに記録する．

△ 実験中は装置が熱くなるため触らないこと．

⑬ 測定終了後，変圧器の目盛を0にし，電圧を0にする．
⑭ 管状炉内温度が室温付近まで冷却したら，管状炉上端に付着した水分をキムワイプで吸い取る．その後，⑦と同様の手順に従い，サンプル容器を回収する．
⑮ 測定後のサンプル容器内の試料は捨て，容器形状に変形が無ければ，別の試料で手順⑥から再度測定を行う．容器形状に変形がある場合は，指導者に申し出ること．

△ 試料が十分に冷却されているか注意すること．

(4) 解析

測定データを用いて，データシートの表を完成させ，グラフにプロットする．作成するグラフは，次の4枚である．
- 異なる電圧での温度-時間曲線（2本，$Zn(OH)_2$ のデータ）

- α-アルミナ（α-Al_2O_3）の重量分率-温度曲線（1本）
- $Zn(OH)_2$ の異なる電圧での重量分率-温度曲線（2本）
- 12 V で測定した未知試料の重量分率-温度曲線（1本）

グラフより，分解温度，重量減少率，未知試料の組成を決定する．分解温度は，図 3.6.5 の接線の交点として求めるか，あるいは，5 wt% 重量減少温度（T_{d5}）から求める．

重量減少率は，重量減少後の一定重量を用いて算出する．そして，反応式 $Zn(OH)_2 \rightarrow ZnO + H_2O$ から計算される重量減少率と比較する．

そして，未知試料（アルミナとの混合物）と単体の重量減少率から加熱前の混合比率を算出する．

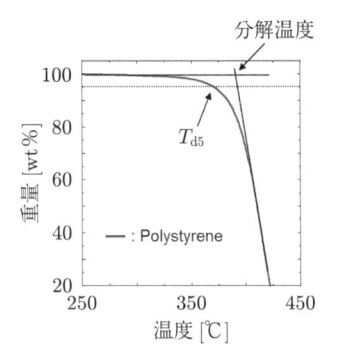

図 3.6.5 分解温度と T_{d5} の決定．

4 結果と考察

☐ 手法により分解温度が大きく異なる．品質管理を行う際にはどの温度を分解温度として適正か考えよ．

☐ 精度よく，分解温度，重量減少率を測定するためにはどのようなことに注意して条件設定すべきか，昇温速度，サンプル量，装置構成の点から考えよ．

☐ 今回の実験では，アルミナを参照，$Zn(OH)_2$ を試料として，別々に測定を行った．市販されている測定装置は，水平型と垂直型の 2 種類があるが，どちらも参照と試料を同時に測定する装置構成である．今回用いた実験装置と市販装置との違いが，測定にどのような影響を与えるかを考えよ．

3.7 熱機械分析（TMA）

1 実験の目的

熱機械測定とは，一定荷重をかけた状態の試料を一定速度で加熱しながら，試料の変形量を連続的に測定する手法のことである．このようにして得られた変形量-温度の曲線から，試料の**ガラス転移温度**，**軟化点**，**線膨張係数**などの物性に関する情報が得られる．この実験では，種々の高分子フィルムの引張モードでの熱機械測定を行い，各フィルムのガラス転移温度（T_g），**結晶融解温度**（T_m）を求め，測定上の注意などについて学ぶ．なお，ここでは，自作した管状炉を用いての実験を行う．

ガラス転移温度
(glass transition temperature)
軟化点
(softening point)
線膨張係数
(linear expansion coefficient)
結晶融解温度
(crystalline melting temperature)

2 実験の背景

熱機械分析（TMA）は，試料の温度を一定のプログラムによって変化させながら，圧縮，引張り，曲げなどの非振動的荷重を加えて，その物質の変形を温度または時間の関数として測定する手法である．TMAでは形状変化の伴う現象として，熱膨張，熱収縮，ガラス転移，硬化反応，結晶融解，熱履歴の検討等が主な対象となる．高分子試料において，これらの測定対象はすべて高分子鎖の運動に起因し，高分子の種類や結晶の有無，高分子鎖の配向などのミクロ構造が TMA 挙動を含む物性に大きく影響する．

3 実験の方法

(1) 実験器具と試薬

表 3.7.1 のとおり．

(2) 器具の組み立て（図 3.7.1）

① 定規側を下に向けて定規付き管状炉をスタンドとクランプを用いて固定する．このとき，管状炉の内管が垂直になるように固定する．
② 変圧器の出力側に「管状炉-変圧器接続用ケーブル」のプラグ側を挿し，ミノムシクリップ側を管状炉の上下にある電極に接続する．変圧器の目盛が 0 であることを確認した後，入力側のコンセントを挿す（変圧器の目盛が 0 以外であると加熱が始まり，冷却するまで待つことになる）．

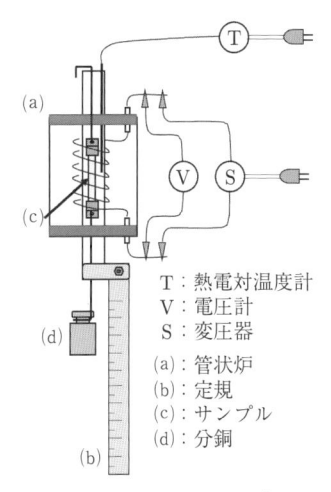

T：熱電対温度計
V：電圧計
S：変圧器
(a)：管状炉
(b)：定規
(c)：サンプル
(d)：分銅

図 3.7.1 TMA 装置図．管状炉を支えるクランプとスタンドは省略．

84　第3章　無機化学

表 3.7.1　実験器具と試薬.

品　名	数量	品　名	数量
変圧器	1	プラス（+）ドライバーセット	1
定規付き管状炉	1	分銅（5 g, 10 g, 20 g）	一式
熱電対温度計	1	スタンド	1
管状炉-変圧器接続用ケーブル	各1	クランプ	1
（管状炉側：ミノムシクリップ,		ストップウォッチ	1
変圧器側：コンセントプラグ）		データシート	一式
電圧計（デジタルテスター）	1	難燃性ポリ塩化ビニル	少量
管状炉-電圧計接続用ケーブル	1	（PVC：膜厚, 幅の異なる3種類）	
（両端ミノムシクリップ）		ポリスチレン（PS：成形法の異なる2種類）	少量
測定用治具（チャック×2個,	一式	ポリエチレン（高密度ポリエチレン（HDPE）,	少量
吊り下げ用針金：上下1本ずつ）		低密度ポリエチレン（LDPE））	

③　管状炉の上下の電極に電圧計を接続し，目盛を「交流電圧 200 V」にセットする．

（3）測定

⚠　この実験では 150℃ 付近まで管状炉で加熱するため，測定を開始した後は管状炉には触らないこと．

⚠　測定終了後の高分子フィルムの取り出しは，管状炉が室温まで冷却していることを確認した後に行うこと．

⚠　高分子フィルムが破断した場合，落下してきた高分子フィルムやチャックは高温であるため，しばらく放置して冷却した後，取り扱うこと．

① フィルムの両端にそれぞれチャックを固定する．ドライバーでチャック中央のネジを緩めた後，チャックに高分子フィルムを挟み，ネジを締めてフィルムを固定する．ネジは緩めすぎたり，締めすぎたりしないこと．

② 図 3.7.2 のように，チャックの穴に吊り下げ用の針金を付ける．高分子フィルムは，チャックが真直ぐになるように挟む（吊り下げ用針金の向きに注意する）．

③ 分銅吊り下げ用針金を下にして，管状炉の上部から差し込み，管状炉の内管の先端部にフックを引っ掛けて固定する．また，下部の輪に分銅を吊り下げる（管状炉の内管が垂直に固定されていないとフィルムが内壁に当たり測定誤差となる場合があるので，注意すること）．

④ 熱電対温度計の熱電対を管状炉上部より入れ，フィルム中央付近に固定し，温度計の電源を入れる．

⑤ 温度，分銅の初期高さが一定であることを確認後，電圧計の表示が

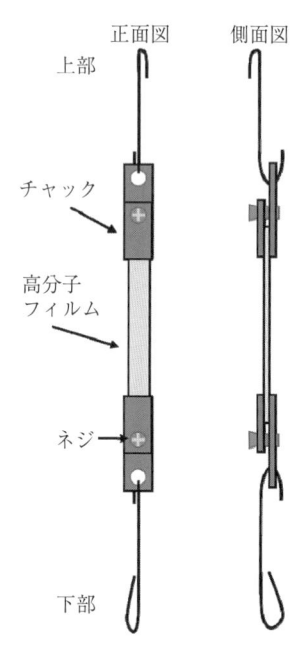

図 3.7.2　サンプルの固定.

測定電圧 12 V になるように変圧器で調整する．測定温度が 50℃ になったときを測定時間 0 秒とする．

⑥ 10 秒ごとに温度，分銅の高さ（底の高さが読みやすい）をデータシートに記入する．

⑦ ポリスチレン(PS)やポリエチレン（PE）の場合，ある温度以上で急激に変形が起こる．急激に変形を始めたら，5 もしくは 10 mm ごとに温度を測定する．(a) 定規の長さ以上に伸びた，(b) 破断した，(c) 4 分間測定した，いずれかに達したら測定終了とし，変圧器の目盛を 0 にする．

ポリスチレン
(polystyrene)
ポリエチレン
(polyethylene)

⑧ 管状炉内温度が室温まで冷めたら，分銅を外し，管状炉上部からチャックごとフィルムを回収し，チャックを外してサンプルを回収する．

（4） 解析

測定データを表にまとめ，グラフにプロットする．グラフは次の 5 枚を作成する．

1 枚目：温度-時間曲線（測定したデータからどれか 1 つ）

2 枚目：ポリ塩化ビニル(PVC) の異なる荷重での変形量-温度曲線
　　　　試料サイズ一定：5 g, 10 g, 20 g の 3 曲線

ポリ塩化ビニル
(polyvinyl chloride)

3 枚目：PVC の異なる試料サイズでの変形量-温度曲線
　　　　荷重（10 g）一定：
　　　　　・厚み 0.1 × 幅 3.0 mm
　　　　　・厚み 0.2 × 幅 3.0 mm（2 枚目の 10 g と同じデータ）
　　　　　・厚み 0.2 × 幅 5.0 mm

4 枚目：PS ①と②の変形量-温度曲線
　　　　（試料サイズおよび荷重（20 g）一定）

5 枚目：**高密度ポリエチレン(HDPE)** と **低密度ポリエチレン（LDPE）** の変形量-温度曲線（荷重（10 g）一定）

高密度ポリエチレン
(high density polyethylene)
低密度ポリエチレン
(low density polyethylene)

グラフよりガラス転移温度（T_g）と結晶融解温度（T_m）を決定する．TMA 曲線はある温度以上で急激に変形量が増大する曲線を描くが，その低温領域と高温領域に接線を引き，その交点が T_g もしくは T_m である（図 3.7.3, 図 3.7.4）．

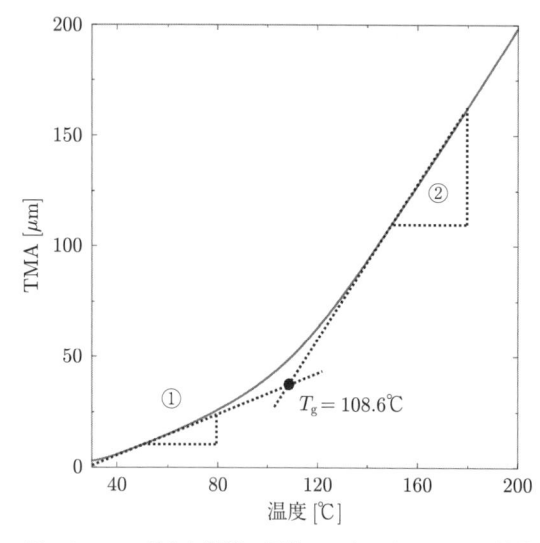

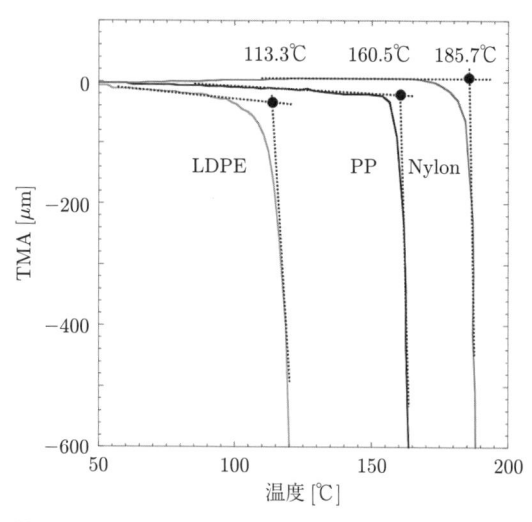

図 3.7.3 エポキシ樹脂の圧縮モードによる TMA 試験結果.

図 3.7.4 ポリマーフィルムの針入モードによる TMA 試験結果.

4　結果と考察

- 同じ高分子フィルムでも，厚み，荷重により得られる曲線が異なる．精度よく測定するには，どのような条件が適正か．

- ガラス転移温度や結晶融解温度と使用温度範囲の関係を考察せよ．ガラス転移温度とは，高分子鎖のミクロブラウン運動が始まる温度のことであり，この温度以上で成型加工することが一般的である．使用温度範囲とは，メーカーが保証する安全に使用することができる温度範囲のことである．ポリメタクリル酸メチル（PMMA）の T_g は約 110℃ であるが，PMMA 板（アクリル板）の使用温度範囲は −60〜80℃ であり，T_g より低く設定されている．なぜこのように設定されているか，TMA 測定データから考えよ．

- 2 種類の PS を測定したがデータが異なるのはなぜか．また，HDPE と LDPE でデータが異なるのはなぜか．高分子鎖の配向や結晶化度をヒントに考察してみよ．

- ガラス転移温度は，示差走査熱量測定（DSC）や動的粘弾性（DVA）により求めることが可能である．しかしながら，測定法によりガラス転移温度は異なる値を示すことが知られている．これはなぜか考えよ．

第4章 有機化学・高分子化学

4.1 アセトアニリドの合成
――求核アシル置換反応と再結晶

1 実験の目的

アルコールやアミンを酸ハロゲン化物や酸無水物と反応させると，求核アシル置換反応が進行してエステルやアミドが生成する．この反応は医薬品や染料の合成でよく用いられる反応でもある．この実験では，アニリンと無水酢酸からアセトアニリドを合成する実験を通じて，求核アシル置換のメカニズムを理解するとともに，再結晶による精製について学ぶ．

$$\text{Aniline hydrochloride} + \text{Acetic anhydride} \xrightarrow{CH_3COONa} \text{Acetanilide} + CH_3COOH$$

2 実験の背景

(1) 求核アシル置換

アルコールやアミンのような**求核試薬**を酸ハロゲン化物や酸無水物といった反応性の高いカルボン酸誘導体と反応させると，ハロゲンイオンやカルボキシラートイオンが脱離して，アルコールからはエステルが，アミンからはアミドが生成する．この反応を**求核アシル置換**という．たとえばアンモニアと塩化アセチルからアセトアミドが生成する反応は以下のように進行する．

はじめに求核試薬の**非共有電子対**(**孤立電子対**)がカルボニル炭素を攻撃して四面体中間体を生じ，その後，塩化物イオンが脱離してアミドが生成する．このようなアシル基を導入する反応をアシル化といい，ア

求核試薬
(nucleophile)

求核アシル置換
(nucleophilic acyl substitution)

非共有電子対
(unshared electron pair)

孤立電子対
(non-bonding electron pair)

アセチル化
(acetylation)

セチル基の場合は特に**アセチル化**と呼ぶ．今回の実験は，アセチル化剤として無水酢酸を用いたアニリンのアセチル化である．

(2) 再結晶

この実験で得られるアセトアニリドは室温では固体であるが，これには反応原料や副生成物など，様々な不純物を含む可能性がある．そこでこれを次の実験の原料として用いるには精製を行って不純物を除去しなければならない．有機化合物の精製方法としては再結晶，蒸留，クロマトグラフィーが一般的だが，結晶性物質の精製方法として最も広く用いられるのが**再結晶**である（4.8節参照）．不純物を含む結晶（粗結晶という）を適当な溶媒に加熱して溶解させ，これを冷却すると温度による溶解度差によって結晶が析出してくる．このとき，微量の不純物は析出せずに溶液中に残るため，純度の高い結晶を得ることができる．

再結晶
(recrystallization)

図 4.1.1 に，ある物質 A および B の溶解度曲線を示した．例えば，物質 A の温度 T_1 での飽和溶液を T_2 に冷却すると $(S_1 - S_2)$ g が沈殿する．このとき物質 B は T_2 においても S_3 g 溶解するので，A に不純物として含まれる S_3 g 以下の B は再結晶により除去できる．

再結晶には溶媒の選択が重要となる．求められる溶媒の性質は以下のとおりである．

・目的物に対する溶解度が沸点付近で大きく，室温付近で小さいこと
・不純物に対する溶解度が大きいか，またはほとんど溶かさないこと
・目的物と反応しないこと
・精製物から除去しやすいこと

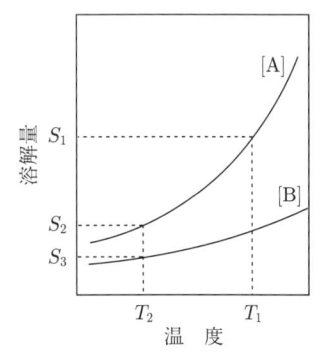

図 4.1.1 溶解度曲線.

代表的な再結晶溶媒を表 4.1.1 に示す．一般的な再結晶の手順は以下のとおりである．

表 4.1.1 再結晶に使用される一般的な溶媒と沸点（℃）．

ジエチルエーテル	34.5
アセトン	56
クロロホルム	61
メタノール	64.5
n-ヘキサン	69
酢酸エチル	78
エタノール	78
ベンゼン	80
水	100
トルエン	110
ピリジン	115.5
酢酸	119

① 粗結晶を適当な溶媒に沸点付近で溶解させ，飽和に近い溶液をつくる
② 必要に応じて活性炭などの脱色剤を加える
③ 熱溶液をろ過し，不溶物を除く
④ ろ液を冷却して結晶を析出させる
⑤ 析出した結晶をろ過によって回収する

今回の実験では，脱色剤の添加と熱溶液のろ過は行わないが，不溶物が残る場合には，溶液部分だけを別のフラスコに移すデカンテーションによって除去する．

3 実験の方法

(1) 実験器具と試薬

表 4.1.2 のとおり.

表 4.1.2 実験器具と試薬.

品　名	数量	品　名	数量
200 mL 三角フラスコ	1	ブフナー漏斗	1
100 mL ビーカー	1	吸引瓶	1
メートルグラス	1	ウォーターバス	1
100 mL ポリメスシリンダー	1	ボウル	1
軍手	1	30 mL サンプル瓶	1
スパチュラ	1	ろ紙（ろ過用，乾燥用）	各 1
薬さじ	1	アニリン	
アスピレーター	1	無水酢酸	
駒込ピペット	1	酢酸ナトリウム	
ガラス棒	1	濃塩酸	

(2) 実験操作

(i) アセトアニリドの合成

200 mL 三角フラスコにアニリン 5.0 g を量り取り，これに濃塩酸 4.5 mL を水 100 mL で希釈した溶液を加えて振り混ぜ，完全に溶解させる．また，100 mL ビーカーに酢酸ナトリウム 5.3 g を入れ，水 30 mL を加えて溶解させる．アニリンのフラスコに無水酢酸 6.2 mL を加えて振り混ぜ，さらに振り混ぜながら酢酸ナトリウム水溶液を駒込ピペットを用いて徐々に加える[1]．そのままときどきゆるやかに振り混ぜながら室温で 30 分間反応させる．ボウルに入れた氷水を用いて三角フラスコを冷却すると結晶が析出するので[2]，十分に析出させた後，これをブフナー漏斗と吸引瓶を用いて吸引ろ過する（図 4.1.2）．漏斗上の結晶を少量の水で洗い，圧搾してできるだけ水分を除いた後，得られた結晶をろ紙上に広げて風乾し，秤量して粗収率を求める．

図 4.1.2　吸引ろ過装置．

(ii) アセトアニリドの再結晶

粗製アセトアニリドを 200 mL 三角フラスコに入れ，その重量のおよそ 20 倍の水を加えてウォーターバスで加熱する．粗生成物が溶けきれなければ 10 mL 程度ずつ水を追加してさらに加熱し，なるべく少ない水で完全に溶解させる[3]．ウォーターバスから上げて放冷し，手で触れられるほどの温度になったら氷水でさらに冷やして結晶を析出させる．上記と同様に吸引ろ過し，あらかじめ秤量したサンプル瓶に移して真空乾燥器で終夜真空乾燥した後，秤量して収率および精製収率を求める．

[1] 無水酢酸を加えたらなるべく速やかに酢酸ナトリウム水溶液を添加したほうがよい．

[2] 多くの場合，酢酸ナトリウム水溶液を加えている間に結晶が析出し始める．

[3] わずかな褐色残渣がどうしても溶けきれずに残る場合は，熱いうちに溶液部分だけを手早く他の三角フラスコに移して放冷し，結晶を析出させる．

⚠ アスピレーターを止めるときは必ず減圧を解除してからスイッチを切ること．そうしないと吸引瓶に水が逆流する．

4 結果と考察

☐ 次の式により，収率と精製収率を求めよ．

$$収率(\%) = \frac{生成物の収量(\text{mol})}{生成物の理論収量(\text{mol})} \times 100$$

$$精製収率(\%) = \frac{精製後の収量}{粗生成物の量} \times 100$$

☐ 収率が低かったなら，それは何が原因か．また100%を超えたらそれはどうしてか，議論せよ．

☐ 酢酸ナトリウムの役割は何か．

☐ 塩酸を使わずにアニリンと無水酢酸を反応させるとどのような不都合が起こるか．

☐ 再結晶時に溶液を急冷せず，しばらく放冷してから氷冷するのはなぜか．

4.2 p-ニトロアニリンの合成
— 求電子置換反応，加水分解と脱保護

1 実験の目的

芳香族化合物のニトロ化は求電子置換反応の典型例である．この実験では，アセトアニリドのニトロ化による p-ニトロアセトアニリドの合成によって芳香族求電子置換反応の理解を深めるとともに，アミド基を加水分解することによる p-ニトロアニリンの合成を通じて，官能基の保護と脱保護の考え方を学ぶ．

Acetanilide → (HNO$_3$, H$_2$SO$_4$) → p-Nitroacetanilide → (H$_2$O, HCl) → p-Nitroaniline

2 実験の背景

(1) 求電子置換反応

芳香族化合物に**求電子試薬**を反応させると，**求電子置換反応**が進行する．中でもニトロ化はこの反応の典型例である．例えばベンゼンのニトロ化は下記のように進行する．

反応はまず，硝酸から生成した**ニトロニウムイオン**（NO$_2^+$）が電子豊富なベンゼン環を求電子的に攻撃し，**カルボカチオン**中間体を生成する．その後，この中間体から水素イオンが脱離してベンゼン環を再生し，生成物のニトロベンゼンとなる．

今回の実験では，一置換ベンゼンであるアセトアニリドのニトロ化を行う．この場合，すでにベンゼン環に結合しているアミド基に対してどの位置にニトロ化が起こるかが重要となり，これはすでに存在している官能基の種類によって決まる．これを**配向性**という．一般に，**電子求引性基**（-NO$_2$，-COOH，-COCH$_3$ など）が結合していると求電子置換反応はその**メタ位**で起こり，**電子供与性基**（-CH$_3$，-OH，-NH$_2$ など）やハロゲン原子ではその**オルト位とパラ位**で反応が起こる．これをそれぞれ**メタ配向性**，**オルト-パラ配向性**と呼ぶ．

求電子試薬
(electrophile)
求電子置換反応
(electrophilic substitution)
ニトロ化
(nitration)
ニトロニウムイオン
(nitronium ion)
カルボカチオン
(carbocation)
配向性
(orientation)
電子求引性基
(electron withdrawing group)
メタ位
(meta position)
電子供与性基
(electron donating group)
オルト位
(ortho position)
パラ位
(para position)
メタ配向性
(meta directing)
オルト-パラ配向性
(ortho-para directing)

(2) 保護と脱保護

官能基
(functional group)

有機化合物に反応を行おうとするとき，その化合物がすでにもっている**官能基**が原因で，その反応が妨害されたり，望まない副反応が進行してしまったりすることも多い．例えば次式のようにケトアルコールを合成しようとして，ケトカルボン酸エステルを水素化アルミニウムリチウムのような還元剤と反応させると，そのままでは還元したいエステル基ばかりでなくケト基も還元されて，生成物はジオールとなってしまう．

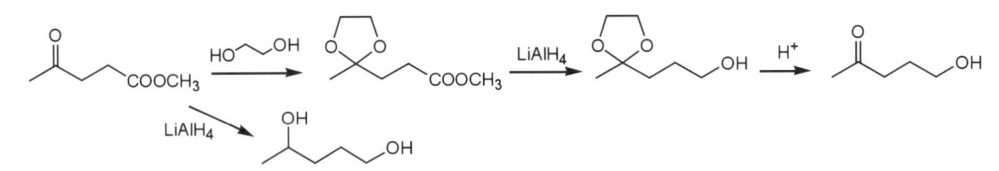

保護
(protection)
脱保護
(deprotection)

そのような場合には，すでにある官能基を一旦，反応しない形に変換しておき，目的の反応を行った後，官能基をもとの形に戻すという方法がとられる．これを官能基の**保護**と**脱保護**という．上述の還元反応の場合には，ケト基を一旦，反応しにくいアセタール基に変換しておいてから（保護），エステル基を還元する．その後，酸で処理すればアセタール基は容易にケト基に戻せるので（脱保護），結果としてエステル基の還元だけを選択的に行うことができる．

3 実験の方法

(1) 実験器具と試薬

表 4.2.1 のとおり．

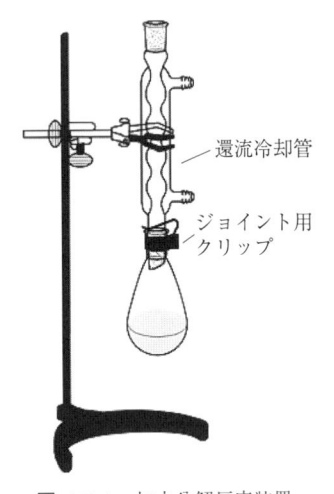

図 4.2.1 加水分解反応装置．

表 4.2.1 実験器具と試薬．

品　名	数量	品　名	数量
100 mL 三角フラスコ	1	撹拌子	1
100 mL ナス型フラスコ	1	ボウル	1
300 mL ビーカー	1	30 mL サンプル瓶	1
200 mL ビーカー	1	14 mL サンプル瓶	1
100 mL ビーカー	1	ジョイント用クリップ	1
アスピレーター	1	スタンド	1
スパチュラ	1	クランプ	2
薬さじ	1	ろ紙	2
軍手	1	赤色リトマス紙	
還流冷却管	1	アセトアニリド	
メートルグラス	1	硫酸	
パスツールピペット	1	硝酸 (1.42)	
ブフナー漏斗	1	6M HCl	
吸引瓶	1	8M 水酸化ナトリウム水溶液	
ガラス棒	1	シリカゲルプレート	1
ウォーターバス	1	クロロホルム	
マグネチックスターラー	1	メタノール	

(2) 実験操作

(i) *p*-ニトロアセトアニリドの合成

⚠ 濃硫酸溶液に濃硝酸を加えるときは必ず数滴ずつ加えること．

100 mL の三角フラスコにアセトアニリド 2.5 g を量り取り，これに濃硫酸 6.0 mL を加えると発熱するので，三角フラスコを回転させながらその熱を利用してアセトアニリドを溶解させる．完全に溶解したら氷浴に浸して 10℃ 以下まで冷却する．十分に冷えたら氷浴から取り出し，メートルグラスに量り取った濃硝酸 3.0 mL を，パスツールピペットでアセトアニリドのフラスコにゆっくり滴下する．発熱するので数滴ごとに振り混ぜ，氷浴で室温以下に冷やしてから次の数滴を加える[1]．滴下を終えたら氷浴から取り出し，ときどき振り混ぜながら約 20 分間室温におく．200 mL のビーカーに氷水約 60 mL を取り，これに反応混合物を注ぐと *p*-ニトロアセトアニリドが析出する．三角フラスコを少量の水で洗い，再び析出した結晶もすべてビーカーに移す．吸引ろ過して結晶を回収する．ビーカーの内壁を少量の水で洗ってこれも漏斗に加え，結晶を完全に回収する．漏斗上の結晶をろ液に色がつかなくなるまで水で洗った後，圧搾してできるだけ水分を除いた後，得られた結晶を秤量する．この粗生成物から次の加水分解用に 2.0 g を量り取り，0.5 g は真空乾燥器で終夜真空乾燥した後，秤量して収率を求める．

(ii) *p*-ニトロアニリンの合成

100 mL ナスフラスコに粗製 *p*-ニトロアセトアニリド 2.0 g [2] と 6M HCl 20 mL を入れ，還流冷却管[3]を付けて 70℃ 程度のウォーターバス上で溶解するまで加熱撹拌する．結晶がすべて溶解したら熱いうちに 300 mL ビーカー中の冷水 100 mL に注ぐ．これに 8M 水酸化ナトリウム水溶液を加えてアルカリ性にすると[4] *p*-ニトロアニリンの結晶が析出してくる．十分に析出したら吸引ろ過して結晶を回収する．結晶は少量の水で洗い，圧搾してできるだけ水分を除く．真空乾燥器で終夜真空乾燥した後，秤量して収率を求める．

(iii) 薄層クロマトグラフィーによる合成物の確認

合成したアセトアニリド，*p*-ニトロアセトアニリド，および *p*-ニトロアニリンの結晶を各々クロロホルムに溶解する．これら 3 種類の試料をシリカゲルプレート上にスポットする．溶媒（クロロホルム：メタノール，20：1）で飽和させたふた付き容器にプレートをおき，溶媒の先端があらかじめ上端から約 5 mm 下に引いておいた線に到達するまで展開する．展開後，紫外線の下でスポットの位置を確認する．スポットの色を観察し，Rf 値を算出する．

---

1) 氷浴で冷やしたまま濃硝酸を加えると反応が進行しないことがあるので，加えるときには氷浴から出し，室温で滴下したほうがよい．滴下してすぐには発熱しないこともあるが，必ず発熱するので，発熱を確認してから次の濃硝酸を加えること．

2) 所定の量の *p*-ニトロアセトアニリドが用意できない場合は，その量に応じて他の試薬類の使用量を加減すること．

3) ナスフラスコと還流冷却管は共通テーパーすり合わせジョイントで連結し，テーパージョイント用クリップで固定してフラスコの落下を防ぐ．

4) あらかじめ HCl の量から，必要な水酸化ナトリウム水溶液の量の見当をつけておくとよい．

4 結果と考察

- [ ] p-ニトロアセトアニリドの収率は，乾燥前の生成物と乾燥後の生成物の比から，加水分解用の 2.0 g を量り取る前の生成物をすべて乾燥させたと仮定したときの重量を算出して求める．
- [ ] p-ニトロアニリンの収率は，乾燥前の p-ニトロアセトアニリド 2.0 g を乾燥させたと仮定したときの重量を計算し，これをもとに計算する．
- [ ] 収率が低かったなら，それは何が原因か．また 100% を超えたらそれはどうしてか，議論せよ．
- [ ] アニリンを直接ニトロ化して p-ニトロアニリンを合成しない理由は何か，議論せよ．
- [ ] p-ニトロアセトアニリドの加水分解が進行すると，塩酸に溶けるようになるのはなぜか．
- [ ] p-ニトロアニリンがアルカリ性で析出するのはなぜか．

4.3 ベンゾイル乳酸エチルの合成 I
――求核アシル置換反応と液-液抽出

1 実験の目的

L-乳酸エチルと無水安息香酸から O-ベンゾイル乳酸エチルの合成実験を通じて求核アシル置換におけるエステル合成について理解するとともに，液-液抽出について学ぶ．

Ethyl L-lactate + Benzoic anhydride → (生成物) + PhCOOH

2 実験の背景

(1) 求核アシル置換反応

求核試薬（Z:⁻）がカルボン酸誘導体（酸ハロゲン化物，酸無水物，エステル，アミド）のカルボニル炭素に攻撃すると，炭素-酸素 π 結合が切断され，四面体中間体を生成する．酸素原子に結合している sp³ 炭素がもう1つの電気的に陰性な原子に結合していればその化合物は一般的に不安定であり，この四面体中間体をつくる酸素原子の**非共有電子対（孤立電子対）**は π 結合を再形成し，結合している2個の置換基のうち一方を追い出してより安定なカルボン酸誘導体を与える．この反応を求核アシル置換反応という．

Y = X, OCOR, OR, NR₂
Z = OCOR, OR, NR₂

例えば，アルコールやアミンのような求核試薬を酸ハロゲン化物や酸無水物といった反応性の高いカルボン酸誘導体と反応させると，ハロゲン化物イオンやカルボキシラートイオンが脱離して，アルコールからはエステルが，アミンからはアミドが生成する．このようなアシル基を導入する反応を**アシル化**といい，ベンゾイル基の場合は特に**ベンゾイル化**と呼ぶ．本実験では，ベンゾイル化剤として無水安息香酸を用いたアルコールのベンゾイル化を行う．

求核アシル置換反応
(nucleophilic acyl substitution reaction)
求核試薬
(nucleophile)

非共有電子対
(unshared electron pair)
孤立電子対
(non-bonding electron pair)

アシル化
(acylation)
ベンゾイル化
(benzoylation)

(2) 溶媒抽出（液-液抽出）

抽出
(extraction)

　植物，動物などの天然物試料，固体混合物，液体などの中にある成分を溶媒中に溶出させ物質を分離回収する操作を**抽出**という．固体試料中から物質を分離する場合を固-液抽出，液体試料中から物質を分離する場合を液-液抽出という．有機合成化学では，混合物を適当な溶媒Aに溶かし，これにその溶媒Aと混じり合わない別の溶媒Bを加えて振とうし，溶媒Bに可溶な成分だけを取り出す液-液抽出が広く用いられる．液-液抽出に主に用いられる溶媒系は水と非極性有機溶媒であり，反応混合物中から塩等を取り除くことができる．通常，有機溶媒は水よりも**密度**が小さく，二層に別れたとき上層に来るのが有機層であり，下層に来るのが水層である．ただし，ハロゲン系溶媒は水よりも比重が大きいので，これらの溶媒を用いた場合には有機溶媒が下層となるので注意が必要である．

密度
(density)

　液-液抽出の主な手順は次のようになる．
① 混合物を適量の有機溶媒に溶かし，分液漏斗（図4.3.1）に移す．
② 適当量の水を分液漏斗に加える．
③ 十分に振とうして混合し，平衡状態になるようにする．
④ 下のコックから下層（水層）を別の容器（フラスコ等）にあける．
⑤ ②～④を数回繰り返す．
⑥ 飽和食塩水を適量加え，十分に混合する（残存する水分を低減するため）．下層（飽和食塩水相）と上層（有機層）を分けて，有機層を硫酸ナトリウム等で乾燥し，溶媒を留去する．

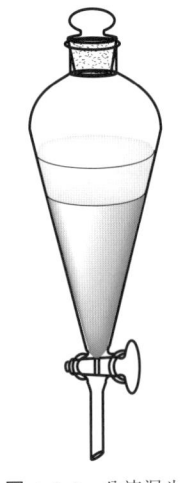

図 4.3.1　分液漏斗．

3 実験の方法

(1) 実験器具と試薬

　表4.3.1のとおり．

(2) 実験操作

(i) ベンゾイル乳酸エチルの合成

　L-乳酸エチル 2.4 g（20 mmol）を 100 mL 二口ナスフラスコに入れそこにトルエン 10 mL を加えた後，無水安息香酸 2.2 g（10 mmol）を入れトルエンをさらに 10 mL 加える．そこへ，濃硫酸を数滴加えた後，撹拌子を入れ，80℃で1.5時間加熱撹拌する．反応中に3回，TLC（展開溶媒，ヘキサン：酢酸エチル = 5：1）で反応の進行具合を確認する．撹拌終了後，反応液を分液漏斗に移しジエチルエーテル 20 mL と飽和炭酸水素ナトリウム水溶液を加え，副生成物を抽出する（2回行

表 4.3.1 実験器具と試薬.

品　名	数量	品　名	数量
300 mL 三角フラスコ	1	キャピラリー	1
100 mL 三角フラスコ	1	TLC プレート	1
100 mL ビーカー	2	展開槽	1
メートルグラス	1	スタンド	1
100 mL 二口ナス型フラスコ	1	クランプ	2
100 mL ナス型フラスコ	1	温度計	1
分液ロート	1	ピンセット	1
パスツールピペット	4	L-乳酸エチル	
ウォーターバス	1	無水安息香酸	
マグネチックスターラー	1	濃硫酸	
撹拌子	1	トルエン	
薬さじ	1	ジエチルエーテル	
漏斗	1	ヘキサン	
玉入りコンデンサー	1	酢酸エチル	
ジョイント用クリップ	1	硫酸ナトリウム	
サンプル瓶	1	炭酸水素ナトリウム（3 L）	1
サンプルチューブ	1	食塩	

う）．その後，飽和食塩水を加え十分振とうしたのち（2 回行う）有機層を 100 mL 三角フラスコに移し，硫酸ナトリウムを加え脱水する．その後，硫酸ナトリウムをろ過し，ろ液を，ロータリーエバポレーターを用いて濃縮する．十分に濃縮した後，試料をあらかじめ重さを量っておいたサンプル瓶に移し，デシケーター内で減圧乾燥を行う．

⚠ アスピレーターを止めるときは必ず減圧を解除してからスイッチを切ること．そうしないと水が逆流する．

4 結果と考察

☐ 反応時 H_2SO_4 を数滴加えるのはなぜか考察せよ．

☐ 後処理の過程で飽和炭酸水素ナトリウム水溶液を用いて抽出するのはなぜか議論せよ．

☐ 後処理の過程で飽和食塩水を用いるのにはどの様な効果があるか議論せよ．

☐ 生成したベンゾイル乳酸エチルのベンゾイル基が結合している酸素原子は，出発物質である L-乳酸エチルまたは無水安息香酸どちらの酸素であるか議論せよ．

4.4 ベンゾイル乳酸エチルの合成 II
──求核置換反応とカラムクロマトグラフィー

1 実験の目的

本実験では，L-乳酸エチルからトシル乳酸エチルを経由して O-ベンゾイル乳酸エチルを合成する．この実験を通じて，**求核置換反応**のメカニズムを理解し，反応がどのようにして起こり，それにはどのような特徴があるのかを学ぶとともに，**カラムクロマトグラフィー**による混合物の精製法を学ぶ．

求核置換反応
(nucleophilic substitution reaction)
カラムクロマトグラフィー
(column chromatography)

EthylL-lactate → TsCl → Ethyl(O-tosyl)lactate → PhCOONa → (O-ベンゾイル乳酸エチル)

Ts = トシル基（p-トルエンスルホニル基）

2 実験の背景

(1) アルコールのトシル化

アルコールの求核置換反応はヒドロキシ基（HO-）の弱い脱離能のために，一般的に進行しない．一方，トシラートエステル（ROTs）はトシルオキシ基（TsO-）の脱離能が HO- に比べてはるかに大きいために，容易にトシラートアニオン（TsO⁻）が脱離する求核置換反応を起こす．そのため，有機合成においてアルコール（ROH）を他の化合物へ変換する際，塩化トシル（TsCl）を用いてアルコールをトシラートエステル（ROTs）へ変換してから目的化合物を合成する方法がしばしば用いられる．

$$\text{TsO-} > \text{I-} > \text{Br-} > \text{Cl-} > \text{F-} \gg \text{RO-, HO-, H}_2\text{N-}$$
置換基の脱離能

(2) 求核置換反応

反応速度
(reaction rate)
求核試薬
(nucleophile)

求核置換反応には，**反応速度を決定付ける分子が2分子である S_N2 反応**と，**反応速度を決定付ける分子が1分子である S_N1 反応**がある．S_N2 反応では，**求核試薬**が正に分極した炭素を攻撃し，新しい結合が

形成されるとともに脱離基と炭素間の結合が開裂する．このとき，求核攻撃は脱離する置換基の反対側から行われるために，反応に関与しない3つの置換基は反応の前後で反転（Walden 反転）が起こる．一方，S_N1 反応は置換の対象となる化合物から脱離基が脱離し，生成したカルボカチオンに求核種が攻撃をすることで進行する．どちらの機構で進行しても得られる化合物は同じであるように思えるが，S_N2 反応で得られる生成物の立体化学は出発原料のそれに依存するのに対して，S_N1 反応で得られる生成物の立体化学は出発物質のそれに依存しない．いずれの反応においても脱離能の高い脱離基を有する化合物のほうが反応に有利である．

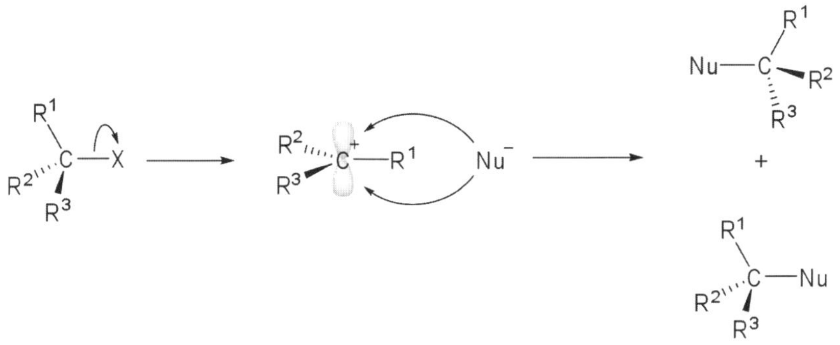

図 **4.4.1** S_N1 反応の機構．

（3）　カラムクロマトグラフィー

化合物の精製法は，**蒸留**，**再結晶**，カラムクロマトグラフィーの3つの手法に大別できるが，それらは精製する物質の性質や量によって使い分ける．カラムクロマトグラフィーは，分離精製したい物質の，固定された物質（**充填剤**）と，その間を移動する物質（**溶離液**）との間の相互作用の差異を利用して行う分離方法で，**吸着，イオン交換，分配，分子ふるい**等の種類がある．これらの種類によってシリカゲル，アルミナおよびイオン交換樹脂などの充填剤が用いられる．

本実験では，固定相としてシリカゲルを用い，物質の極性の違いによって分離を行う．シリカゲルは表面のシラノール基が水素結合能をもっているため，これに物質の極性基が**水素結合**を介して吸着する．この水素結合と移動相中の有機溶媒との相互作用が競合することにより物質をシリカゲルから脱離させカラムから溶出させる．そのため，極性の高い物質はシリカゲルによく吸着し，極性の低い物質はシリカゲルとの相互作用が弱く先に流出する．溶出溶媒の極性が高いほど溶出時間は短くなるが，分離が不十分になることがあるので注意しなければならない．

カラムクロマトグラフィーの主な手順は次のようになる（図 4.4.2）．

蒸留
(distillation)
再結晶
(recrystallization)
充填剤
(filler)
溶離液
(eluent)
吸着
(adsorption)
イオン交換
(ion exchange)
分配
(distribution)
分子ふるい
(molecular sieve)
水素結合
(hydrogen bond)

に濃縮した後，試料をあらかじめ重さを量っておいたサンプル瓶に移し，デシケーター内で減圧乾燥を行う．

⚠ アスピレーターを止めるときは必ず減圧を解除してからスイッチを切ること．そうしないと水が逆流する．

4　結果と考察

- [ ] トシル乳酸エチルの合成において，塩化トリメチルアンモニウムを用いなくても反応が進行するか議論せよ．
- [ ] カラムクロマトグラフィーにおいて第一成分および第二成分がどの化合物か考察せよ．
- [ ] 本実験で行う反応は S_N2 および S_N1 いずれの反応で進行していると考えられるか．また，それを知るためにはベンゾイル乳酸エチルに関してどの様な測定を行えばよいか議論せよ．
- [ ] 生成した O-ベンゾイル乳酸エチル中のベンゾイルエステル部の sp^3 酸素はトシル乳酸エチル由来の酸素かあるいは安息香酸ナトリウム由来の酸素か議論せよ．

4.5 ジベンザルアセトンの合成
——アルドール縮合・再結晶・融点測定

1 実験の目的

本実験では，塩基存在下ベンズアルデヒドおよびアセトンの反応からジベンザルアセトンの合成を通じて，カルボニル化合物が起こす反応の1つである**アルドール縮合**のメカニズムを理解するとともに，物質の精製法である再結晶法，および物質固有の性質である融点について学ぶ．

アルドール縮合
(aldol condensation)

2 実験の背景

(1) アルドール縮合

α-水素を有するカルボニル化合物は塩基存在下で容易に α-水素の脱離が進行して**カルボアニオン**が生成し，これが求核種となり様々な化合物と反応する．例えば，塩基触媒存在下2等量のアルデヒドまたは2等量のケトンは縮合して，β-ヒドロキシカルボニル（aldol）を与える．このアルドールは容易に脱水して**不飽和カルボニル化合物**となる．この一連の反応はアルドール縮合と呼ばれている．

カルボアニオン
(carbanion)

縮合
(condensation)

不飽和カルボニル
(unsaturated carbonyl)

(2) 再結晶

4.1節「アセトアニリドの合成」を参照．

(3) 融点

純金属や純粋な有機化合物などはその物質に固有の融点をもっている．したがってある物質の融点がわかっていれば，融点を測定することによって，物質の確認や純度の判定などを行うことができる．純粋な有機物質では，溶け始めと溶け終わりまでの幅は狭く数℃の範囲に納まる．純度が低いと融点幅が広がり，本来の融点よりも低くなる．測定の際の温度上昇が速すぎる場合にも，見かけ上低い融点となるので融点測定時の昇温は注意深く行う．

3 実験の方法

(1) 実験器具と試薬

表 4.5.1 のとおり.

表 4.5.1 実験器具と試薬.

品　名	数量	品　名	数量
200 mL ビーカー	1	ガラス棒	1
200 mL 三角フラスコ	1	メートルグラス	1
50 mL 三角フラスコ	1	パスツールピペット	2
コルク栓	2	ブフナー漏斗	1
スパチュラ	1	輪ゴム	1
融点測定用キャピラリー	3	ろ紙	2
ガスバーナー	1	アスピレーター	1
吸引瓶	1	スタンド	1
ウォーターバス	1	クランプ	2
温度計	1	ベンズアルデヒド	
融点フラスコ	1	アセトン	
ゴム栓	1	水酸化ナトリウム	
薬さじ	1	エタノール	

(2) 実験操作

△ 本実験では融点測定の際ガスバーナーを使用するので，合成時に用いたベンズアルデヒド，アセトンおよびエタノールを近くに置いてはいけない．

(i) ジベンザルアセトンの合成

　50 mL 三角フラスコに，ベンズアルデヒド 0.05 mol およびアセトン 0.024 mol を量り取り，コルク栓をして静かに振り混ぜる．200 mL ビーカーに水酸化ナトリウム 5 g を入れ，水 50 mL を加え溶解する．これにエタノール 40 mL を加えてかき混ぜ，アルコール性水酸化ナトリウム溶液を調製し，氷水浴に漬けて 5～10℃ まで冷却する．アルコール性水酸化ナトリウム溶液中に，ベンズアルデヒド-アセトン溶液の半量をガラス棒でかき混ぜながら，パスツールピペットで少しずつ加える．ビーカーを氷水浴から取り出し，室温に放置する．反応液をときどきかき混ぜながら 15 分経過したら，残りのベンズアルデヒド-アセトン溶液を最初と同じ要領で加える（5～10℃）．最後に，50 mL 三角フラスコをエタノール 2 mL で洗い反応液に加える．さらに 25 分間，反応混合物をときどきかき混ぜながら室温に放置し，反応を完結させる．

　析出した生成物を吸引ろ過する．ブフナー漏斗上の淡黄色結晶を薬さじでならし，押し付ける．これを 50 mL の水で 3 回洗い，結晶に含まれている水酸化ナトリウムを除く．吸引しながら薬さじで結晶を押し付けて水を十分に切ったのち，重さを量り粗収率を求める．

(ii) 再結晶

粗結晶を入れた 200 mL 三角フラスコにエタノールを結晶が浸る程度加え，振り混ぜながら湯浴で温め結晶を溶かす．結晶が溶けきらなかったら，さらに少量ずつエタノールを加える．完全に溶解したら三角フラスコを湯浴から取り出し室温に放置して冷ます．その後，氷水浴で冷却して結晶を十分析出させたら結晶を吸引ろ過で取り出す．結晶を乾燥させた後，重さを量り収率を求める．

(iii) 融点測定（図 4.5.1）

乾燥した試料をスパチュラの平らな部分で微粉になるまでつぶす．この粉末を小さな山状に盛り，その中に融点管を押し入れる．試料を融点管の閉端まで落とし込むために融点管を実験台の上でコツコツとたたく．試料の高さは 2～3 mm とする．

正確な融点測定に最も重要な要因は，加熱速度であり，速すぎると正確に求められない．予想される融点の 20～30℃ 手前からは 1 分あたり 1℃ 以下の速さで昇温する．

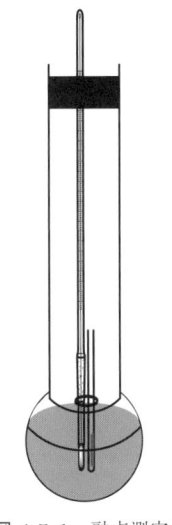

図 4.5.1 融点測定．

4 結果と考察

☐ 得られた生成物の収率および精製後の収率を求めよ．
☐ 得られた生成物の構造はどの異性体と考えられるか．
☐ 得られた生成物の構造を決定するためには，融点測定以外にどの様な方法が適切か議論せよ．
☐ 融点測定において加熱速度を遅くしないと正確な融点が求められないのはなぜか．

精製
(purification)

4.6 旋光度測定
―光学活性物質の旋光度

1 実験の目的

エナンチオマー
(鏡像異性体)
(enantiomer)

エナンチオマーとは，"重ね合わせることのできない鏡像体"（鏡像異性体）のことであり，エナンチオマーが存在する物質をキラルという．それぞれのエナンチオマーは融点，沸点，密度など，ほとんどの性質は同じであるが，ただ1つ，光の偏光面を回転させる性質である**旋光性**だけが異なる．本実験では先に合成した（4.3節，4.4節参照）2つの O-ベンゾイル乳酸エチルの旋光度測定を通じてエナンチオマーの性質を理解するとともに，L-乳酸エチルから得たそれぞれの O-ベンゾイル乳酸エチルがどのような経路で生成したのか考察する．

旋光性
(optical rotatory power)

(R)-Ethyl(O-benzoyl)lactate   (S)-Ethyl(O-benzoyl)lactate

2 実験の背景

(1) 旋光性

光は，進行方向に垂直な平面内であらゆる向きに振動している電磁波からなっているが，偏光子を通過すると，一定の向きで振動する成分だけが透過する．この成分を**偏光**（または平面偏光）と呼び，振動する面を偏光面と呼ぶ．

偏光
(polarized light)

光学活性
(optical activity)

エナンチオマーは偏光面を回転させる性質（旋光性）をもち，**光学活性**であるといわれる（図4.6.1）．あるエナンチオマーが偏光面を時計回りに回転させる場合，もう一方のエナンチオマーは偏光面を同じだけ反時計回りに回転させる．進行してくる偏光面を時計回りに回転させた場合，そのエナンチオマーを**右旋性**と呼び，反時計回りに回転させた場合には**左旋性**と呼ぶ．便宜的に右旋性のエナンチオマーを（+）で表し，左旋性のエナンチオマー（−）で表す．

右旋性
(dextrorotatory)
左旋性
(levorotatory)

一方，エナンチオマーをもたないアキラルな化合物や，ラセミ体（2つのエナンチオマーの等量混合物）は偏光面を回転させない．ラセミ体中には偏光面を一方に回転させる分子と反対方向に回転させる分子が等量存在するので，結果として光は偏光面を変えずにラセミ体の中を通過することになる．

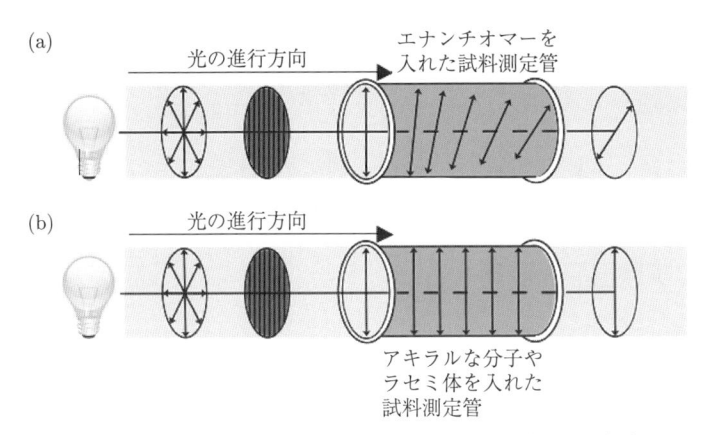

図 4.6.1 偏光．(a) エナンチオマーの溶液を透過すると偏光面が回転する．(b) アキラルな分子やラセミ体では偏光面は回転しない．

(2) 比旋光度

偏光面の回転角度は2つの偏光子をもつ**旋光計**を使って測定する（図4.6.2）．偏光子を通過した平面偏光がそのままもう1つの偏光子を通過する場合には2つの偏光子の向きが一致している必要がある．

旋光計 (polarimeter)

2つ目の偏光子を検出のための偏光子として用いればエナンチオマーを入れた試料測定管を通過して回転した平面偏光の角度を測定することができる．この回転角度は光が出会う光学活性な分子の数に依存する．すなわち，試料溶液の濃度と試料測定管の長さに依存する．

種々の化合物の旋光度を比較するために標準の旋光度として**比旋光度**が定義され，次の式により求められる．

比旋光度 (specific rotation)

$$[\alpha]_D^T = \frac{\alpha}{lc} \tag{4.6.1}$$

ここで，$[\alpha]$ は比旋光度，T は温度（℃），D は測定光（ナトリウムランプD線），α は実測旋光度，l は試料測定管の長さ（dm），c は試料濃度（g/mL）である．

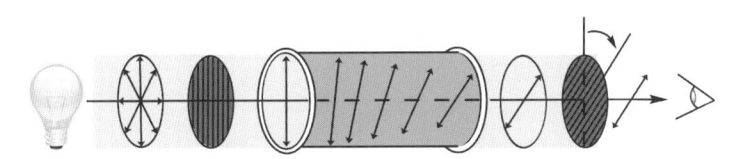

図 4.6.2 2つの偏光子で，偏光の回転角を測定する．

(3) 光学純度

ある物質の比旋光度があらかじめわかっているとき，実測旋光度から合成した化合物の**光学純度**，すなわち，エナンチオマーの光学純度（混合比）を求められる．前述のとおり，一組のエナンチオマーは正と負で回転角の絶対値が等しいエナンチオマーをもっている．エナンチオマー

光学純度 (optical purity)

混合物の純度は，反対向きの回転が打ち消しあった分だけ小さくなる．

$$\text{光学純度} = \frac{\text{実測比旋光度}}{\text{純粋なエナンチオマーの比旋光度}} \qquad (4.6.2)$$

3 実験の方法

(1) 実験器具と試薬

表 4.6.1 のとおり．

表 4.6.1 実験器具と試薬．

品　名	数量	品　名	数量
10 mL メスフラスコ	2	旋光度計	1
パスツールピペット	5	ベンゾイル乳酸エチル	
試料測定管（100 mm）	2	クロロホルム	

(2) 実験操作

(i) 旋光度計の準備

ナトリウムランプの電源を入れ，旋光度計の所定の位置にセットして15分程度安定化させる（この時間を利用して測定試料の調整をおこなう）．安定化後，光源装置を正しい位置に定めたら，試料測定管を挿入せず望遠鏡をのぞき，視野の境界線が鮮明に見えるように接眼レンズを伸縮して調節する．

試料測定管の一方の固定リングをはずし，ゴムパッキングとデッキグラスを取り除く（図 4.6.3）．試料測定管を立て，測定管の口に盛り上がる程度にクロロホルムを流し込み，デッキグラスを横から滑らせるように蓋をする（このようにすると気泡が入らない）．デッキグラスの上にゴムパッキングを当ててから固定リングを締める．もし，気泡が入ったら試料測定管の気泡だめにためる．クロロホルムを入れた試料測定管を測定台にのせ，両半円視野の明るさを合わせる．合ったところの目盛を記録する（この値をゼロ点とする）．

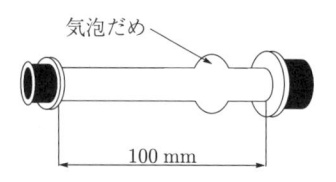

図 4.6.3 試料測定管．

(ii) 試料調整

4.3 節および 4.4 節において合成したベンゾイル乳酸エチルを，パスツールピペットを用いてそれぞれ 10 mL メスフラスコに秤量する．そこに少量のクロロホルムを入れ均一に溶解したのち，さらに標線までクロロホルムを加える．

旋光度は濃度に溶液の濃度に大きく依存するので，秤量操作をしっかり行う．

(iii) 旋光度測定

調整した試料を先ほどと同じ要領で試料測定管に入れたのち，試料測定管を測定台にのせ，旋光度計の両半円視野の明るさを合わせ，合ったところの目盛を記録する．このとき得られた測定角とゼロ点とした角度から実測角を求める．同様にもう一方の試料の旋光度測定を行い，実測角を求める．

4 結果と考察

☐ 実測角から式 (4.6.1) を用いてそれぞれの試料の比旋光度を算出せよ．

☐ 算出した旋光度から，それぞれの物質の光学純度を求めよ．

☐ 算出した旋光度や光学純度などから，4.3 節や 4.4 節で行った反応がどのように進行していたのか議論せよ．

4.7 ポリエステルの合成
──エステル化反応と逐次重合，および平衡反応

1 実験の目的

カルボン酸とアルコールから酸を触媒に用いてエステルを合成する反応は可逆反応であり，効率よく進行させるには平衡を移動させる工夫が必要である．この実験では Dean-Stark トラップを用いた水分の除去によってジカルボン酸とジオールからポリエステルを合成し，化学平衡を理解するとともに，逐次重合の特徴について学ぶ．

$$n\ HOOC\text{-}(CH_2)_4\text{-}COOH\ (Adipic\ acid) + n\ HO\text{-}(CH_2)_6\text{-}OH\ (1,6\text{-}Hexanediol) \xrightarrow{p\text{-}CH_3C_6H_4SO_3H} Polyester\ [Poly(hexamethylene\ adipate)] + 2n\ H_2O$$

2 実験の背景

(1) 共沸と共沸混合物（詳細は 6.3 節を参照）

普通，混合物を沸騰させると，その沸点は各成分単独の沸点の中間となる．そのときの気相の組成は液相に比べて低沸点成分が多くなるので，これを凝縮させることでより低沸点成分に富んだ留出物が得られる（4.8 節参照）．これが蒸留の原理であるが，混合物によっては低沸点成分よりもさらに低い温度で沸騰し，かつ沸点での液相と気相の組成が同じである場合がある．このような混合物を**共沸混合物**と呼び，これには各成分がある決まった組成で含まれるので，蒸留によってこれ以上各成分を分けることはできなくなる．

共沸混合物
(azeotrope)

しかしこの共沸現象を利用して，混合物から一方の成分のみを取り除くことができる場合がある．水を含んだエタノールを蒸留すると，水とエタノールは共沸混合物（エタノール 96%）を作り，エタノールの沸点より低い 78.2℃ で留出してしまうので蒸留でこれ以上高純度のエタノールを得ることはできないが，この 96% エタノールにベンゼンを加えてさらに蒸留すると，水はベンゼンおよびエタノールと 3 成分で共沸混合物を作って 64.9℃ で留出するので，純度 99% 以上のエタノールを得ることができる．これを**共沸蒸留**という．

共沸蒸留
(azeotropic distillation)

(2) Fischer エステル合成反応

カルボン酸とアルコールから酸触媒を用いて水を脱離させ，エステル

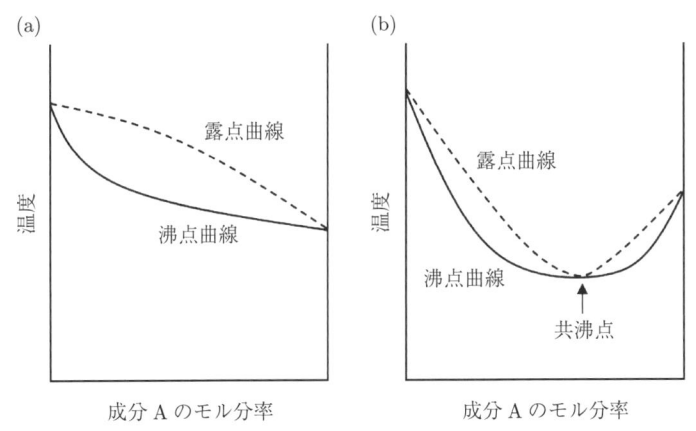

図 4.7.1 二成分系の気液平衡関係. (a) 共沸混合物を作らない場合, (b) 共沸混合物を作る場合.

を得る **Fischer エステル合成反応**は安価で簡便なエステル合成反応であるが，この反応は**可逆反応**であるため，通常は逆反応である加水分解反応が同時に進行し，両者の**平衡**状態に達する．そのためエステルを効率よく得るためにはこの平衡を生成物側に移動させる工夫が必要である．よく行われるのはアルコールにメタノールやエタノールを溶媒として大過剰用いる方法だが，今回のポリエステルの合成のように原料の片方を過剰に用いることができない場合には，エステルと同時に生成する水を除去して平衡をエステル側に移動させる手法が有用である．反応溶媒にトルエンを用いて加熱還流すると水とトルエンは 85.0℃ で共沸する．この蒸気を凝縮させて液体に戻すと水とトルエンは 2 相に分離するから，この水だけを回収すれば，反応中に生成した水を連続的に除去して平衡を移動させることができる．このために用いられるのが **Dean-Stark トラップ**である．

Fischer エステル合成反応
(Fischer esterification)
可逆反応
(reversible reaction)
Dean-Stark トラップ
(Dean-Stark trap)
平衡
(equilibrium)

(3) 逐次重合

高分子（ポリマー）は，低分子量の**単量体**（モノマー）を多数連結することによって合成されるが，このような反応を**重合**と呼ぶ．重合反応は，ラジカルやイオンなどの活性点から連鎖的に重合が進行して一挙に高分子量のポリマーが生成する**連鎖重合**（4.9 節参照）と，1 つひとつの反応を多数繰り返して徐々に高分子量化してゆく**逐次重合**に大きく分類できる．逐次重合は官能基を 2 つもった化合物をモノマーに用いて，そのモノマー間で縮合反応や付加反応といった反応を逐次に繰り返して進行してゆくもので，モノマーどうしの縮合によって水などの小分子が脱離する重合を**重縮合**，付加反応によるため小分子の脱離がない反応を**重付加**という．

重縮合の例としてはジカルボン酸とジオールのエステル化によるポリ

高分子
(polymer)
単量体
(monomer)
重合
(polymerization)
連鎖重合
(chain-growth polymerization)
逐次重合
(step-growth polymerization)
重縮合
(polycondensation)
重付加
(polyaddition)

ポリエステル
(polyester)
ポリアミド
(polyamide)
ポリウレタン
(polyurethane)
ポリ尿素
(polyurea)

エステル（PET 樹脂など）の合成や，ジカルボン酸とジアミンのアミド化による**ポリアミド**（ナイロンなど）の合成が代表的であり，重付加としては**ポリウレタン**や**ポリ尿素**の合成が挙げられる．

逐次重合によって高分子量のポリマーを得るためには，下記の点に注意を払う必要がある．

・2 種類のモノマーの物質量が正確に一致していること．
・モノマー間の反応が十分に効率の高いものであること．
・逐次重合ポリマーの分子量は，連鎖重合と異なり徐々に上昇するものであること．

低重合体
(oligomer)

逐次重合が進行するにはラジカルなどの活性点は必要なく，すべてのモノマーがいっせいに重合反応に関与し，生じた**低重合体**（オリゴマー）は両末端にそれぞれ官能基をもつので，さらに互いに反応してしだいに高重合体となる．したがって，図 4.7.2(a) のように，反応中を通じてポリマー全体の重量はあまり変化せず，**重合度**が時間とともに徐々に増加することになる．一方，連鎖重合では，ひとたび活性点ができるとそこから一挙に高重合度のポリマーが生成するので，反応初期から量は少ないものの高い重合度のポリマーが生成する．活性点は反応中継続して発生するので，反応時間の経過に伴ってしだいにモノマーの量が減少し，高重合度のポリマーの量が増えてゆくことになる．

重合度
(degree of polymerization)

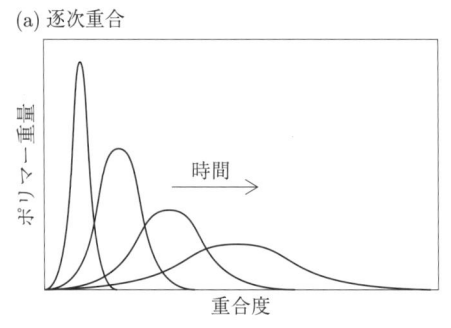

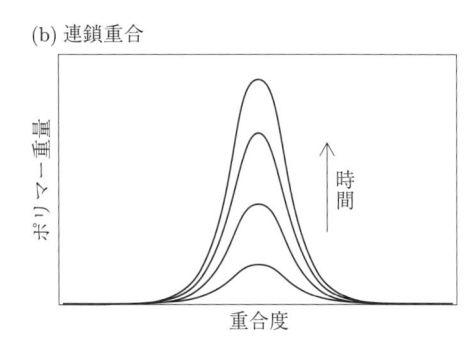

(a) 逐次重合　　　　　　　　　　(b) 連鎖重合

図 **4.7.2**　逐次重合と連鎖重合における重合度の経時変化．

3　実験の方法

(1) 実験器具と試薬

表 4.7.1 のとおり．

(2) 実験操作

1) トラップにはあらかじめトルエンを入れ，0.25, 0.5, 0.75, 1.0 mL の位置に目盛を付けておく．

100 mL ナス型フラスコにアジピン酸 15.0 mmol，1,6-ヘキサンジオール 15.0 mmol，p-トルエンスルホン酸一水和物 0.3 mmol を入れ，トルエン 30 mL を加える．沸騰石を入れ，Dean-Stark トラップ[1] と

表 4.7.1　実験器具と試薬.

品　名	数量	品　名	数量
100 mL ナス型フラスコ*	1	ラボジャッキ	1
300 mL ビーカー	1	スタンド	1
100 mL ビーカー	1	クランプ	2
Dean-Stark トラップ*	1	30 mL サンプル瓶	1
還流冷却管*	1	ろ紙	
ジョイント用クリップ	1	沸騰石	
駒込ピペット	1	アジピン酸	
ブフナー漏斗	1	1,6-ヘキサンジオール	
吸引瓶	1	p-トルエンスルホン酸一水和物	
ガラス棒	1	トルエン	
マントルヒーター	1	ヘキサン	

＊印の器具は共通テーパーすり合わせジョイント

還流冷却管[2)]を取り付けてマントルヒーターで加熱する[3)]．トラップに留出液が溜まり始めた時点から1時間還流を続ける．反応中，トラップに水が留出するのでその様子を観察する．1時間後に留出量を量り，15分後にもう一度量る．留出量が増加していれば15分間変化しなくなるまで還流を続ける．変化しなくなったら水の留出量を記録し，加熱を終了する．手で触れられる程度にまで冷めたら，反応液を200 mLのヘキサンに撹拌しながら加える（再沈殿：4.8節参照）．生じた沈殿を吸引ろ過により回収し，真空加温乾燥器で終夜真空乾燥した後，秤量して収率を求める．

△　トラップと冷却管の継手は必ずテーパージョイント用クリップで留めること．でないとフラスコを外したときトラップが落下する．

△　沸騰石を入れ忘れた場合や，途中で沸騰が止まってしまった場合，決して熱い液体に後から沸騰石を入れてはならない．必ず手で触れられる温度にまで冷ましてから入れること．

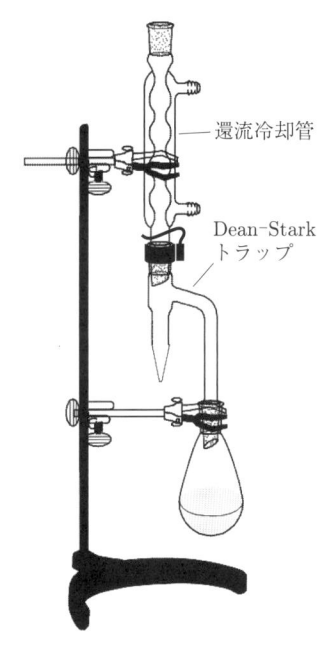

図 4.7.3　装置を組み立てるときはまずフラスコの位置を決めてクランプで固定し，そこからトラップ，冷却管と順に上に組んでいくとよい．

2) 還流した溶媒が直接フラスコに戻らないように，還流冷却管の先端の尖った側を，トラップの枝管の反対側に向ける．

3) 加熱の開始，終了は反応装置の上下で行うのではなく，ラボジャッキを用いたマントルヒーターの上下で行う．

4　結果と考察

☐ ポリエステルの収率を求めよ．逐次重合の特徴を踏まえて，この収率について考察せよ．

☐ 生成する水の量を量るのはなぜか．この水の量から何がわかるのかを考えよ．

☐ Dean-Stark トラップを用いる以外に，平衡を移動させてエステル化を進行させる方法を議論せよ．

☐ この反応にはトルエン以外にどのような溶媒が使用できるか，またそれらの溶媒の長所と短所は何かを考えよ．

(5) 再沈殿法

ポリマーの単離，精製に広く用いられる方法である．ポリマーの溶解性はモノマーと異なることが多いので，ポリマーを溶解度の高い溶媒（**良溶媒**）に溶かしておいて，これを大量の溶解度の低い溶媒（**貧溶媒**）にかき混ぜながら添加することでポリマーを沈殿させ，未反応モノマーなどを除去する．この場合，良溶媒と貧溶媒はお互いに自由に混和することが必要で，ともに低沸点であることが望ましい．

良溶媒
(good solvent)
貧溶媒
(poor solvent)

3 実験

(1) 実験器具と試薬

表 4.8.1 のとおり．

表 4.8.1 実験器具と試薬．

品 名	数量	品 名	数量
100 mL ナス型フラスコ＊	1	リービッヒ冷却管＊	1
100 mL 三角フラスコ	1	ト字管＊	1
50 mL 三角フラスコ	2	温度計（105℃ 計）	1
温度計ホルダー＊	1	スタンド	2
アダプター＊	1	クランプ	2
ジョイント用クリップ	2	沸騰石	
マントルヒーター	1	メタクリル酸メチル	
ラボジャッキ	1		

＊印の器具は共通テーパーすり合わせジョイント

(2) 実験操作

100 mL ナス型フラスコにメタクリル酸メチル約 50 mL と沸騰石を入れ，蒸留装置を組み立てる．マントルヒーターで徐々に加熱し，沸騰が始まったら時刻と温度の記録を始める[1]．加熱を続けるとしだいに還流の先端が上昇してきて，これが枝管に達すると温度が急速に上昇し，留出が始まる[2]．留出温度がメタクリル酸メチルの沸点に近づくまでは初留として 50 mL のフラスコに受ける．温度が沸点に近づいて安定したら[3]，受器を 100 mL のフラスコに替え，これを本留として回収する．温度が再び上昇を始めるか，留出が遅くなって温度が下がり始める，あるいは蒸留フラスコ内の残分が少なくなったら[4]，受器を 2 本目の 50 mL フラスコに替え，マントルヒーターを下げて蒸留を終了する．本留のフラスコはゴム栓などで蓋をして冷暗所で保存する．

⚠ メタクリル酸メチルは悪臭がするので気を付けること．また，蒸留したメタクリル酸メチルは熱などで容易に重合してしまうので，なるべく早く次の実験に使用すること．

1) 温度は 5 分おきに記録する．それとは別に，還流の先端が温度計に達したとき，初留が留出しはじめたとき，本留の回収を始めたときと終えたときの時刻と温度も記録しておくこと．
2) 留出が速すぎないように加熱を調節すること．1〜2 秒に 1 滴程度の留出速度が好ましい．
3) 本留の留出温度は様々な理由から，必ずしもメタクリル酸メチルの沸点に一致するとは限らないが，温度の変動はおおむね 1℃ 以内におさまり，安定して留出する．
4) 蒸留フラスコは空にしないこと．

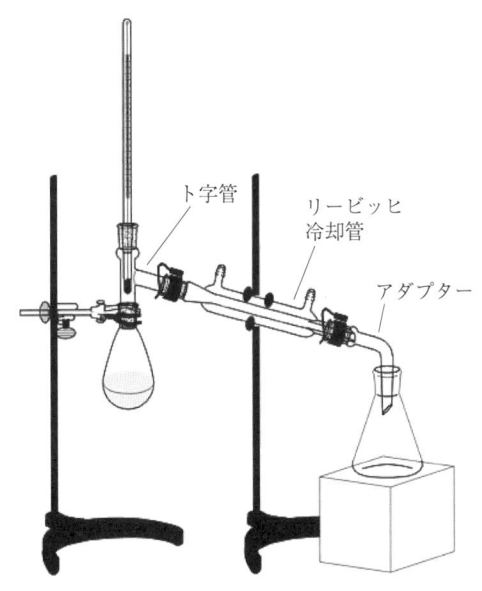

図 4.8.1 単蒸留装置.

- 装置を組み立てるときはまずフラスコの位置を決めてクランプで固定し，そこからト字管，冷却管，アダプターと順に組んでいくとよい（図 4.8.1）．ト字管と冷却管，冷却管とアダプターの継手は必ずクリップで留めること．また，温度計の球部の位置は，枝管の下端に合わせること．
- 蒸留中は，受器の口はアルミ箔で覆っておく．
- ⚠ 沸騰石を入れ忘れた場合や，途中で沸騰が止まってしまった場合，決して熱い液体に後から沸騰石を入れてはならない．必ず手で触れられる温度にまで冷ましてから入れること．

4 結果と考察

- □ 回収率（仕込み量に対する本留の割合）を計算せよ．少ない場合，何が原因であると考えられるか．
- □ 初留で流出したものは何だと考えられるか．
- □ 本留の留出温度が沸点と一致しなかったとすれば，考えられる理由は何か，議論せよ．
- □ 留出速度が速すぎてはいけない理由は何か．また蒸留フラスコを空にしてはいけない理由は何か．
- □ 単蒸留では沸点の近い物質を分離することは難しい．その理由は何か．その場合はどうしたら分離できるか，議論せよ．
- □ 温度変化の記録から読み取れることを考察せよ．

4.9 ポリメタクリル酸メチルの合成
――ラジカル連鎖反応と連鎖重合

1 実験の目的

不飽和化合物をモノマーとする付加重合は，イオンやラジカルといった活性種により連鎖的に進行する連鎖重合である．ポリエチレン，ポリプロピレン，ポリスチレン，ポリ塩化ビニルといった多くの身近なポリマーがこの連鎖重合で製造されており，その反応速度論はよく研究されている．この実験では，メタクリル酸メチルのラジカル連鎖重合を行い，その重合挙動を反応速度論に基づいて考察する．

Methyl methacrylate Poly(methyl methacrylate)

2 実験の背景

連鎖重合は反応中にラジカルやイオンといった活性種が発生し，これが連鎖伝達体として反応を連鎖的に進行させるもので，二重結合へのラジカルの付加によって進行するものを**ラジカル連鎖重合**という．

ラジカル連鎖重合
(radical polymerization)
開始剤
(initiator)
開始ラジカル
(initiating radical)

ラジカル重合は，まず**開始剤**からのラジカル（**開始ラジカル**）の発生によって開始する．開始剤には，熱や光で分解してラジカルを発生しやすい過酸化物やアゾ化合物がよく用いられる．

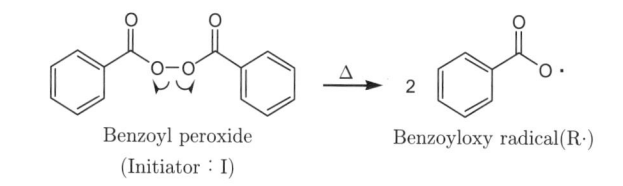

Benzoyl peroxide Benzoyloxy radical(R·)
(Initiator：I)

ここで開始剤の分解は反応初期だけに起こるのではなく，反応中常に継続して起こっていることに注意が必要である．次に発生した開始ラジカルがモノマーであるメタクリル酸メチルの炭素–炭素二重結合に付加すると，3級炭素にラジカルが移動する．

R· Methyl methacrylate   R–M·
    (Monomer：M)   (≡ Propagating radical：P·)

4.9 ポリメタクリル酸メチルの合成　119

　これを**成長ラジカル**と呼び，これ以降はこの成長ラジカルにモノマーがつぎつぎと付加してゆくことでポリマーが成長してゆく．

成長ラジカル
(propagating radical)

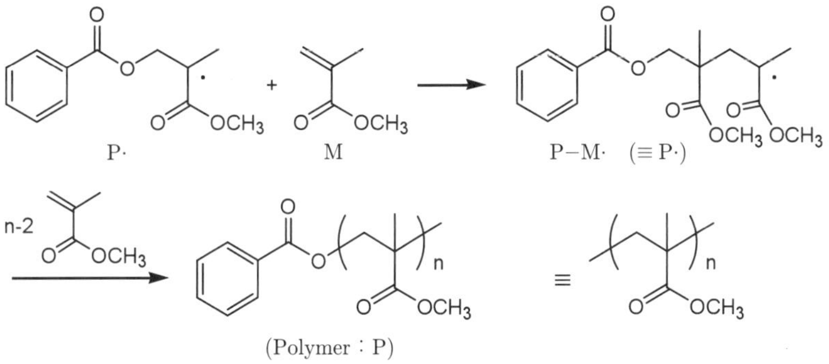

[反応式図]

　開始剤を I，モノマーを M，ポリマーを P，開始ラジカルを R・，成長ラジカルを P・で表すと，ラジカル重合は図 4.9.1 のように表すことができる．

	反応		反応速度
開始反応	I $\xrightarrow{k_d}$ 2R・		R_d
	R・+ M $\xrightarrow{k_i}$ R-M・ (≡P・)		R_i
成長反応	P・+ M $\xrightarrow{k_p}$ P-M・ (≡P・)		R_p
停止反応	2P・ $\xrightarrow{k_{tc}}$ P ; $\xrightarrow{k_{td}}$ 2P		R_t
移動反応	P・+ A $\xrightarrow{k_{tr}}$ P + A・		R_{tr}

図 4.9.1　ラジカル重合の反応機構．

　開始反応は開始剤から開始ラジカルが発生して最初のモノマーに付加し，成長ラジカルができるまで，**成長反応**は成長ラジカルにモノマーがつぎつぎと付加して高分子量のポリマーが成長してゆく過程，**停止反応**は成長ラジカルどうしが出会って反応が停止する反応，**移動反応**は成長ラジカルがモノマー，開始剤，溶媒など（A で示した）と反応してラジカルが他の分子に移動する反応である．これら 4 つの反応を**素反応**と呼ぶ．R および k は各素反応の反応速度ならびに反応速度定数である．

開始反応
(initiation)
成長反応
(propagation)
停止反応
(termination)
移動反応
(chain transfer)
素反応
(elementary reaction)

　さて，ラジカル重合において，次の 4 つの仮定はおおむね正しいことが認められている．
・成長反応の速度定数 k_p は，成長ラジカルの大きさに関係なくほぼ一定である．

定常状態
(steady state)

・成長ラジカルの生成速度と停止速度は等しい．すなわち反応系中のラジカル濃度は一定である（これを**定常状態**という）．
・ポリマーの重合度は非常に大きく，ほとんどすべてのモノマーは成長反応によって消費される．
・移動反応が起こっても反応速度は低下しない．

これらの仮定に基づくと，ラジカル重合の反応速度は以下のように書き表すことができる．

開始剤効率
(initiator efficiency)

開始ラジカル R· は重合以外でも消費されるので，重合開始に使われる R· の割合 f（**開始剤効率**）を考慮すると，R· の生成速度は $2R_d f$ で表され，また成長ラジカルの場合と同様にこれは R· が消費される速度である開始速度 R_i と等しいと考えられるから，

$$R_i = 2R_d f = 2k_d f [\text{I}]$$

となり，また，定常状態の仮定より，

$$\frac{d[\text{P·}]}{d_t} = R_i - R_t = R_i - k_t[\text{P·}]^2 = 0$$

であるから，反応系中のラジカル濃度は，

$$[\text{P·}] = \left(\frac{R_i}{k_t}\right)^{1/2}$$

となるので，重合反応速度 R_p，すなわち成長反応によるモノマーの減少速度は，

$$R_p = -\frac{d[\text{M}]}{d_t} = k_p[\text{M}][\text{P·}] = k_p\left(\frac{R_i}{k_t}\right)^{1/2}[\text{M}] = k_p\left(\frac{2k_d f}{k_t}\right)^{1/2}[\text{I}]^{1/2}[\text{M}]$$

と表すことができる．つまりラジカル重合の重合反応速度は，開始剤濃度の 1/2 乗に，そしてモノマー濃度の 1 乗に比例することがわかる．

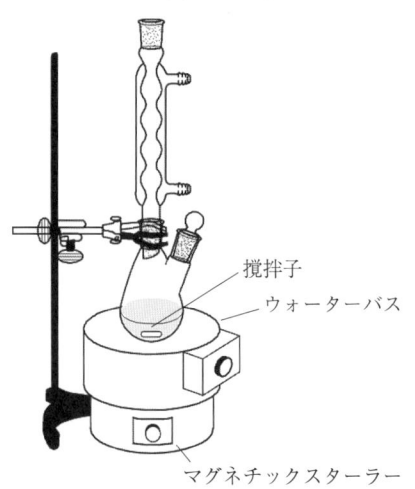

図 4.9.2 重合反応装置．

3 実験

(1) 実験器具と試薬

表 4.9.1 のとおり．

表 **4.9.1** 実験器具と試薬．

品　　名	数量	品　　名	数量
100 mL 二口ナスフラスコ	1	アスピレーター	1
10 mL 三角フラスコ	1	吸引瓶	1
300 mL ビーカー	1	5 mL サンプル瓶	5
100 mL ビーカー	2	使い捨てアルミカップ	1
還流冷却管	1	スタンド	2
平栓	1	クランプ	1
駒込ピペット	1	ろ紙	1
撹拌子	1	メタクリル酸メチル	
マグネチックスターラー	1	（蒸留したもの）	
ウォーターバス	1	過酸化ベンゾイル	
温度計（100℃）	1	酢酸エチル	
ブフナー漏斗	1	メタノール	

(2) 実験操作

(i) ポリメタクリル酸メチルの合成（図 4.9.2）

100 mL 二口ナスフラスコに蒸留したメタクリル酸メチル 15 g と酢酸エチル 28 mL および撹拌子を入れる．還流冷却管と平栓を取り付け，撹拌しつつ 80℃ のウォーターバスで加熱する．10 mL 三角フラスコに過酸化ベンゾイル 0.2 g を量り取り，酢酸エチル 2 mL を入れて溶解させておく．反応フラスコの還流が始まったら，過酸化ベンゾイル溶液を駒込ピペットを用いて側管から一気に加える．この時点を反応開始とし，そのまま 1.5 時間還流を続ける．反応途中に 4 回，反応終了時に 1 回の計 5 回，反応溶液をサンプリングする．反応終了後，駒込ピペットを用いて反応溶液を 200 mL のメタノールに撹拌しながら加える（再沈殿）．生じた沈殿を吸引ろ過により回収し，あらかじめ秤量したアルミカップに入れて真空加温乾燥器で終夜真空乾燥した後，秤量して収率を求める．

(ii) サンプリング

あらかじめサンプル瓶の蓋と瓶に番号を振り，精秤しておく．所定の時刻に達したら，側管から駒込ピペットを用いて反応溶液 0.1～0.2 g をサンプル瓶に素早く採取し，ただちに蓋をして精秤し，反応溶液重量を求める．サンプリングに使用した駒込ピペットはその都度すみやかにアセトンで洗浄し，アスピレーターで減圧乾燥しておくこと．反応終了後，各サンプル瓶は蓋をはずして終夜真空乾燥する．乾燥後のサンプル

くことにより，棒グラフが回数とともになめらかな曲線に漸近する様子がわかる．

(4) 理論線との比較

(i) ベクトル図に対応する理論曲線

ボンド長 b，その数 n の二次元（平面上）のランダム鎖の一端 A を原点に固定したとき他端 B の位置ベクトルの x（または y）成分が x と $x + dx$（y と $y + dy$）の間にある確率 $P(\boldsymbol{R}_x)d\boldsymbol{R}_x$（または $P(\boldsymbol{R}_y)d\boldsymbol{R}_y$）は，鎖の統計的計算の結果，それぞれ次式で表すことができる．

$$P(\boldsymbol{R}_x)d\boldsymbol{R}_x = \frac{1}{\sqrt{\pi nb^2}}e^{-R_x^2/nb^2}d\boldsymbol{R}_x \qquad (4.10.2)$$

$$P(\boldsymbol{R}_y)d\boldsymbol{R}_y = \frac{1}{\sqrt{\pi nb^2}}e^{-R_y^2/nb^2}d\boldsymbol{R}_y \qquad (4.10.3)$$

ゆえに③の実験で投上げ全回数を N としたとき，x cm と $x + dx$ cm の範囲に現れる頻度は次式で求められる．

$$頻度 = NP(\boldsymbol{R}_x)d\boldsymbol{R}_x = \frac{N}{\sqrt{\pi nb^2}}e^{-R_x^2/nb^2}d\boldsymbol{R}_x \qquad (4.10.4)$$

y についても同様に

$$頻度 = NP(\boldsymbol{R}_y)d\boldsymbol{R}_y = \frac{N}{\sqrt{\pi nb^2}}e^{-R_y^2/nb^2}d\boldsymbol{R}_y \qquad (4.10.5)$$

この式に従って，いくつかの理論値を求め，2 枚の頻度棒グラフに理論曲線を重ね描き，実験と比較する．上の諸式はガウス曲線を示すから，このようなランダム鎖を**ガウス鎖**と呼ぶ．コポリマーのときは，nb^2 の代わりに次式を用いる．

ガウス鎖
(Gaussian chain)

$$nb^2 = n_1 b_1^2 + n_2 b_2^2 \qquad (4.10.6)$$

クリップのセロハンテープの巻かれていない部分は，隣のクリップが動くことができる空間となるので，クリップの長さが一定とは見なせない．そこで，最大，平均，最小のクリップの長さとして $b_{\max}, b_{\mathrm{av}}, b_{\min}$ をとって，これら 3 種の場合を試みる．

(ii) スカラー図に対応する理論曲線

ボンド長 b，その数 n の二次元ランダム鎖の両端距離が，その方向には無関係に R と $R + dR$ の間に現れる確率 $p(R)dR$ は式 (4.10.2) および式 (4.10.3) の積を求め，dR_x, dR_y の代わりに $2\pi RdR$ なる環状の範囲を用いればよい．

$$p(R)dR = \frac{1}{\pi nb^2}e^{-R^2/nb^2}2\pi RdR \qquad (4.10.7)$$

したがって，頻度の理論値は，

$$\text{頻度} = Np(R)dR = \frac{N}{\pi n b^2} e^{-R^2/nb^2} 2\pi R dR \qquad (4.10.8)$$

(iii) $\langle R^2 \rangle_{\text{obs}}$ に対する理論値

R^2 を前記の式で平均すればよい（添字 0 はランダムコイルの意）．

$$\langle R^2 \rangle_{0,\text{calc}} = \int_0^\infty \frac{R^2}{\pi n b^2} e^{-R^2/nb^2} 2\pi R dR \qquad (4.10.9)$$

$$= nb^2 \qquad (4.10.10)$$

ここでは実験に対応させるため確率式（分布関数）を用いたが，分布関数不明でも次のようにベクトル和として求められる．

$$\langle R^2 \rangle_{0,\text{calc}} \left\langle \left(\sum_{i=1}^n \boldsymbol{b}_i \right)^2 \right\rangle = \sum_{i=1}^n \sum_{j=1}^n \langle \boldsymbol{b}_i \boldsymbol{b}_j \rangle = nb^2 \qquad (4.10.11)$$

(iv) $R_{\text{max,obs}}$ に対応する理論値

式 (4.10.8) を R で微分して 0 とおけば求まる．

$$R_{\text{max,calc}} = \sqrt{\frac{nb^2}{2}} \qquad (4.10.12)$$

4 結果と考察

(1) ベクトル $\boldsymbol{R}_x$ 成分の頻度図を作成する．
(2) ベクトル $\boldsymbol{R}_y$ 成分の頻度図を作成する．
(3) 鎖両端間距離頻度図（スカラー図）を作成する．
　① (1) のグラフに式 (4.10.4) から求めた理論曲線を描く．
　② (2) のグラフに式 (4.10.5) から求めた理論曲線を描く．
　③ (3) のグラフに式 (4.10.8) から求めた理論曲線を描く．
　④ (3) のグラフから $R_{\text{max,obs}}$ を求める．
　⑤ (3) のグラフから $\langle R^2 \rangle_{\text{obs}}$ を計算する．
(4) $R_{\text{max,calc}}$ を計算して，$\langle R^2 \rangle_{\text{obs}}$ と比較する．
(5) $\langle R^2 \rangle_{0,\text{calc}}$ を計算して $\langle R^2 \rangle_{\text{obs}}$ と比較する．
(6) 時間に余裕があるときは b の値として前記 $b_{\text{min}}, b_{\text{av}}, b_{\text{max}}$ などにつき (3) ①〜③，(4)，(5) の計算を行い，どれが最適かを調べる．

5 参考文献

[1] 和田英一：高分子, 1970, **19**, p.1099.

4.11 高分子希薄溶液の粘性

1 実験の目的

試料としてポリスチレン（PS）を用い，これの各種溶媒・温度における固有粘度 $[\eta]$ を毛細管粘度計を用いて測定し，得られた固有粘度から試料高分子の分子量 M を推定するとともに，$[\eta]$ の溶媒・温度の違いによる高分子の広がりについて考察する．

毛細管粘度計
(capillary tube viscometer)

2 実験の背景

高分子希薄溶液の粘性率（略して粘度）は，実験が簡単なわりに比較的精度高く求められ，最も古くから研究されたものの1つである．現在でも分子量の目安を得るのに最も簡便な方法であり広く用いられている．近年，理想配位における分子の大きさや排除体積と粘度との関係も明らかになり，高分子溶液物性としては第一に重要なものである．

高分子溶液の粘度 η は，その濃度 C によって変化する，電解質溶液以外では，あまり C の大きくない範囲で粘度は次のような展開式で表すことができる．

$$\eta = \eta_0(1 + k_1 C + k_2 C^2 + \cdots) \tag{4.11.1}$$

相対粘度
(relative viscosity)

η_0 は溶媒の粘度を示し，$\eta/\eta_0 = \eta_r$ を**相対粘度**，$\eta_{\mathrm{SP}} = \eta_r - 1$ を比粘度という．後者は高分子を加えたための溶液粘度の増加率を意味し，式 (4.11.1) から

$$\eta_{\mathrm{SP}}/C = k_1 + k_2 C + \cdots \tag{4.11.2}$$

となる．ゆえに，C の係数 k_1 は式 (4.11.3) で示されるとおり，$[\eta]$ に等しい．また Huggins によれば，$k_2 = k'[\eta]^2$ とおくことができ，k' は同族高分子の系列では溶媒を決めるとおおよそ一定の値になることが知られている．

$$k_1 = \lim_{C \to 0} \frac{\eta_{\mathrm{SP}}}{C} = [\eta] \tag{4.11.3}$$

$[\eta]$ は他の分子の相互作用が無視し得る状態のもとで1個の高分子の存在による粘性増加を与えるものであり，したがってその高分子1分子固有の特性を表すものである．また η_{SP}/C を還元粘度と通称する．

還元粘度
(reduced viscosity)

上記の相対粘度，**還元粘度**，固有粘度などは，すべて粘度と異なる次元をもつものであるから，これらの通称は不合理であるとの見地から

IUPAC はこれらの代わりに，表 4.11.1 の II の名称を勧告している[1]．

高分子溶液は典型的非ニュートン流体であるから η．したがって $[\eta]$ は測定時のずり速度 $\dot{\gamma}$ の大小にも関係する．このため $[\eta]$ の値を表示するときは溶媒温度を明示するばかりでなく，この非ニュートン性が無視できない場合は測定時の $\dot{\gamma}$ の値も併記しないと，あいまいになる恐れがある．しかし分子量数十万以下，濃度 1% 以下の溶液を用いている限り非ニュートン性による粘度低下はわずかであり，実験精度上ニュートン流体とみなせるから，ここでは $\dot{\gamma}$ の影響は調べることなしに得られた結果をただちに $\dot{\gamma} = 0$ における値とみなすこととする．

表 4.11.1 溶液粘度に関する諸量の記号および名称．

定義	記号	名称 I（慣用名称）	名称 II（IUPAC 勧告名称）
η/η_0	η_r	relative viscosity 相対粘度	viscosity ratio 粘度比
$(\eta - \eta_0)/\eta_0$	η_{SP}	specific viscosity 比粘度	relative viscosity increment
$(\eta - \eta_0)/\eta_0 C$	η_{SP}/C	reduced viscosity 還元粘度	viscosity number 粘度数
$\{\ln(\eta/\eta_0)\}/C$	$(\ln \eta_r)/C$	inherent viscosity	logrithmic viscosity 対数粘度数
$\{(\eta - \eta_0)/\eta_0 C\}_{C \to 0}$ $[\{\ln(\eta/\eta_0)\}/C]_{C \to 0}$	$[\eta]$	intrinsic viscosity 固有粘度 極限粘度	limiting viscosity number 対数粘度数
濃度の単位		g/100 mL	g/mL

本実験の目的は $[\eta]$ を得ることにあるから，溶液の粘度そのものは必要なく，η_r がわかれば十分である．以下，溶液，溶媒ともニュートン流体とみなせるときの η_r の式を求める[2,3]．

S を半径 R の毛管壁におけるずり応力，p_e を有効圧力，L を毛管長とすると，液柱の表面における力のつり合いから $2\pi RLS = \pi R^2 p_e$，ゆえに $S = p_e R/2L$，またニュートン流体とするから $\dot{\gamma} = 4V/\pi R^3 t$，ただし V は時間 t 秒間の流量である．

$$\eta_r = \frac{\eta_s}{\eta_0} = \frac{S_s/\dot{\gamma}_s}{S_0/\dot{\gamma}_0} = \frac{p_{cS} t_s}{p_{e0} t_0} \tag{4.11.4}$$

加えられた圧力 p は，粘性に対応する有効圧力 p_e と，粘性に無関係に管外に飛びだす液の運動エネルギーに対応する p_k とに分かれるから，この運動エネルギーの補正を必要とする．その結果，

$$p = p_e + p_k = \frac{8\eta LV}{\pi R^4 t} + \frac{m\rho V^2}{\pi^2 R^4 t^2} \tag{4.11.5}$$

となる．ただし ρ は液の密度であり，添え字 s は溶液を意味する．

ニュートン流体
(Newtonian fluid)

$[\eta]$ の絶対値の場合は，
$$\eta/\rho = C_1 t - C_2/t,$$
ただし
$$C_1 = \pi R^4 g\langle h\rangle/8LV,$$
$$C_2 = mV/8\pi L$$
の式を用い，C_1, C_2 の値を 2 種の粘度既知の標準粘度液で決定したのち，試料の密度 ρ と流下時間 t を測定すればよい．

式 (4.11.4) は

$$\eta_r = \frac{t_s}{t_0} \frac{(p_s - p_{ks})}{(p_s - p_{k0})} = \frac{t_s p_s (1 - p_{ks}/p_s)}{t_0 p_0 (1 - p_{k0}/p_0)} \tag{4.11.6}$$

となり，$p_{ks}/p_s \ll 1, p_{k0}/p_0 \ll 1$ ならば

$$\eta_r = \frac{t_s}{t_0} \frac{p_s}{p_0} \left(1 - \frac{p_{ks}}{p_s} + \frac{p_{k0}}{p_0} + \cdots \right) \tag{4.11.7}$$

となる．溶液と溶媒の平均有効落差 h はほとんど等しいものとし，また次の補正項の中では，希薄溶液，溶媒の密度は等しいとしても結果的には誤差以内の影響しか与えないから，式 (4.11.7) は

$$\begin{aligned}\eta_r &= \frac{t_s}{t_0} \frac{\rho_s}{\rho_0} \left(1 + \frac{p_{k0} - p_{ks}}{p}\right) \\ &= \frac{t_s}{t_0} \frac{\rho_s}{\rho_0} \left[1 + \frac{mV^2}{\pi^2 R^4 g \langle h \rangle} \left(\frac{1}{t_0^2} - \frac{1}{t_s^2}\right)\right] \\ &\simeq \frac{t_s}{t_0} \end{aligned} \tag{4.11.8}$$

となる．

t_s, t_0 はそれぞれ毛管粘度計を用い溶液，溶媒の標線の流下時間をストップウォッチで測定して求める．V（標線間の体積）および $\langle h \rangle$（平均落差）は概測でよい．また $m \approx 1$ とする．式 (4.11.8) 右辺第 2 項がいわゆる運動エネルギー補正項であり，粘度計設計に当たりこの項が 0 になるようにしておくと便利であるが，必ずしもそうでないから計算を要する．

3 実験の方法

(1) 実験装置と器具

表 4.11.2 のとおり．

表 4.11.2 実験器具と試薬．

品　名	数量	品　名	数量
恒温水槽	1	ウベローデ粘度計	1
マイクロピペット	1	三角フラスコ（コルク栓付）	2
ストップウォッチ	1		

本実験ではウベローデ（Ubbelohde）型毛管粘度計を用いる．参考のため JIS-Z8803-2011 に決められたものを図 4.11.1 に示す．ウベローデ粘度計では流下に際して働く有効落差が液の採取量に関係しないので試料を一定量に決める必要はなく，適当量の試料を粘度計内に入れ，測時球 C 内（標線 E と F との間の体積）の試料が毛細管 R を通って流下する時間を測定し，粘度を求める．

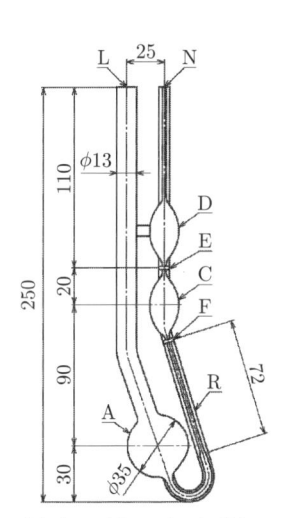

(a) キャノン-フェンスケ粘度計の形状

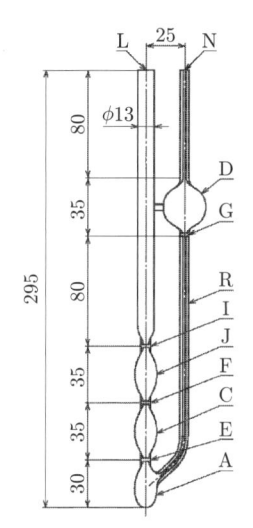

(b) キャノン-フェンスケ不透明液用粘度計の形状

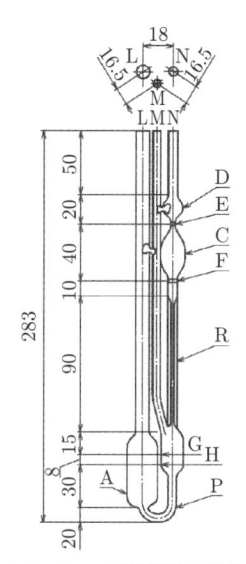

(c) ウベローデ粘度計の形状

図 4.11.1 粘度計の形状.

（2） 実験操作

① 粘度計およびガラス器具は用いる溶媒で洗浄し（水の使用不可）アスピレーターで乾燥する．

② 粘度計に 10 mL の溶媒を入れ，溶媒の流下時間 t_0 を少なくとも 5 回測定する．

③ 各濃度の試料溶液の流下時間 t_s を測定する．1% 以下の少なくとも 4 濃度以上の溶液を測定する．原液の場合を除き，各溶液濃度は，指定された濃度になるよう，粘度計に溶媒を追加し，撹拌してから測定する．各溶液とも少なくとも 5 回測定を行う．

（3） データ解析

① データを系統的に整理した表を作成し，$\eta_r, \eta_{SP}, \eta_{SP}/C, (\ln \eta_r)/C$ を計算する．それぞれについて最大誤差を見積もる．

② η_{SP}/C を縦軸，C を横軸にとり式 (4.11.2) のプロットを行い，縦軸の切片から $[\eta]$ を求める．

③ 次の Mead-Fuoss の実験式

$$\frac{(\ln \eta_r)}{C} = [\eta] - k''[\eta]^2 C \qquad (4.11.9)$$

を利用して，②の図に，$(\ln \eta_r)/C$ を C に対してプロットして同じく $[\eta]$ を求める．

④ 鎖状高分子の $[\eta]$ は分子量 M と次式の関係

$$[\eta] = KM^a \qquad (4.11.10)$$

があることが知られている（Mark-Houwink-Sakurada の式）．ここで K, a の値は分子量に依存せず高分子の性質，溶媒，温度に依存する定数である．これまでに多くの高分子-溶媒系の K, a が求められている（表 4.11.3）[4]．式 (4.11.10) から M を推定せよ．式 (4.11.10) が得られたときの校正試料と現在測定しようとする未知試料が，それぞれ均一分子量をもつものであれば問題ない．しかし，通常はいずれも未知の分子量分布をもっているから，得られた分子量はある種の平均分子量であり，その意味はこれだけでは不明である．したがって得られた分子量には，自分の使用した K, a の値およびそれが得られたときの分子量測定法（浸透圧法，光散乱法など）を付記する．

表 4.11.3 高分子-溶媒系の K と a．

試料	温度 (℃)	$K \times 10^3$ (cm^3/g)	a	分子量範囲 $M \times 10^{-4}$	測定方法*
PS-C$_6$H$_{12}$	34.5	85	0.5	0.04～150	LS
PS-C$_6$H$_6$	30	8.5	0.75	2.5 ～150	VOS
PS-C$_6$H$_5$CH$_3$	30	11.0	0.725	8 ～ 85	OS
PS-C$_6$H$_6$	34	9.8	0.737	8 ～ 85	DV
PS-C$_6$H$_5$CH$_3$	35	12.9	0.71	5 ～100	LS

*測定方法 LS：光散乱法，VOS：蒸気圧オスモメトリー法，OS：浸透圧法，DV：拡散および粘度法

⑤ Stockmayer と Fixman により，いわゆる素ぬけ効果が無視できる場合，すべての溶媒について成り立つ次の二定数粘度式が提出されている．

$$[\eta]/M^{1/2} = \Phi_0 A^3 + 0.51\Phi_0 B M^{1/2} \qquad (4.11.11)$$

ここで，A, B はそれぞれ短距離相互作用，長距離相互作用（排除体積効果）を表すパラメーターで，Φ_0 は溶媒によらずほぼ一定であり，実験的に求められた値 [5] は $(2.55 \pm 0.1) \times 10^{23}$ mol^{-1} である．式 (4.11.11) を用い M の値を求める．なお，溶媒をシクロヘキサンとすると，34.5℃ は Θ 温度であるので，当然ながら $B = 0$ である．

4 結果と考察

以下の計算に必要な数値は次のとおり．

$A = 0.698 \times 10^{-8}$ cm g$^{-1/2}$ mol$^{1/2}$ (Polystyrene : PS)

$B = 1.48 \times 10^{-27}$ cm^3 g^{-2} mol^2 (PS-Benzene) : 30℃

$B = 1.43 \times 10^{-27}$ cm^3 g^{-2} mol^2 (PS-Toluene) : 25℃

☐ $[\eta]$ の値を求める．
 ・式 (4.11.2) のプロットを示し $[\eta]$ を求める．
 ・式 (4.11.9) のプロットを示し $[\eta]$ を求める．

☐ 実測 $[\eta]$ の値から下記の分子定数を求める．
 ・式 (4.11.10) に従い M を求める．
 ・式 (4.11.11) に従い M を求める．

☐ 同一試料で溶媒・温度の異なる実験の $[\eta]$ を比較し考察する．

5 参考文献

[1] International Union of Pure and Applied Chemistry: *J. Polym. Sci.*, 1952, **8**, p.257.

[2] 栗田公夫，和田英一：『高分子実験学 第 9 巻 力学的性質 I』共立出版，1982，3 章．

[3] 三宅康博：『高分子実験学 第 11 巻，高分子溶液』共立出版，1982，4 章および 5 章．

[4] J. Brandrup, E. H. Immergut and E. A. Grulke (Eds.): "Polymer Handbook 4th ed.", John Wiley & Sons, 1999.

[5] Y. Miyaki, Y. Einaga and H. Fujita: *Macromolecules*, 1980, **13**, p.588.

アンスと呼ぶにふさわしく，外力を去ればただちに復元する部分で瞬間弾性率の逆数に相当する．

第3項 $(t/\eta)S_0$ はニュートン流動に基づき，時間に比例して流動する部分であり，外力を取り去っても復元しない．第2項は時間的にあとをひきながら変形し，外力を去るとゆっくり復元する部分で高分子材料の変形の時間的経過の特殊性を示し，次に述べる遅延時間を内蔵している．ϕ をクリープ関数，まれに遅延関数と呼び（これは前記の J_g と異なり緩和弾性率の単なる逆数でない），この関数は $\phi(0) = 0$ から $\phi(\infty) = 1$ まで単調に増加する関数であるから，次の一般的形式で表示することができるはずである．

$$\phi(t) = \int_0^\infty l(\lambda)(1 - e^{-t/\lambda})d\lambda \tag{4.13.3}$$

すなわち，$l(\lambda)$ なる関数の形を，その材料に従って適当に定めることにより式 (4.13.3) と実験曲線とを合わせることができるはずである．便宜上 $l(\lambda)$ の代わりに $L(\ln \lambda)$ で表すこともある．

式 (4.13.3) から明らかなように，この関数は $(1 - e^{-t/\lambda})$ の形で変形する機構の分布を示しているものであり，この物質の遅延スペクトルまたは遅延時間分布関数と呼ぶ．クリープ実験の目標は，まさにこの L を求めることであるともいえるが，この L の全貌を得るには，すべての機構が測定にかかるような広い時間範囲の実験が必要なことは上述のことから明らかである．ここでは実験時間の制約のため，第一に小範囲のモデル実験により式 (4.13.1) に示された3つの部分のうち J_g は多くの場合小さすぎて観測にかからないので，実際には第2項と第3項を分離することを実験し，第二に上記の一般的遅延時間スペクトルを求める代わりに，本観測時間で得られる遅延時間 λ を求める．

3 実験の方法

(1) 実験装置と器具

表 4.13.1 のとおり．

表 4.13.1 実験装置と試料．

品　名	数量	品　名	数量
ポリ酢酸ビニル （幅 5 mm，長さ 12 cm， 厚み 0.5 mm）	1	クリープ測定器 ストップウォッチ	1 1

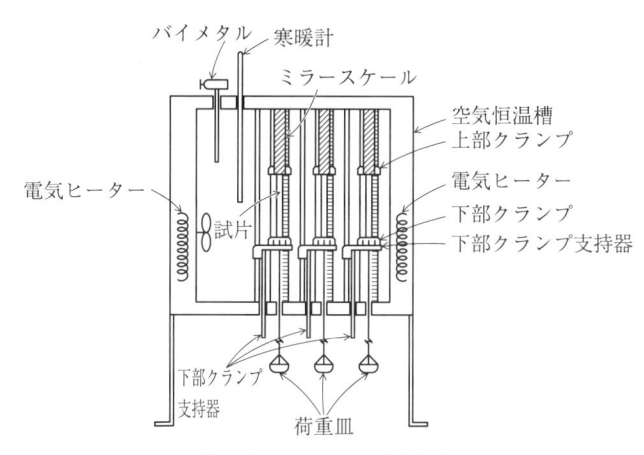

図 **4.13.2** クリープ測定器.

(2) 実験操作

① 試料片の断面積を測定する．標線 (A, B) を記入する．

② 温度および荷重を設定する．温度は一般にガラス温度 T_g より 10℃ くらい高温で試みる．

③ 試料片を上下クランプにはさみこむ．

④ 試料が測定温度になったら，標線 (A, B) の位置を時間 0 として記入し，クリップと荷重をのせる．

⑤ 伸長後の標線 (A', B') を時間 t に対して記入し，$\gamma(t)$ および $J(t)$ を計算し，それらの間の関係を表すグラフを作成する（図 4.13.3）．

$$\gamma(t) = (A'B' - AB)/AB \tag{4.13.4}$$

$$J(t) = \frac{\gamma(t)}{S_0} \tag{4.13.5}$$

$\gamma(t)$ は 10% を越えないように注意する．

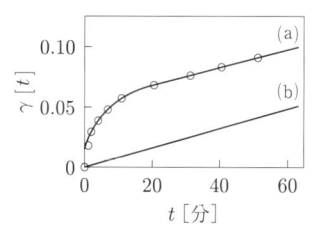

図 **4.13.3** $\gamma(t)$ の時間依存性.

(3) データ解析

(i) 単一遅延の場合

$$\gamma(t) = \left[J_g + (J_e - J_g)(1 - e^{-t/\lambda}) + \frac{t}{\eta}\right] S_0 \tag{4.13.6}$$

この場合，右辺第 1 項は観測しにくいから 0 としてよい（$J_g = 0$）．

$$\gamma(t) = \left[J_e(1 - e^{-t/\lambda}) + \frac{t}{\eta}\right] S_0 \tag{4.13.7}$$

ここで，$\gamma_\infty = J_e S_0$ とおくと

$$\gamma(t) = \gamma_\infty(1 - e^{-t/\lambda}) + \frac{t}{\eta} S_0 \tag{4.13.8}$$

となる．

$$\phi(t) = 1 - \exp(-Kt^4) = 1 - \exp(-Kt^n) \quad (4.15.15)$$

と書くことができる．これをアブラミ（Avrami）式，n をアブラミ指数と呼ぶ．

同様な解析を不均一核生成で行うと（結晶開始後の時刻 t によらず球晶の数 N は一定であるので），

$$\phi(t) = \frac{4\pi}{3}N(Gt)^3 = K't^3 \quad (4.15.16)$$

となる．ただし，

$$K' = \frac{4\pi}{3}NG^3 \quad (4.15.17)$$

である．これをアブラミの式の形で書けば，指数 n は 3 になる．同様に，結晶が二次元的または円板状に成長し，均一核生成の場合はその指数は 3 になる．いろいろな場合についての指数は，表 4.15.1 のようになり，アブラミ指数から系の核生成と成長の機構を推定することができる．

表 4.15.1 核生成と成長の機構とアブラミ指数 n．

成長様式	均一核生成	不均一核生成
三次元的（球晶）	4	3
二次元的（円板状）	3	2
一次元的（繊維状）	2	1

アブラミ指数 n を求めるためには，式 (4.15.15) を書き直した次式

$$1 - \phi(t) = \exp(-Kt^n) \quad (4.15.18)$$

から求めればよいが，結晶化度は必ずしも 100% に達しないので，実験的には次式から求められる．ただし近似式であるので，t の小さいところで求めなければならない．

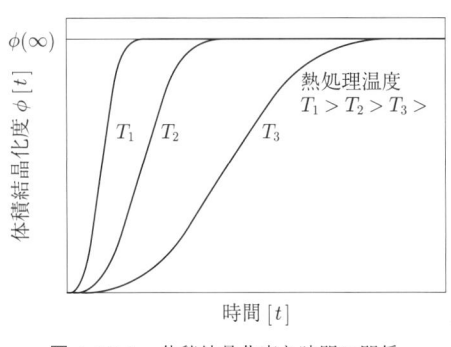

図 4.15.1 体積結晶化度と時間の関係．

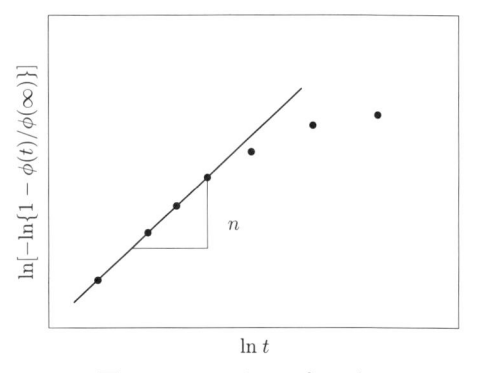

図 4.15.2 アブラミプロット．

$$1 - \frac{\phi(t)}{\phi(\infty)} = \exp(-Kt^n) \qquad (4.15.19)$$

ここで，$\phi(\infty)$ は，最終到達体積結晶化度である（図 4.15.1）．

$$\ln\left[-\ln\left\{1 - \frac{\phi(t)}{\phi(\infty)}\right\}\right] = \ln K + n\ln t \qquad (4.15.20)$$

式 (4.15.20) のプロット（図 4.15.2）の傾きから n が求められる．

3 実験の方法

(1) 実験装置と試料

表 4.15.2 のとおり．

表 4.15.2 実験器具と試薬．

品　　名	数量	品　　名	数量
100 mL メスシリンダー	2	針金	
比重計	2	ポリエチレンテレフタレート（PET）	
ピンセット	1	アルミホイル	
カッターナイフ	1	空気恒温槽	
駒込ピペット	2	氷冷用ボウル	
100 mL 三角フラスコ（コルク栓 No.10 付）	3		

(2) 実験操作

(i) 試料の熱処理（annealing）

① ペレット状の試料をカッターナイフでできるだけ薄く，かつ同じような形状に削る．
② 試料片 3 個をアルミホイルで包み約 30 cm の針金にくくり付ける．
③ 空気恒温槽が所定の温度（結晶化温度：100～120℃）であることを確かめたのち，②の試料を恒温槽の上部または側面の小穴から差し入れ，一定時間熱処理する．
④ 熱処理後素早く試料を取り出し，あらかじめ用意しておいた氷中に入れ急冷する．
⑤ 熱処理時間 t は 0, 1/3, 2/3, 1, 2, 3, 4, 5, 6, 8, 10, 15, 20, 40, 60（分）を目安にして，①～④の操作を繰り返す．

(ii) 浮沈法による比重の測定

① 浮沈の操作は恒温水槽中で行うため，用いるトルエンおよび四塩化炭素は混合前にあらかじめ予熱しておくとよい．
② 100 mL シリンダーに約 70 mL の混液（トルエン，四塩化炭素とも比重既知であるから混合比の目安はつく）入れ，コルク栓をして恒温水槽中に漬ける．

③ 熱処理した試料を混液に浮沈させ，トルエンまたは四塩化炭素を駒込ピペットで滴下しながらよく撹拌し，試料がシリンダーの中間で静止するように混液の比重を調節する．

④ 試料が静止した状態でシリンダーに栓をし，数分間経過後，比重計を混前中に静かに浮かせ目盛を読み比重を求める．

⑤ 熱処理時間の異なる試料について同様の操作を繰り返す（多すぎる混液は回収瓶に入れ流しには捨てない）．

⚠ 次の点に十分注意を払わないと良いデータは得られない．試料の厚さ，アルミホイルの包み方，空気恒温槽内の試料の位置，熱処理時間（特に短時間の場合），浮沈操作（混液の温度，試料の静止状態）など．

(3) データ解析

① 熱処理時間 t における実測密度 $d(t)$ を t に対してプロットし，なめらかな曲線を描き，$t \to 0$ の外挿値を d_a とする．

② 式 (4.15.9) から体積結晶化度 $\phi(t)$ を求め t との関係を示すグラフを描く．ただし，$d_c = 1.455\,\mathrm{g/cm^3}$ とする．

③ $d^2\phi(t)/dt^2 = 0$ のときの時間の逆数 $1/t_T$ を結晶化速度 v_T と定義し，これを求める．

④ 式 (4.15.20) をプロット（図 4.15.2）し，アブラミ指数 n を求める．

⑤ 結晶化速度 v_T を T に対してプロットする．

4 結果と考察

☐ 測定後のサンプルをレポート用紙に貼り付け，色を観察せよ．色と結晶化度の関係を考察せよ．

☐ 核生成と成長の機構について考察せよ．

☐ 結晶化度について考察せよ．

5 参考文献

[1] M. Avrami: *J. Chem. Phys*, 1939, **7**; 1940, **8**, p.212; 1941, **9**, p.177.

[2] 長谷川正木，西敏夫：『高分子基礎科学』昭晃堂，1991, pp.205-208.

第5章 生物化学

5.1 糖質・アミノ酸の定性分析

1 実験の目的

糖質およびアミノ酸の構造と試薬による発色の関係を理解する．同じ試薬を用いた場合でも，糖質およびアミノ酸の種類により呈色する場合やしない場合がある．よく観察して，色や状態の変化を把握する．また，TLC による分析も行い，糖質およびアミノ酸の簡単な定性分析ができるようにする．

糖質
(glucide, saccharide)
アミノ酸
(amino acid)

2 実験の背景

(1) 糖質の構造

糖質はポリヒドロキシアルデヒドまたはポリヒドロキシケトンおよびそれらの誘導体であり，炭水化物とも呼ばれる．基本的な糖質の単位は単糖で，2つ以上の単糖が脱水縮合して生じた糖はオリゴ糖と呼ばれる．

(2) アミノ酸の構造

アミノ酸は，1分子中に塩基性のアミノ基と酸性のカルボキシ基を両方持つアミノカルボン酸であり，タンパク質を構成する重要な成分である．アミノ酸のアミノ基とカルボキシ基との間で脱水縮合したアミド結合はペプチド結合とも呼ばれる．

3 実験の方法

(1) 実験器具と試薬

表 5.1.1 のとおり．

表 5.1.1 実験器具と試薬.

品　　名	数量	品　　名	数量
試験管	10	【アミノ酸標準品】（各 0.1% 水溶液）	
試験管立て	1	グリシン	5 mL
100 mL ガラスビーカー（アルミ箔付き）	1	チロシン	5 mL
ピンセット	1	トリプトファン	5 mL
30 mL サンプル管	1	プロリン	5 mL
駒込ピペット	1	卵白アルブミン	5 mL
パスツールピペット	1	【分析試薬】	
ガラスキャピラリー	1	アントロン試薬	5 mL
5 mL サンプル管	1	ベネディクト試薬	10 mL
ウォーターバス	2	ルゴール液	適量
温度計	1	セリワノフ試薬	10 mL
ろ紙	1	ニンヒドリン	適量
噴霧器	1	2 M 水酸化ナトリウム水溶液	5 mL
乾燥機	1	1% 硫酸銅水溶液	適量
ドライヤー	1	濃硝酸	3 mL
【糖標準品】（各 0.5% 水溶液）		硫酸アンモニウム飽和水溶液	10 mL
グルコース	5 mL	クロロホルム	適量
フルクトース	5 mL	メタノール	適量
グルコサミン	5 mL	n-ブタノール	適量
ショ糖	5 mL	酢酸	適量
デンプン	5 mL	20% 硫酸	適量
		Si-gelTLC（4 cm × 5 cm）	2

(2) 実験操作

(i) アントロン試験

硫酸により糖質が単糖に加水分解され，さらに分子内脱水を受けてフルフラール誘導体を生ずる．フルフラール誘導体はアントロンと縮合して呈色する．アントロン試薬は濃硫酸にアントロンを 0.2% になるように溶解して調製する．アントロン試薬 1 mL に糖溶液 8 滴を加えて撹拌する．

△ 濃硫酸を金属・衣服等に付けないように注意すること（腐食して穴が開く）．

(ii) ベネディクト試験

Cu^{2+} はアルカリ性還元糖の作用で Cu_2O の沈殿を生成する．糖の還元力が弱い場合や量が少ない場合は，残存する Cu^{2+} のために沈殿は緑色や黄色に観察される．また，クエン酸緩衝液は Cu^{2+} を安定化させ，黒色不溶性の CuO の沈殿が生成するのを防ぐ．

ベネディクト試薬は，以下のように調製する．クエン酸ナトリウム 173 g，無水炭酸ナトリウム 100 g を約 800 mL の温水に溶解し，ろ過後，水で 850 mL とする．別に硫酸銅（$CuSO_4 \cdot 5H_2O$）17.3 g を 150

mL の水に溶解し，二溶液を穏やかに混和する．

ベネディクト試薬 2 mL に糖溶液 5 滴を加え，沸騰湯浴中に 5 分置き，室温に冷却する．

(iii) ヨウ素反応

デンプン粒子に遊離のヨウ素が吸着すると呈色する．この反応は感度が良く，ヨウ素デンプン反応として微量の I_2 の検出に広く用いられている．加熱により退色し，冷却すると再び呈色する性質をもつ．

ルゴール液は，2% KI 溶液 100 mL に I_2 を 1 g 溶解して調製する．

糖溶液 3 mL にルゴール液 1 滴を加え，呈色を確認する．呈色したチューブについては，80℃ の湯浴上で 1 分間加熱し，さらに冷却して，加熱および冷却による色の変化を観察する．

(iv) セリワノフ反応

ケトースを検出する反応．塩酸溶液中ではケトースの方がアルドースよりも早くフルフラール体を形成し，レゾルシノールと縮合して呈色する．糖濃度が高ければ沈殿を生ずる．ショ糖，グルコースは長く加熱すると擬陽性を示す．

セリワノフ試薬は，レゾルシノール 0.05 g を 3 M 塩酸 100 mL に溶解して，調製する．

セリワノフ試薬 2 mL に糖溶液 2 滴を加え，沸騰湯浴中で 3 分間加熱してから放冷する．

(v) 糖の TLC 分析

糖水溶液を Si-gel TLC プレート（4 cm × 5 cm）にスポットし（スポットが乾燥しづらいので，ドライヤーの冷風に当てて乾かす），クロロホルム：メタノール：水（30：20：4, v/v）の混合液で展開する．展開後，硫酸試薬を噴霧し，乾燥機で加熱する．発色したスポットの R_f 値と色を観察し，記録する．

(vi) ニンヒドリン反応

ニンヒドリン溶液は，ニンヒドリン 0.2 g をエタノール 100 mL に溶解して調製する．

70 mm ろ紙上にアミノ酸溶液を滴下する場所の印を鉛筆で付け（図 5.1.1），検液をパスツールピペットを用いて 1 滴ずつ滴下する．検液が十分に乾燥した後に，0.2% ニンヒドリン溶液を 1 滴ずつ滴下し，乾燥器で加熱する．

(vii) ビュレット反応

アミノ酸溶液 1 mL に 2 M NaOH 1 mL を加えた後，1% $CuSO_4$ を 1 滴ずつ 5 滴程度入れ，振とうして色の変化を観察する．

(viii) キサントプロテイン反応

アミノ酸溶液 1 mL に濃硝酸 0.5 mL を加えて沸騰湯浴中で加熱し，

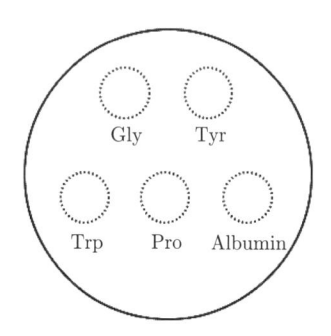

図 5.1.1 ろ紙上へのアミノ酸のスポット．

色の変化を観察する．

(ix) 沈殿反応

硫酸アンモニウム飽和水溶液を以下のように調製する．水1Lに硫酸アンモニウム900gを45～50℃で撹拌して溶かし，室温で2～3日放置する．結晶が析出するので，ろ過をして用いる．

アミノ酸溶液1mLをかき混ぜながら硫酸アンモニウム飽和水溶液を2mL加え，濁りの生成を観察する．

(x) アミノ酸のTLC分析

グリシン，チロシン，トリプトファン，プロリンの各水溶液をSi-gel TLCプレート（4cm×5cm）にスポット後，十分に乾燥させる（ドライヤーの冷風を当てて乾燥する）．その後，n-ブタノール：酢酸：水（4：1：2, v/v）の混合液で展開し，TLCプレートを十分に風乾させる（必要があれば，ドライヤーの冷風を使用する）．ニンヒドリン溶液を噴霧し，乾燥機で加熱して結果を観察する．本実験では，展開距離を3cmとする（展開に30分程度かかる）．

4 結果と考察

☐ 各分析において，呈色等の変化をした糖・アミノ酸に共通する特徴は何か．

☐ 本実験で用いた呈色反応等を応用すると，生体成分の分析においてどのようなことが可能となるか．

5 参考文献

[1] 斉藤正行，丹羽正治，伊藤啓：『生化学実習』講談社，1990.

5.2 緩衝液の調製と酵素反応

1 実験の目的

緩衝液とは酸や塩基の増減によって生じる pH 変化の影響が少ない水溶液のことである（1.3.4 項参照）．本実験では，緩衝液の調製方法を習得すると共に，緩衝液に酸を加えることにより観察される pH 変化を通して，緩衝作用を理解する．さらに，調製した緩衝液を用いて，酵素反応を実施する．本実験では，簡単な酵素反応の例としてリパーゼによるオリーブ油の加水分解を行い滴定法により生成物の定量を行う．

緩衝液
(buffer solution)

2 実験の背景

(1) 酵素

酵素は生体内の反応を触媒するタンパク質で，生体触媒とも呼ばれる（5.6 節参照）．酵素は，基質（酵素の作用を受ける物質）の構造を識別する能力，すなわち基質特異性を有し，酵素の種類により触媒する反応が異なる．酵素反応においては，pH と温度が酵素活性に大きく影響を与え，反応速度が最も大きくなる pH，温度はそれぞれ最適 pH，最適温度と呼ばれる．

酵素
(enzyme)

(2) リパーゼ

リパーゼは**脂質**を基質として，それらのエステル結合を加水分解する酵素である．通常は，それらのうちで特にトリアシルグリセロール（油脂）を分解して脂肪酸を遊離するトリアシルグリセロールリパーゼ（酵素番号 enzyme commission number EC.3.1.1.3）のことを言う．リパーゼは，微生物由来のものやブタすい臓由来のものが市販されている．

リパーゼ
(lipase)

脂質
(lipid)

3 実験の方法

(1) 実験器具と試薬

表 5.2.1 のとおり．

表 5.2.1 実験器具と試薬.

品　名	数量	品　名	数量
100 mL ポリビーカー	3	0.1 M リン酸二水素カリウム (KH$_2$PO$_4$, FW 136.1) 水溶液	20 mL
100 mL ポリメスシリンダー	1		
スターラーチップ	1	0.1 M リン酸水素二ナトリウム (Na$_2$HPO$_4$, FW 141.96, 二水和物 MW 178.05, 12 水和物 FW 358.14) 水溶液	100 mL
100～1000 μL マイクロピペット	1		
1000 μL 用マイクロピペット用チップ	1 箱		
試験管	4	トリス塩基 [tris(hydroxymethyl)aminomethane] (MW 121.2)	1.2 g
試験管立て	1		
漏斗	1		
100 mL 三角フラスコ	1	0.2 M 塩酸	適量
30 mL サンプル管	2	6 M 塩酸	適量
パラフィルム	2	リパーゼ	0.5 g
ろ紙	1	オリーブ油	0.5 g
pH メーター	1	Triton X-100	0.5 mL
スターラー	1	1/20 M 水酸化ナトリウム水溶液	適量
天秤	1	クロロホルム	適量
薬さじ（試薬採取用）	1	メタノール	適量
天秤皿	1	フェノールフタレイン溶液 (1% エタノール溶液)	適量
キムワイプ	数枚		
ボルテックスミキサー	1		
インキュベーター (40℃ に設定した乾燥機)	1		
ビュレット	1		
スタンド	1		

(2) 実験

(i) 0.1 M リン酸緩衝液（pH 8.0）の調製

酵素反応実験に用いるリン酸緩衝液を調製する．100 mL ビーカーを使用し，0.1 M リン酸二水素カリウム水溶液 20 mL および 0.1 M リン酸水素二ナトリウム水溶液 100 mL をそれぞれ調製する（試薬の溶解は薬さじで撹拌して行う．試薬が変わる場合は，水道水で洗浄してからイオン交換水で洗浄し，キムワイプで拭き取り，そのまま使用する）．

0.1 M リン酸水素二ナトリウム水溶液 100 mL が入ったビーカーにスターラーチップを入れ，スターラーで緩やかに撹拌する．pH メーターのガラス電極を溶液に浸す．pH メーターを見ながら，0.1 M リン酸二水素カリウム水溶液を加え，pH 8.0 に合わせる（保存する場合は，保存容器に移し，冷蔵保存する）．

△ pH メーターのガラス電極を，スターラーチップ等にぶつけないように注意すること．

(ii) 0.1 M トリス塩酸緩衝液（pH 8.0）の調製

滴定実験に用いるトリス塩酸緩衝液を調製する．トリス塩基 1.2 g を 80 mL の水に溶かす．pH メーターを見ながら 6 M 塩酸を加えていき，

pHを8.0に合わせる．溶液が室温になるまで冷ます（Tris溶液のpHは温度依存的に変化するため）．塩酸を用いてpHを調整し直した後に，純水を用いて100 mLにメスアップする（保存する場合は，保存容器に移した後，冷蔵保存する）．

(iii) トリス塩酸緩衝液の滴定曲線の作成

pHメーターを見ながら，(ii)で調製したトリス塩酸緩衝液に0.2 M塩酸を2 mLずつ加え，加えるごとにpHを測定する．pH 2.0を下回ったら実験を終了する．

縦軸をpH，横軸を0.2 M塩酸添加量（mL）として，グラフを作成する．

(iv) ブタすい臓リパーゼによるオリーブ油の加水分解

ブタすい臓リパーゼ0.5 gを(i)で調製したリン酸緩衝液（0.1 M, pH 8.0）10 mLに加え，ボルテックスミキサーで溶解後，試験管上でろ過してろ液を試験管に集める．ろ紙上に膜が張ってろ過が遅くなったときは，スパチュラでやさしく撹拌してもよいが，ろ紙を破らないように注意する．

30 mLサンプル管にオリーブ油0.5 g，界面活性剤 Triton X-100 0.5 mL，イオン交換水9 mLを加え，蓋をしてボルテックスミキサーで5～10分くらい撹拌し，オリーブ油懸濁液を調製する．十分に懸濁し，溶液が均一になってから次の操作に移る．

新しい試験管2本を用意し，以下のようにする．
①本試験：オリーブ油懸濁液1.0 mL（泡を入れないように注意する），リパーゼ溶液1.0 mLを入れる．
②対照試験：オリーブ油懸濁液1.0 mL（泡を入れないように注意する），リン酸緩衝液1.0 mLを入れる．

試験管にパラフィルムで蓋をした後に40℃のインキュベーターで30分間反応させる．30分後，試験管を取り出し，それぞれにクロロホルム：メタノール混合液（2：1, v/v）5 mLを加えて振り混ぜる．

本試験，対照試験の上記の溶液をそれぞれ100 mL三角フラスコへ移し，フェノールフタレイン溶液を3滴加え，1/20 M水酸化ナトリウム水溶液で滴定する．呈色して30秒間維持したら終点とする．

1/20 M水酸化ナトリウム水溶液の滴定量から反応溶液中の脂肪酸量を計算し，リパーゼの有無でどのように変化するか確認する．

$$\text{脂肪酸量 (mg)} = M \times V \times f \times 292$$

ここで，M：水酸化ナトリウム水溶液のモル濃度，V：滴定量（mL），f：水酸化ナトリウムのファクターであり，"292"はオリーブ油のケン化価を184とした場合の構成脂肪酸分子量である．

（v） 水酸化ナトリウム水溶液の調製と標定

水酸化ナトリウムは，正確に量り取る（精秤する）ことができないので，濃度が定まった水酸化ナトリウム溶液を調製するには，濃度が正確な酸の溶液で滴定して正確な濃度を求める必要がある．

100 mL ビーカーに水酸化ナトリウムを 0.5 g 量り取り，適当量の水を入れて溶解させた後，250 mL のメスフラスコに入れてメスアップする．

シュウ酸（$(COOH)_2$；分子量 90.04；110℃ で 1 時間乾燥したもの）0.05 g を精秤し，5～10 mL の水に溶かす．フェノールフタレイン指示薬を用いて水酸化ナトリウム水溶液で滴定し，ファクターを求める．

4　結果と考察

☐ トリス塩酸緩衝溶液の緩衝能力を考察せよ．
☐ 今回調製した緩衝液と他の緩衝液を比較し，性質の違いを考察せよ．
☐ リパーゼの加水分解能を考察せよ．

5.3 ブラッドフォード法を用いたタンパク質定量と分光計の取り扱い

1 実験の目的

タンパク質の呈色反応と分光学的な定量方法を理解した上で，ブラッドフォード法を用いてタンパク質を正確に定量する方法を身に付ける．

ブラッドフォード法
(Bradford method)

2 実験の背景

(1) タンパク質の定量方法

現在広く用いられている，タンパク質の定量方法には，紫外吸収法，ローリー法，ブラッドフォード法がある．本節で行うブラッドフォード法は，酸性溶液中でトリフェニルメタン系青色色素のクマシーブルー（Coomassie Brilliant Blue (CBB) G-250）がタンパク質と結合すると，最大吸収波長が 465 nm から 595 nm にシフトすることを利用してタンパク質を定量する方法である．

ローリー法
(Lowry method)

3 実験の方法

(1) 実験器具と試薬

表 5.3.1 のとおり．

表 5.3.1 実験器具と試薬．

品 名	数量	品 名	数量
20～200 μL マイクロピペット	1	分光光度計	1
100～1000 μL マイクロピペット	1	キムワイプ	数枚
マイクロピペット用チップ	各1箱	パスツールピペット	1
（200 μL 用，1000 μL 用）		牛血清アルブミン（BSA）0.1 mg/mL	1
試験管	30	（1 mL を 1.5 mL エッペンチューブに入れておく）	
試験管立て	1	ブラッドフォード試薬（茶褐色瓶で保存）	30 mL
プラスチックセル	1	Triton X-100	適量
100 mL ポリビーカー	2	水（イオン交換水）	適量
綿棒	1	氷（アイスボックス付）	1
ミキサー	1		

5.4 微生物培養

大腸菌
(*Escherichia coli*)
枯草菌
(*Bacillus subtilis*)
培養
(culture)
無菌操作
(aseptic technique)
顕微鏡
(microscope)

1 実験の目的

近年，化学工業から食品まで様々な分野で微生物や細胞が利用されている．本実験では**大腸菌**や**枯草菌**を用いて細菌の純粋**培養**（ある特定の細菌のみを培養すること）と**無菌操作**および細菌の増殖について学ぶ．またグラム染色法という細菌の分類のための手法と**顕微鏡**による細菌の観察を行う．

2 実験の背景

(1) 生育曲線

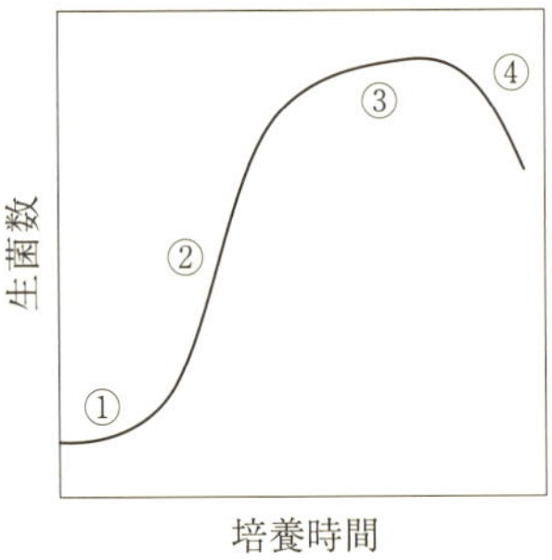

細菌を培地（閉鎖系）に植え継ぎを行った後，細胞の増殖を見ると図5.4.1のような曲線になる．この曲線を**生育曲線**（増殖曲線）という．生育曲線は次の4期に分かれている．

① **誘導期**：細菌を新しい培地に植菌すると，しばらくの間増殖に時間がかかる．この期間のことを誘導期という．
② **対数増殖期**：細菌が指数関数的に増加していく時期のことを対数増殖期（指数増殖期）という．
③ **定常期**：対数増殖期を過ぎると分裂・増殖が停止し，個体数の増加が見られなくなる．この期を定常期という．
④ **死滅期**：定常期を過ぎると生菌数より死菌数のほうが多くなる．この期を死滅期という．死滅期がある理由としては，栄養の不足，老廃物の影響，酸素の不足，pH変化，温度変化など様々な要因が挙げられる．

図 5.4.1 生育曲線．

生育曲線
(growth curve)
誘導期
(lag phase)
対数増殖期
(logarithmic growth phase)
定常期
(stationary phase)
死滅期
(death phase)
世代時間
(generation time, doubling time)

(2) 世代時間

分裂した細菌が次に分裂するまでの時間のことを**世代時間**（倍加時間）という．一定の世代時間を保って増殖するときには細菌は時間とともに指数関数的に増加する．この期が対数増殖期である．世代時間は次の式で求められる．

$$T = \frac{t \log 2}{(\log n_t - \log n_0)}$$

ここで，T：世代時間，t：培養時間，n_t：t時間培養後の細菌数，n_0：培養開始時の細菌数である．

(3) 無菌操作

細菌の純粋培養において一番重要なのが無菌操作である．この無菌操作を習得しないと，純粋培養の際，雑菌が混入することが多々起こる．この雑菌の混入のことをコンタミネーション（実験室等では略してコンタミと呼ばれることが多い）という．雑菌の混入が起こると，必要とする細菌のみを得ることができず，培養の労力が無駄になる．また気づかず実験を進めると，酵素学的実験や遺伝子学的実験に誤った結果が出ることもある．本実験では無菌操作を習得し，コンタミネーションを防ぐ方法を学習する．これは将来，食品産業等で働く際にも非常に重要な基礎知識となる．

コンタミネーション (contamination)

安全キャビネットやクリーンベンチを使うことも重要な要素であるが，今回の実験ではこれらを使用しないので，以下の項目に留意して，より注意して無菌操作を行う必要がある．

(i) 使用する器具と試薬の滅菌とその維持

実験台およびその周辺を整理し，必要のないものは片付ける．その後，実験台を70％エタノールスプレーで消毒する．

器具および試薬は滅菌したものを使用し，滅菌した器具はきれいな机の上などに置く（直接床に置いてはいけない）．

手はせっけんでよく洗い，乾かしたのちエタノールで消毒する．

(ii) 実験操作中における浮遊物および落下物の混入の防止

滅菌済みの容器を開けるときは，開けている時間を最小限にとどめる．また，蓋を開けた容器などの上を手や実験器具を通過させたり，その上で作業してはいけない．

(iii) 実験操作中における滅菌物と未滅菌物の接触の防止

不用意にあちこち手で触らない（触ったところは汚染される）．白衣・衣服の袖口を上に折り返しておく．無菌操作中は，空気の対流を起こし空気中の微生物の落下を防ぐため，ガスバーナーに火を付けておく．

△ これが一番大事！！ 実験中はむやみにしゃべらない（ヒトの口内には種々の雑菌が存在する）．マスクの着用が望ましい．

△ 実験室の雑巾は非常に汚い（雑菌に汚染されている）．

(iv) 実験室より入・退出する場合

実験室の扉脇に消毒液（逆性石鹸）が入ったタライを準備しておき，手を入れてよくもみ洗いする．汚れが残っていると消毒効果が弱まる．

△ 逆性石鹸が付いた手で目を擦ってはいけない．

(4) 滅菌

滅菌
(sterilization)

オートクレーブ
(autoclave)

滅菌とは，すべての微生物を完全に死滅させるあるいは除去することである．加熱する方法，電磁波を用いる方法，あるいは薬品を用いる方法（消毒と呼ばれる場合もある）などがある．本実験では火炎滅菌，高圧蒸気滅菌（オートクレーブ処理），アルコール滅菌を用いる．

微生物を純粋培養する際に他の微生物が入らないようにするために，培養する培地や使用する器具を滅菌する必要がある．また，使用後の微生物も滅菌して捨てる必要がある．このような目的の滅菌にはオートクレーブを使用した高圧蒸気滅菌を行う．

3 実験の方法

(1) 液体培地（LB 液体培地）の作成

(i) 実験器具と試薬

表 5.4.1 のとおり．

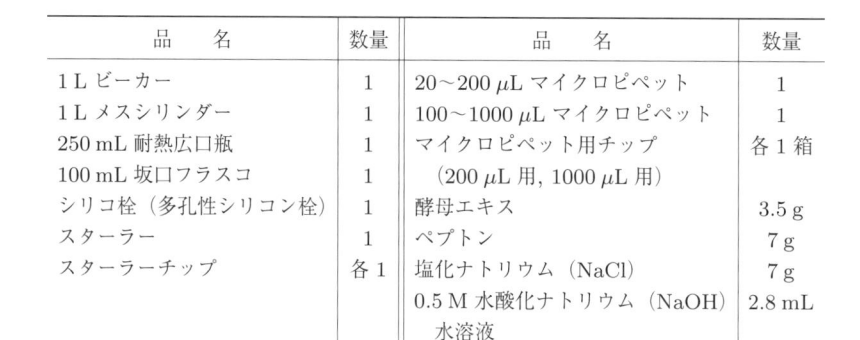

表 5.4.1 実験器具と試薬．

品　名	数量	品　名	数量
1 L ビーカー	1	20〜200 μL マイクロピペット	1
1 L メスシリンダー	1	100〜1000 μL マイクロピペット	1
250 mL 耐熱広口瓶	1	マイクロピペット用チップ	各 1 箱
100 mL 坂口フラスコ	1	（200 μL 用，1000 μL 用）	
シリコ栓（多孔性シリコン栓）	1	酵母エキス	3.5 g
スターラー	1	ペプトン	7 g
スターラーチップ	各 1	塩化ナトリウム（NaCl）	7 g
		0.5 M 水酸化ナトリウム（NaOH）水溶液	2.8 mL

(ii) 実験操作（図 5.4.2）

LB 液体培地 700 mL あたり，酵母エキス 3.5 g，ペプトン 7 g，NaCl 7 g，純水約 650 mL を 1 L ビーカーに入れスターラーで撹拌しながら試薬を溶解する．0.5 M NaOH を 2.8 mL 加え pH 7.0 に調整後，1 L のメスシリンダーを使って 700 mL にメスアップする．その後，1 L のビーカーに培地を戻しスターラーで撹拌する．メスシリンダーで培地を 50 mL 量り取り，坂口フラスコに入れる．さらにメスシリンダーで培地を 250 mL 量り取り，250 mL 耐熱広口瓶に入れる．残りの 400 mL は固形培地の作成に使用する．

耐熱広口瓶は蓋を少し緩めて肩口までアルミホイルで覆う．坂口フラスコは口周りをアルミホイルで覆う．

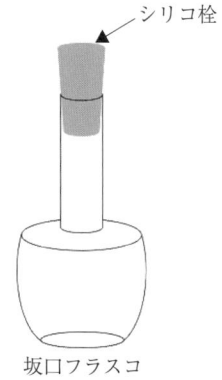

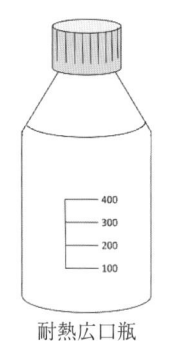

図 5.4.2 本実験で用いる器具．

(2) 固形培地（シャーレ培地）の作成

(i) 実験器具と試薬

表 5.4.2 のとおり．

表 5.4.2 実験器具と試薬．

品　　名	数量	品　　名	数量
LB 液体培地 　（液体培地の作成の際の残り）	400 mL	プラスチックシャーレ 軍手	20 枚 1
寒天	6 g	ゴム手袋	
500 mL 耐熱広口瓶	1		

(ii) 実験操作

寒天（1.5%）6 g を 500 mL 耐熱広口瓶に入れ，(1) で作成した液体培地（400 mL）を加える．オートクレーブ滅菌後，シャーレ（20 枚）に分注する．耐熱広口瓶は蓋を少し緩めて肩口までアルミホイルで覆う．

(3) 培養時に使用する器具の滅菌

15 mL チューブに蓋をして 50 本まとめてアルミホイルで包む．マイクロピペット用チップ（200 µL，1000 µL）をピンセットを用いてチップケースに詰め，穴が開かないように注意しながらアルミホイルで包む．これらをオートクレーブ滅菌する．

(4) 微生物培養

(i) 培養に使用する器具

表 5.4.3 のとおり．

表 5.4.3 実験器具と試薬．

品　　名	数量	品　　名	数量
振とう培養機	1	試験管立て	1
トランスファーピペット	1	ボルテックスミキサー	1
ガスバーナー	1	分光器	1
100 mL ビーカー	1	20～200 µL マイクロピペット	1
コンラージ棒	1	100～1000 µL マイクロピペット	1
吸光度測定用セル（キュベット）	1	マイクロピペット用チップ 　（200 µL 用，1000 µL 用）	各 1 箱

(ii) 培養操作 （図 5.4.3）

坂口フラスコからトランスファーピペット（スポイト）で培地を 1 mL 量り取り（サンプリング），滅菌済みのチューブに入れる．これをブランクとする．

種菌全量を坂口フラスコに入れる（植菌する）．この時間を 0 分とす

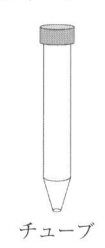

プラスチック
シャーレ

チューブ

コンラージ棒

シャーレに
菌をまく
イメージ

図 5.4.3 本実験で用いる器具．

る．軽く坂口フラスコをゆすって混ぜた後，1 mL サンプリングする．坂口フラスコは振とう培養機に入れる．この後，25 分おきにサンプリングを行う．シャーレに捲く時間（0, 50, 100, 150, 200, 250 分のとき）では，サンプリング後ただちに 10^{-2} 希釈を行う．

分光器で，サンプリングした培養液の $OD_{660\,nm}$ を測定する．ブランクの濁度を差し引くことによって，菌による濁度（グラフの作成や計算にはこの濁度を用いる）を求める．

$$菌による濁度 = ある時間の濁度 - ブランクの濁度$$

シャーレに捲く回は濁度を測定後，図 5.4.4 に従い希釈を行う．希釈後 50 μL をシャーレに捲く．コンラージ棒を使い均一に延ばす．

225 分のとき，サンプリングを 2 本行い，1 本はグラム染色用（次回用いる）とする．定常期に入るまで（約 250 分）培養を続ける．

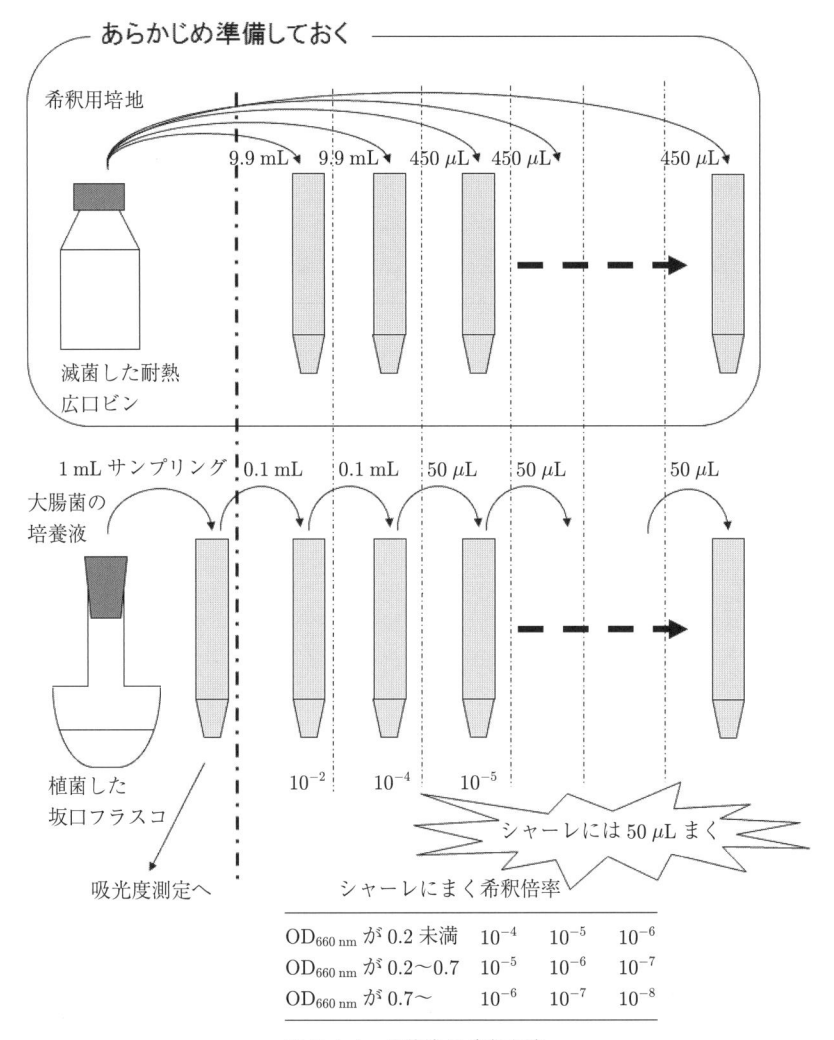

図 5.4.4 培養液の希釈方法．

左側の縦軸には OD$_{660\,nm}$ を，右側の縦軸には生菌数（個/mL）をとり，横軸を時間（分）とするグラフを作成する．濁度測定とコロニーカウントで記号を変え，どちらのデータを示す点かわかるように記入する．

コロニー
(colony)

⚠ 使用後のゴミ，廃液の廃棄や器具の洗浄などについては，指導者の指示に従う．廃液はすべて滅菌処理してから捨てる．

(5) グラム染色

グラム染色は，デンマークの科学者 Christian Gram によって 1884 年に発見された固定染色法であり，大きく 2 群に分類することができる細菌の最も基本的な分類基準である．熱固定した細菌を，塩基性色素のクリスタルバイオレット液で染色し，ルゴール液で媒染後，エタノールで脱色する．この段階で脱色された菌に対し，サフラニン液で対比染色する．クリスタルバイオレット液で染まるもの（青紫色）を**グラム陽性**，サフラニン液で染まるもの（赤色）を**グラム陰性**という．

グラム染色
(Gram staining)

グラム陽性
(Gram-positive)
グラム陰性
(Gram-negative)

(i) 薬品の方法

・クリスタルバイオレット液（染色液）：以下の A 液と B 液を調整し，混合して用いる．
　A 液：クリスタルバイオレット 2 g＋エタノール 20 mL
　B 液：シュウ酸アンモニウム 0.8 g＋蒸留水 80 mL
・ルゴール液：ヨウ化カリウム 2 g を 5 mL 程度の蒸留水に溶かし，次にヨウ素 1 g を加え，よく溶解させる．最後に蒸留水を加えて 300 mL にする．
・サフラニン液（染色液）：2.5% サフラニンのエタノール溶液 10 mL と蒸留水 100 mL を混合して調整する．
・他：エタノール，ビーカーに入れた純水×2（I と II とする）．

⚠ ガスバーナーを使用するのでやけどに注意すること．
⚠ スライドガラスをガスバーナーで乾燥させるときに水分があると割れるので，しっかり水を拭き取ること．

(ii) 実験方法

グラム陽性細菌とグラム陰性細菌が混ざっているサンプルを使用した練習の後，自分たちが培養した細菌を用いて実験する．
① スライドガラスの中心に菌液を 1 滴のせる．
② ガスバーナーで菌液を乾燥させる（固定化する）．あまり火に近づけすぎて，焦げないように注意する．
③ クリスタルバイオレット液を 1 滴滴下し 1 分待つ．
④ 水道水で洗い流す．

⑤ ガスバーナーで乾燥させる．この際，菌液部分以外の水をティッシュで拭き取っておく．ピンセットの水にも注意すること．
⑥ ルゴール液に浸し，軽く揺らしながら1分間漬けておく．
⑦ ビーカーの純水（I）で洗う．
⑧ ガスバーナーで乾燥させる．
⑨ 軽く揺らしながらエタノールに正確に20秒漬ける．陰陽がわかっているサンプルの染まり具合を見てこの時間を調整する．
⑩ ビーカーの純水（II）で洗う．
⑪ ガスバーナーで乾燥させる．
⑫ サフラニン液を1滴滴下し2分待つ．
⑬ 水道水で洗い流す．
⑭ ガスバーナーで乾燥させる．

(6) 顕微鏡での観察

油浸レンズを用い顕微鏡（図5.4.5）で観察する．
① 使用前にレンズなどに汚れがないか確認する．
② 接眼レンズ間の幅を自分の目のサイズに合わせる．
③ 完成した標品に油浸レンズ用の油（ゼダー油）を1滴滴下する．油を付けすぎないように注意する．
④ ステージにスライドガラスを置く．
⑤ ステージハンドルを使い対象物を中心に持ってくる．
⑥ 顕微鏡の横から対物レンズとスライドガラスをしっかり確認し，粗動ネジを回し近づける．油浸レンズは油と対物レンズが接触していないと観察できない．
⑦ 接眼レンズより観察しながら微動ネジを回しピントを合わせる．

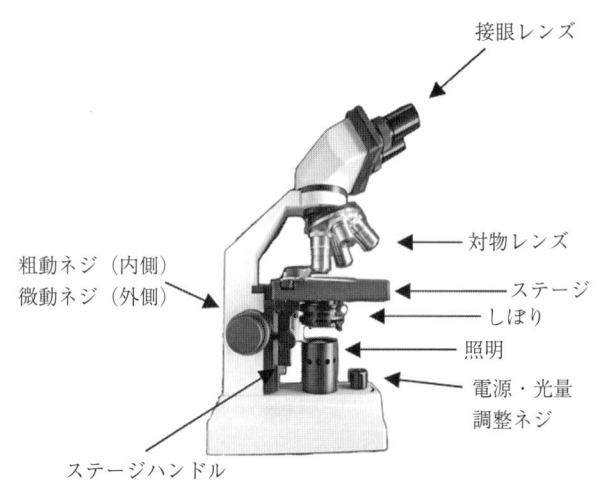

図 5.4.5 光学顕微鏡．

⑧ 観察する．菌が見えたら，対象物がきちんと見えているかどうか指導者に確認をとったうえで，スケッチをする．その際できるだけ大きくスケッチすること．片方の目で顕微鏡をのぞきながら観察し，もう一方の目でノートにスケッチする．スケッチする際，視野の丸を書く必要はなく，一部分を拡大し，大きさと色がはっきりわかるように記入すること．また，接眼レンズと対物レンズの倍率を記入する．

⑨ 観察が終了したら粗動ネジを回し，対物レンズとスライドガラスを離す．

⑩ ティッシュにキシレンを含ませ押し付けるようにして対物レンズから油をとる．

△ このとき，レンズを擦ってはいけない．

△ 使用後のゴミ，廃液の廃棄や器具の洗浄などについては，指導者の指示に従う．

4 結果と考察

☐ 自分たちが培養した菌はグラム陽性細菌かグラム陰性細菌か議論せよ．

☐ グラム染色の原理を調べ，グラム陽性細菌とグラム陰性細菌の細胞壁の違いを図示せよ．

☐ 生育曲線より世代時間を求め，妥当か議論せよ．

☐ 縦軸（第一軸）に濁度，横軸に時間（分），縦軸（第二軸，対数とする）に生菌数（個／mL）をとったグラフを作成せよ．

☐ 濁度曲線と生菌数曲線の違いを比較せよ．

5.5 タンパク質の精製

1 実験の目的

現在，生化学の分野では生物のゲノムの解明は急速に進んでいるが，**タンパク質**の機能の解明はほとんど進んでいない．タンパク質の機能の解析で重要となってくるのが，酵素の**精製**である．遺伝子工学の発展によりゲノム情報を読み取り，大腸菌などを用いて酵素発現を行って精製する技術は発達したが，実際の生体内から酵素を抽出する精製技術に関しては，機器や材料は発達したものの，その継承は疎かにされている．そこで本実験では，呼吸鎖**電子伝達系**で重要な役割を果たすチトクロム（シトクロム）c を精製することにより，タンパク質試料の取り扱い方と精製技術の習得を目的とする．

タンパク質
(protein)
精製
(purification)

電子伝達系
(electron transport system)

2 実験の背景

呼吸鎖電子伝達系は，哺乳類ではミトコンドリア内膜にある複合体群が担っており，好気的 ATP の産生に重要な役割を果たしている（図 5.5.1）．クエン酸回路で産生した NADH や FADH$_2$ を基質とし，電子伝達に共役して H$^+$ をマトリックスから膜間スペースに輸送する．その際生じた H$^+$ の濃度勾配を利用して ATP 合成酵素が ATP を合成する．膜間スペースに存在し，酸化的リン酸化において複合体III から複合体IV に電子を伝達するタンパク質が**チトクロム c** である．

チトクロム c
(cytochrome c)

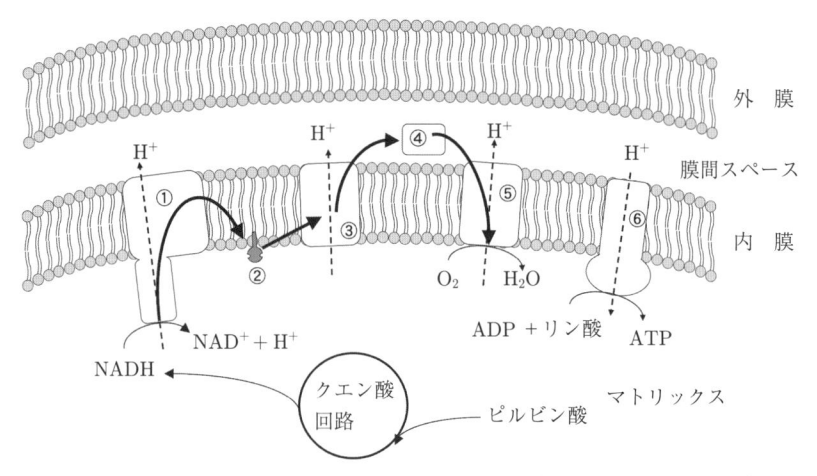

図 5.5.1 ミトコンドリアの電子伝達系．①複合体 I，②コエンザイム Q$_{10}$，③複合体III，④チトクロム c，⑤複合体IV，⑥ ATP 合成酵素．→ は電子の流れ，--→ はプロトンの流れ．

3 実験の方法

(1) 実験器具と試薬

表 5.5.1 のとおり.

表 5.5.1 実験器具と試薬.

品 名	数量	品 名	数量
包丁	1	分光光度計	1
まな板	1	ブタ心臓	適量
ミキサー	1	pH 試験紙（pH 1〜12）	1
薬さじ	1	pH 試験紙（BTB 試験紙；pH 6.2〜7.8）	1
ガラス棒	2	0.5 M 酢酸	適量
ガーゼ	1	4 M アンモニア水	適量
ロート	1	セライト 545	適量
吸引ろ過瓶	1	Amberlite CG-50	適量
ろ紙	2	Butyl Toyopearl	適量
アスピレーター	1	0.1 N リン酸アンモニウム緩衝液 (pH 7.0)：Buffer A*	500 mL
500 mL ビーカー	1		
50 mL ビーカー	1	硫酸アンモニウム（硫安）	適量
ガラスカラム	2	フェリシアン化カリウム（ヘキサシアノ鉄（III）酸カリウム）	適量
カラムスタンド	2		
駒込ピペット	2	0.1 N リン酸アンモニウム緩衝液 (pH 7.0) + 0.5 M NaCl：Buffer B*	適量
スターラー	1		
スターラーチップ	1	1 L あたり 561 g の硫酸アンモニウムを加えた 0.1 N リン酸アンモニウム緩衝液 (pH 7.0)：Buffer C*	適量
500 mL メスシリンダー	1		
50 mL メスシリンダー	1		
15 mL チューブ	20	1 L あたり 243 g の硫酸アンモニウムを加えた 0.1 N リン酸アンモニウム緩衝液 (pH 7.0)：Buffer D*	適量
氷（アイスボックス付）	1		
遠沈管	1		
大き目のプラスチック容器	1	ジチオナイト（亜二チオン酸ナトリウム）	適量
遠心分離機	1	ピリジン	100 μL
		2 M 水酸化ナトリウム（NaOH）水溶液	100 μL

* この実験ではリン酸アンモニウム緩衝液の濃度を NH_4^+ の濃度で表現する．例えば 0.1 g イオンの NH_4^+ を 1 L 中に含む溶液を 0.1 N リン酸アンモニウム緩衝液とする.

(2) 実験操作

△ サンプルは常に氷に漬けておくこと.

(i) 試料の採取【1 日目の 1】

① ブタ心臓から脂肪を取り去り，3 cm 角に切る.

② ミキサーにかけミンチにする．このとき熱をもたないように注意する．発泡スチロール容器に氷を入れ，その中に重さを量っておいた 300 mL ポリビーカーをあらかじめ入れて冷やしておき，その中にミンチを入れる.

③ 得られたミンチ 100 g に対して 0.5 M 酢酸 80 mL を，薬さじでよくかき混ぜながら（変性するので泡立ててはいけない）氷中で加え，

ラップをして1時間放置する．その後，薬さじでよくかき混ぜながら，氷中で4Mアンモニア水を少しずつ加え，pHを7に調整する（液をガラス棒で少し取りpH試験紙でこまめに確認すること．はじめはpH1〜12が測れるpH試験紙を使い，pH6〜7になったらBTB試験紙を使う）．pH調整が終わったら，その後氷上で1時間放置する．

次の実験日が翌日の場合は冷蔵保存するが，翌週以降の場合は冷凍保存する．

使用した器具は洗剤で洗った後，水道水で洗剤をよく流した後，純水ですすいでおく．肉片は生ごみへ，その他のごみは分別して捨てる．

(ii) カラムの詰めと平衡化【1日目の2】

① 0.1 N リン酸アンモニウム緩衝液（pH 7.0; Buffer A）の調製：1 N リン酸アンモニウム緩衝液（pH 7.0）を50 mLメスシリンダーで50 mL量り取って500 mLメスシリンダーに移し，脱イオン水を加え500 mLにメスアップする．この溶液を500 mLのポリビーカーに移してガラス棒で撹拌する．

緩衝液はラップをして保存する．

⚠ カラムに樹脂を詰める際は樹脂表面から水分がなくならないように注意する

② Amberlite CG-50 カラム：イオン交換樹脂 Amberlite CG-50 を200 mLビーカーに入れ，①で作成したBuffer Aを加え，薬さじでかき混ぜる．しばらく放置したのち，上澄みのpHをpH試験紙で見る．pHが7.0と異なっている場合，上澄みを捨てBuffer Aを加えるところから繰り返す．この操作を緩衝液のpHと上澄みのpHがpH試験紙で見て一緒になるまで繰り返す．底に脱脂綿を詰めカラムスタンドに垂直にセットしたガラスカラムに，高さが10 cmになるように樹脂を詰める（図5.5.2）．Buffer Aを樹脂の体積の4倍ほど流す（平衡化）．平衡化が終わったらピンチコックで止めておく．カラムの上部にはラップをする．

③ Butyl Toyopearl カラム：Butyl Toyopearl を底に脱脂綿を詰めたガラスカラムに高さが6 cmになるように詰める．①で作成したリン酸アンモニウム緩衝液に80％飽和硫酸アンモニウムを含む緩衝液（Buffer C）で平衡化する．

(iii) ミンチ抽出液の調製【2日目の1】

④ ロートを500 mLトールビーカーにのせ，その上でミンチをガーゼでしぼり粗抽出液を得る．この抽出液にアンモニア水を加え，pH 7に調整する．

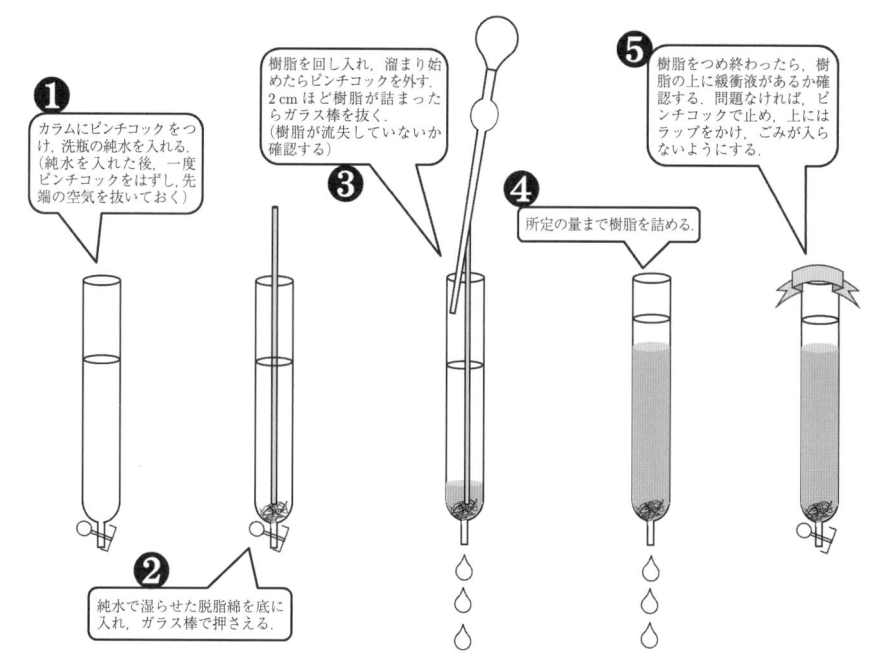

図 5.5.2 カラムの詰め方.

❶ カラムにピンチコックをつけ，洗瓶の純水を入れる．（純水を入れた後，一度ピンチコックをはずし，先端の空気を抜いておく）

❷ 純水で湿らせた脱脂綿を底に入れ，ガラス棒で押さえる．

❸ 樹脂を回し入れ，溜まり始めたらピンチコックを外す．2 cm ほど樹脂が詰まったらガラス棒を抜く．（樹脂が流失していないか確認する）

❹ 所定の量まで樹脂を詰める．

❺ 樹脂をつめ終わったら，樹脂の上に緩衝液があるか確認する．問題なければ，ピンチコックで止め，上にはラップをかけ，ごみが入らないようにする．

⑤ ろ過器にろ紙を敷いて，脱イオン水で湿らせて吸引してろ紙が貼付くようにしてから，スラリー状にしたセライトを薬さじ大盛り 6 杯分加え，アスピレーターで吸引する．セライトが平らに敷けているか，穴が無いか確認する．さらにその上にろ紙を置く．吸引した液を捨てた後，ミンチの液にセライトを薬さじ大盛り 2 杯分加え，セライトを詰めたろ過器に流してろ過する．この操作をろ液が透明になるまで繰り返す．最後にろ液にアンモニア水を加え pH 7 付近（pH 7 を少し上回るくらいが望ましい）に合わせる．

(iv) イオン交換クロマトグラフィー（Amberlite CG-50）【2 日目の 2】

イオン交換クロマトグラフィー
(ion exchange chromatography)

⑥ 上記⑤で得られた抽出液が pH 7 付近になっていることを確認してから，フェリシアン化カリウムを耳かき量ほど加えて溶かした後，カラムの上部から駒込ピペットを使い流し込む（図 5.5.3，図 5.5.4）．全部流し込んだら，Buffer A を流して樹脂からフェリシアン化カリウムの黄色がなくなるまで洗う（洗浄）．赤いバンドと茶色のバンドが残るので，さらに赤いバンドだけが残り茶色の部分がなくなるまで洗う．洗浄をしっかり行わないと後の実験がうまくいかない．

⑦ 樹脂に赤いバンドが残っているのを確認してから Buffer B をピペットでカラムの上部よりゆっくり流す（溶出）．赤いバンドが落ち始めたら溶出液を 2 mL ずつ 15 mL チューブに量り取る．

(v) 硫安分画【2 日目の 3】

硫安分画
(ammonium sulfate precipitation)

⑧ 色の濃いチューブから溶出液を集め，液量をメスシリンダーで量ったのちビーカーに入れ，それを氷の入ったプラスチック容器（大きい

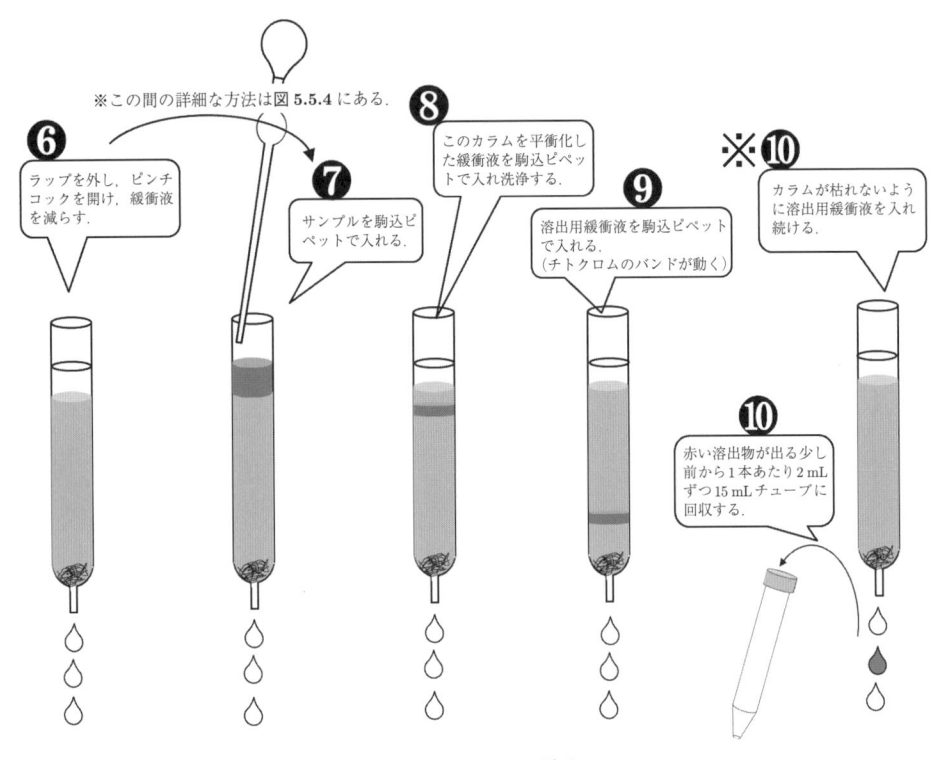

図 5.5.3　カラムの溶出．

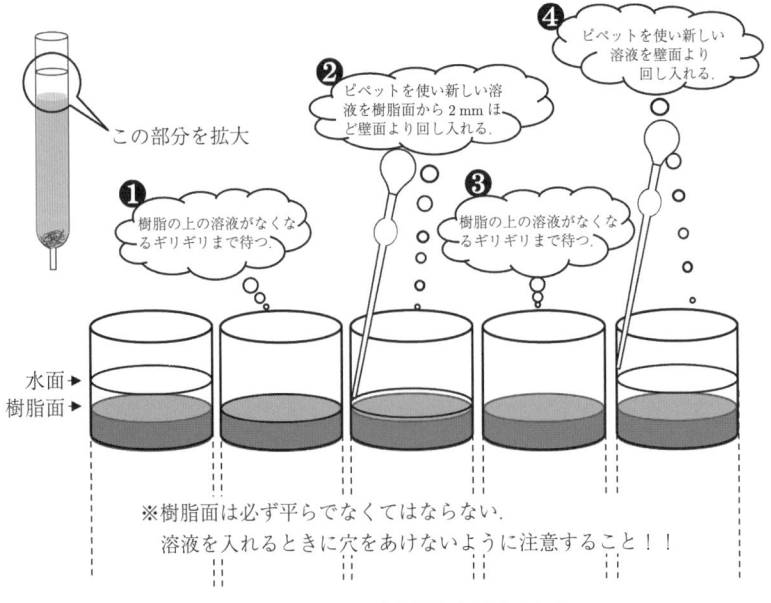

図 5.5.4　カラムの溶出液を変更するとき．

バランスディッシュ）にセットし，スターラーで撹拌する．この際，絶対に泡立ててはいけない．溶出液 1 mL あたり 0.56 g の硫酸アンモニウム（乳鉢でよくすり潰しておく）を，薬さじで少量ずつ加えて溶かす．5 分ほど撹拌の後，遠沈管に入れる．

⑨ 遠心分離（22,000 × g, 10 分）を行い上澄みと沈殿に分ける．

（vi）疎水性相互作用クロマトグラフィー（Butyl Toyopearl）【3 日目の 1】

疎水性相互作用クロマトグラフィー (hydrophobic interaction chromatography)

⑩ 遠心分離により得られた上澄みを，駒込ピペットでカラム上部より流し込み，樹脂に吸着させる．

⑪ Buffer C で洗浄する．洗浄の際出てくる液は 15 mL のチューブに 10 mL ずつ分取する．この洗浄液が赤いときには，これを精製サンプルとする場合があるので捨ててはいけない．

⑫ Buffer D をカラムの上より駒込ピペットを用いて流し込み，チトクロム c を含む赤い溶出液を集める．液量を測定する．

（vii）チトクロム c の吸収スペクトルの測定【3 日目の 2】

吸収スペクトル (absorption spectrum)

得られたチトクロム c 溶液を適当に薄め，250 nm〜600 nm の範囲で波長を変えながら，吸収スペクトルを測定する．測定した溶液にジチオナイトを加えて還元し，380 nm〜600 nm の範囲で同様に吸光度を測定する．得られた吸収スペクトルの結果から酸化型の 280 nm の吸光度と還元型の 550 nm の吸光度の比を求め（傾きがある場合，ベースラインを考慮すること），純粋なチトクロム c の値（1.2）と比較して純度を求める．

（viii）ピリジンフェロヘモクロムの調製【3 日目の 3】

得られたチトクロム c 溶液 800 μL をガラスセルに入れ，そこに 100 μL のピリジンと 100 μL の 2 M NaOH を加え，ごく少量のジチオナイトを加えて還元した後，パラフィルムを蓋にして軽く混ぜる．調製したチトクロム c（ヘム c）のピリジンフェロヘモクロムを 550 nm の吸光度で測定する．この値をもとに精製したチトクロム c 溶液のヘム c 濃度を求める．ヘム c のピリジンフェロヘモクロム（ピリジンフェロヘモクロム c）のモル吸光係数は $29.1 \times 10^3 \ \mathrm{M^{-1} \ cm^{-1}}$ とする．精製したチトクロム c のモル吸光係数と量（mg）を求める．

ピリジンフェロヘモクロム (pyridine ferrohemochrome)

4 結果と考察

☐ チトクロム c の純度が妥当かどうか論議せよ．

☐ モル吸光係数の値が妥当かどうか論議せよ．

☐ 吸収スペクトルの結果よりどのようなシトクロムが含まれていることがわかるか．

☐ さらにチトクロム c の純度を上げるにはどうすればよいか．

5.6 酵素活性測定
── 酵素反応速度論

1 実験の目的

本実験では、ダイコンからペルオキシダーゼ（カタラーゼ）を精製し、それを用いた一連の操作を通じて、酵素の構造と機能について深く理解し、また、酵素反応速度論、基質特異性、阻害様式に関して理解することを目的とする．

ペルオキシダーゼ
(peroxidase)
酵素
(enzyme)

2 実験の背景

(1) 酵素とは

我々の身の回りの生活において"酵素"は欠かせない存在である．例えば、麹、麦芽、酵母などを用いた納豆、味噌、醤油、漬け物、お酒などの発酵食品は日本食に多く使われており、腸内環境を整えるなどの健康食としての有用性がよく知られている．また、酵素は一部の洗剤や化粧品にも添加されており、汚れを分解するなどの酵素反応を利用した高付加価値商品として販売されるようになっている．さらには、酵素や酵素反応を利用した医薬品や検査薬が次々と開発されており、疾患の早期発見や治療に応用されている．

上記のような"ありふれた存在"である酵素ではあるが、実は地球上に存在するすべての生物の生命活動は、"酵素によって制御されている様々な化学反応"によって維持されている．例えば、我々は、体内の各種消化酵素の働きにより、食品に含まれる様々な成分を利用可能な物質へと消化し、エネルギー源などとして吸収している．また、生体内で分子の合成・分解・修飾などの代謝により維持されている多くの生命現象は、多数の代謝酵素と、関連する分子による制御機構が関連している．そして今日では、酵素遺伝子の変異や欠損によって生じる多くの疾患が明らかになっている．このように様々な生命現象を理解するためや、また、病態を解明するためには、酵素を精製し、その性質を詳細に解析し、理解する必要がある．

(2) ミカエリス・メンテン式

ミカエリス・メンテン式
(Michaelis-Menten equation)

ミカエリス・メンテンのモデルは、1913 年に L. Michaelis と M. L. Menten によって提唱された酵素反応モデルである．酵素反応速度 v は、酵素濃度が一定の場合には、基質濃度 [S] の増加に伴って増加する

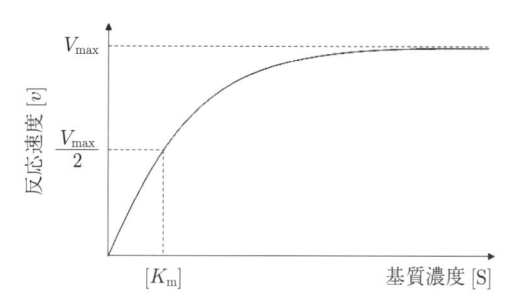

図 5.6.1 基質濃度と酵素反応速度の関係.

が，基質濃度がさらに高くなると反応速度の増加は緩やかになり，最終的には反応速度は飽和し，基質濃度とは無関係に一定となる．このときの酵素反応速度が最大速度（V_{max}）であり，その半分の速度（$V_{max}/2$）を与える基質濃度をミカエリス定数（K_m）という．基質濃度と反応速度の関係をプロットすると図 5.6.1 のようになる．

酵素反応速度論を学ぶためには，基質（S）が酵素（E）の活性部位に結合し，酵素・基質複合体（ES）が形成された後，遷移状態を経て反応生成物（P）が産生されることを理解しなければならない（式 (5.6.1)）．このとき，E＋P から ES に戻る反応および EP 複合体を形成する可能性は無視できるものとする．式 (5.6.1) の反応モデルから，ES が一定であるとする定常状態近似を用いて反応速度（v）を求めると，式 (5.6.2) に示すミカエリス・メンテン式が誘導される．ここで，K_m は式 (5.6.3) で与えられる．一般に E と S は ES と極めて速く行き来する平衡状態にあり，また通常の酵素反応では，k_1 は k_{-1} よりも速い．

$$\mathrm{E} + \mathrm{S} \underset{k_{-1}}{\overset{k_1}{\rightleftarrows}} \mathrm{ES} \overset{k_{cat}}{\longrightarrow} \mathrm{E} + \mathrm{P} \tag{5.6.1}$$

ここで，E：酵素（enzyme），S：基質（substrate），ES：酵素・基質複合体（enzyme-substrate），P：反応生成物（product）

$$v = \frac{V_{max}[\mathrm{S}]}{K_m + [\mathrm{S}]} \tag{5.6.2}$$

v：反応速度，V_{max}：最大反応速度，[S]：基質濃度，K_m：ミカエリス定数

$$K_m = \frac{k_{-1} + k_{cat}}{k_1} \tag{5.6.3}$$

ミカエリス・メンテン式 (5.6.2) において，酵素量に対し基質量が少ないとき（[S] ≪ K_m）は，$v = V_{max}[\mathrm{S}]/K_m$ で表される一次反応となる（V_{max} も K_m も定数である）．基質濃度が K_m に等しい（K_m = [S]）とき，$v = V_{max}/2$ となる．そして，基質量が十分にあるとき（[S] ≫ K_m），$v = V_{max}$ となり，零次反応となる．

(3) ラインウィーバー・バークの式

図 5.6.1 に示すように，反応速度と基質濃度の関係を表すグラフは曲線となるために，K_m などのパラメーターを読み取りにくい．また，基質によっては，V_max が得られるほどの高濃度まで溶解することができないなどの問題がある．そこで，H. Lineweaver と D. Burk はミカエリス・メンテンの式の逆数をとることにより，式 (5.6.4) を得た．

$$\frac{1}{v} = \frac{1}{V_\mathrm{max}} + \frac{K_\mathrm{m}}{V_\mathrm{max}} \cdot \frac{1}{[\mathrm{S}]} \tag{5.6.4}$$

つまり，$1/[\mathrm{S}]$ を横軸，$1/v$ を縦軸としてプロットすると図 5.6.2 のように直線となる．この直線を外挿すると，x 軸の切片から K_m，y 軸の切片から V_max が求まる．また，直線の傾きは $K_\mathrm{m}/V_\mathrm{max}$ であることから，傾きを利用してもよい．このプロットでは，V_max を求めるために高濃度の基質を反応液に加える必要がなく，K_m や V_max を簡単に求められる．さらには，競合阻害，非競合阻害，および不拮抗阻害などの酵素の阻害剤の阻害様式を決定するときにも強力なツールとなる．

ラインウィーバー・バークプロット
(Lineweaver-Burk plot)

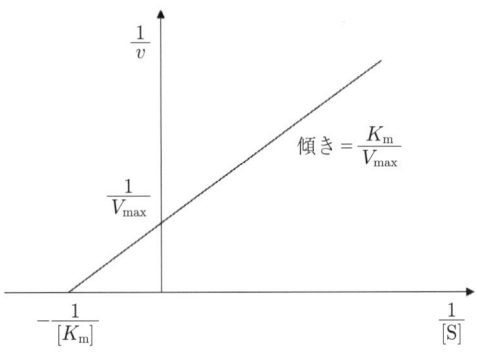

図 5.6.2 ラインウィーバー・バークプロット．

(4) 阻害様式

阻害剤
(inhibitor)

酵素活性
単位またはユニット (unit, U) が用いられる．1 U は，ある条件下で 1 分間に 1 μmol の基質を触媒する酵素量である．

図 5.6.3 に示したように，**阻害剤**による**酵素活性**阻害には，大きく 3 つの形式がある．

(i) 拮抗阻害

阻害剤は酵素の活性部位に結合する．すなわち，基質と阻害剤が活性部位へ競合して結合するため，K_m 値は増加し，V_max は変わらず，直線の傾きは増加する．

(ii) 非拮抗阻害

阻害剤は酵素の活性部位とは異なる別の部位に結合し，酵素の立体構造を変化させる（基本的に酵素と基質の結合には影響を及ぼさない）．その結果，基質 S が反応生成物 P に変わるのを阻害する．K_m 値は変

わらず，V_{max} は減少し，直線の傾きは増加する．

(iii) 不拮抗阻害

酵素単体 E とは結合せず，酵素・基質複合体 ES にのみ結合し，酵素活性を阻害する．K_m 値および V_{max} ともに減少し，直線の傾きは変わらない．

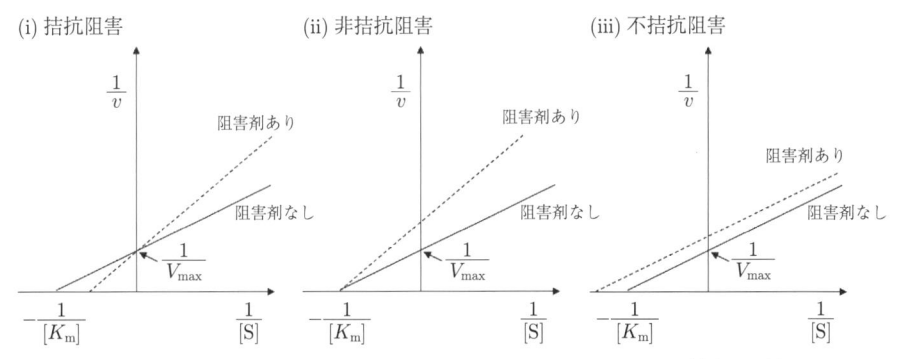

図 5.6.3 ラインウィーバー・バークプロットによる様々な阻害様式の比較．

3 実験の方法
―ダイコンからの酵素標品の精製【1日目】

ダイコンに含まれるペルオキシダーゼ（カタラーゼ）を硫安沈殿によって精製し，酵素標品を調製する．

(1) 実験器具と試薬

表 5.6.1 のとおり．

表 5.6.1 実験器具と試薬．

品名	数量	品名	数量
乳棒	1	100～1000 μL マイクロピペット	1
乳鉢	1	マイクロピペット用チップ（1000 μL 用）	1 箱
氷（アイスボックス付）	1	ビーカー	2
スターラー	1	アセトン	適量
スターラーチップ	1	リン酸緩衝生理食塩水（PBS, pH 7.4）	50 mL
硫酸アンモニウム（40% 用，80% 用）	各 1	ダイコンのおろし液	適量
50 mL 遠沈管（プラスチック）	3		

(2) 実験操作

△ 実験操作中，サンプルは常に氷上に置くこと．

ダイコンからのペルオキシダーゼ（カタラーゼ）の精製工程を図 5.6.4 に示した．

```
                    ダイコンのすりおろし液 50 mL/班
                              │
                         7500 rpm, 10 min, 4℃
                              │
                    ┌─────────┴─────────┐
                  沈殿物               上澄み
                                        │
                                   +等量のアセトンを加え，撹拌
                                   7500 rpm, 10 min, 4℃
                                        │
                              ┌─────────┴─────────┐
                           上澄み               沈殿物
                                                  │
                                            +PBS(25 mL)を加え，撹拌
                                            7500 rpm, 10 min, 4℃
                                                  │
                                        ┌─────────┴─────────┐
                                      沈殿物              上澄み ─→ 新しいチューブに1 mLを移しておく．
                                                           │         →サンプル(1)
                                                    +30% 硫安を加え，撹拌
                                                    7500 rpm, 10 min, 4℃
                                                           │
                                                 ┌─────────┴─────────┐
                                               沈殿物              上澄み ─→ 新しいチューブに1 mLを移しておく．
                                                 │                            →サンプル(2)
                                            +80% 硫安を加え，撹拌
                                            7500 rpm, 10 min, 4℃
                                                 │
                                       ┌─────────┴─────────┐
                                     沈殿物              上澄み
                                       │
                                  +リン酸緩衝液に懸濁する．
                                       │
                                     懸濁液 ─→ 新しいチューブに1 mLを移しておく．
                                       │         →サンプル(3)
                                      透析
```

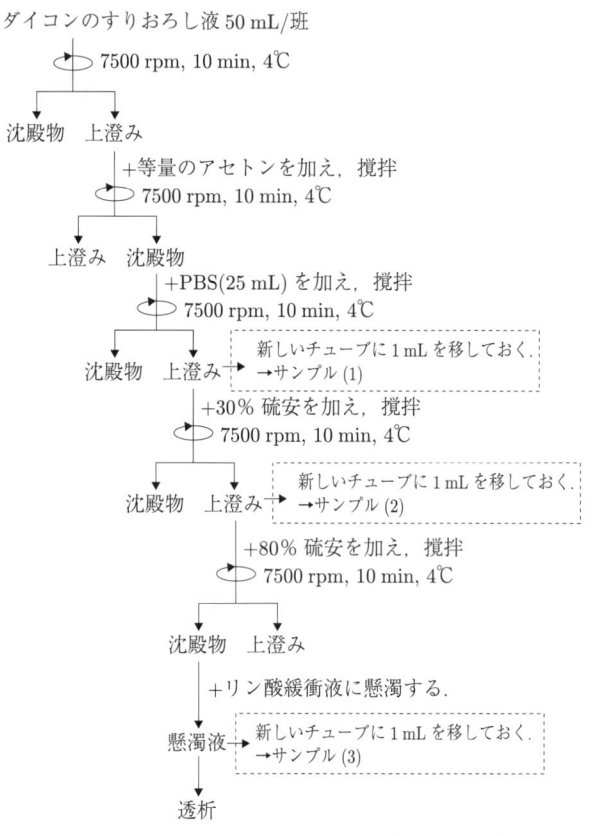

図 5.6.4 ダイコンからのペルオキシダーゼ（カタラーゼ）精製工程．

① ガーゼを2枚重ねにし，ダイコンのおろし液をろ過する．

② ろ液（①）を遠沈管に移し，7500 rpm で 10 分間，冷却遠心分離操作（4℃）を行う．

③ 上澄みをデカントで新しい遠沈管に移す．沈殿は繊維質なのでガーゼで濾して廃棄する．

④ 上澄み液（③）に等量の冷却アセトンを加え，撹拌後，7500 rpm で 10 分間，冷却遠心分離操作（4℃）を行う．

⑤ 上澄みを回収し，廃液タンクに廃棄する．上澄みには脂質等が含まれている．

⑥ 沈殿物にリン酸緩衝生理食塩水（PBS）をろ液（①）の半量となるように加え，よく撹拌する．この操作時の不溶物の大部分は多糖類である．

⑦ 2枚重ねにしたガーゼでろ過したろ液 25 mL を新しい遠沈管に移す．

⑧ この上澄み液 1 mL を 1000 μL マイクロピペットを用いて新しい 1.5 mL チューブに移しておく．この上澄み液をサンプル（1）として保存する（氷上に静置する）．

⑨ 表 5.6.2 を参照し，飽和濃度の 30% の濃度になるような硫酸アンモニウム（硫安）の必要量を，乳鉢と乳棒で細かく粉砕する．

表 5.6.2 硫安沈殿操作時の硫安の添加量（g）．

		\multicolumn{16}{c	}{硫安の最終濃度（%飽和）}
		10	20	25	30	33	35	40	45	50	55	60	65	70	75	80	90	100
試料溶液の硫安の初濃度（%飽和）	0	56	114	144	176	196	209	243	277	313	351	390	430	472	516	561	662	767
	10		57	86	118	137	150	183	216	251	288	326	365	406	449	494	592	694
	20			29	59	78	91	123	155	189	225	262	300	340	382	424	520	619
	25				30	49	61	93	125	158	193	230	267	307	348	390	485	583
	30					19	30	62	94	127	162	198	235	273	314	356	449	546
	33						12	43	74	107	142	177	214	252	292	333	426	522
	35							31	63	94	129	164	200	238	278	319	411	506
	40								31	63	97	132	168	205	245	285	375	469
	45									32	65	99	134	171	210	250	339	431
	50										33	66	101	137	176	214	302	392
	55											33	67	103	141	179	264	353
	60												34	69	105	143	227	314
	65													34	70	107	190	275
	70														35	72	153	237
	75															36	115	198
	80																77	157
	90																	79

＊試料溶液 1 L あたりの硫安量（g）

⑩ 100 mL ビーカーに⑧で得た残りの上澄み液を全量移し，スターラーで撹拌しながら，硫安を微量ずつゆっくり加えていき，完全に溶解させる．

⑪ 溶液の全量を 50 mL 遠沈管に移し，7500 rpm で 10 分間，冷却遠心分離操作（4℃）を行う．

⑫ デカントで上澄み液を新たな 100 mL ビーカーに移す．この上澄み液から 1000 μL マイクロピペットを用いて 1 mL を新しい 1.5 mL エッペンチューブに移しておく．この上澄み液をサンプル（2）として保存する（氷上に静置する）．

⑬ 飽和濃度の 80% の濃度になるような硫酸アンモニウム（硫安）の必要量を，乳鉢と乳棒で細かく粉砕後，⑫で得た残りの上澄み液に微量ずつゆっくりと加えながらスターラーで撹拌し，完全に溶解させる．

⑭ 溶液を全量遠沈管に移し，7500 rpm で 10 分間，冷却遠心分離操作（4℃）を行う．

⑮ デカントで上澄み液をビーカーに回収する．この上澄み液中にはペルオキシダーゼ（カタラーゼ）以外のタンパク質が含まれる．

⑯ 沈殿物に 10 mL の PBS を加え，よく撹拌する．1000 μL マイクロ

ピペットを用いて，この溶液から 1 mL を新しい 1.5 mL エッペンチューブに移しておく．この上澄み液をサンプル（3）として保存する（氷上に静置する）．

4 実験の方法―ダイコンから精製した酵素溶液中のタンパク質濃度測定および全活性・比活性測定

硫安分画による酵素精製工程における活性を測定し，それぞれの工程の意味を理解する．また，酵素の精製度について理解する．

(1) 実験器具と試薬

表 5.6.3 のとおり．

表 5.6.3 実験器具と試薬．

品　　名	数量	品　　名	数量
吸光度測定用セル（キュベット）	1	ビーカー	2
50 mL 遠沈管（プラスチック）	3	1.5 mL エッペンチューブ	8
試験管	20	3% 過酸化水素含有 PBS 溶液†	適量
試験管立て	1	0.1% ウシ血清アルブミン水溶液††	適量
2～20 μL マイクロピペット	1	ブラッドフォード試薬	適量
20～200 μL マイクロピペット	1	PBS (pH 7.4)†	50 mL
100～1000 μL マイクロピペット	1	❸で硫安分画した酵素サンプル（1）～（3）	各 1
マイクロピペット用チップ（200 μL 用，1000 μL 用）	各 1 箱	氷（アイスボックス付）	1

† 0.1% となるように界面活性剤を加えておく．
†† 常に氷上に置いておくこと．

ウシ血清アルブミン
(bovine serum albumin)

(2) 実験操作

① 1.5 mL エッペンチューブ 8 本にブラッドフォード試薬を 1 mL ずつ分注する．

② 0.1% ウシ血清アルブミン（BSA）水溶液の 0, 2, 4, 6, 8 μL をそれぞれ加え，撹拌する．

③ ❸で作製した酵素サンプル（1）～（3）溶液 20 μL を①の新たなブラッドフォード試薬中にそれぞれ加え，撹拌する．

④ 上記で作製した BSA 溶液の 595 nm の吸光度を測定する．BSA 溶液を測定する際にはタンパク濃度の薄い溶液から測定すること．その際，セルは洗浄せず続けて測定すること．BSA 溶液の測定を終えた後，70% エタノールでセルを 1～2 回洗浄する．

⑤ 酵素サンプル（1）～（3）の 595 nm の吸光度を測定する．

⑥ BSA 溶液の吸光度から検量線を作成し，サンプル（1）～（3）溶液中のタンパク質濃度を求め，表 5.6.4 に記入する．

⑦ 3% 過酸化水素水を 500 μL ずつ試験管 3 本に分注した後，サンプル（1）～（3）250 μL ずつ添加し，緩やかに撹拌する．

⑧ 操作⑦の後，1分後の泡の高さを定規で測定し，記録しておく．

⑨ それぞれのタンパク質濃度と泡の高さから，図5.6.5のグラフを参考に**全活性**および**比活性**を計算で求め，表5.6.4に記入する．また，それぞれのサンプル溶液25 mL中の酵素活性に関しても計算する．

酵素活性測定実験で得られたデータは泡の高さの値に過ぎないので，カタラーゼ標準品の値から活性を算出する．なお，カタラーゼ標準品の酵素活性は5000 U/mgとして計算すること．活性（U）は1分間に1 μmolの基質を生成物に転換する酵素の量である．算出した活性の値を全容量に対する値に換算したものが全活性である．比活性とは単位重量あたりの活性の単位であり，本実験では溶液のタンパク質1 mgあたりの活性とする．比活性は，酵素精製過程における純度の指標として一般的に用いられており，精製が進むと増大する．

全活性
サンプル全体あたりの酵素活性，mol/minで表される．

比活性
酵素タンパク質1 mgあたりの酵素活性．mol/min/mg，U/mgなどで表される．

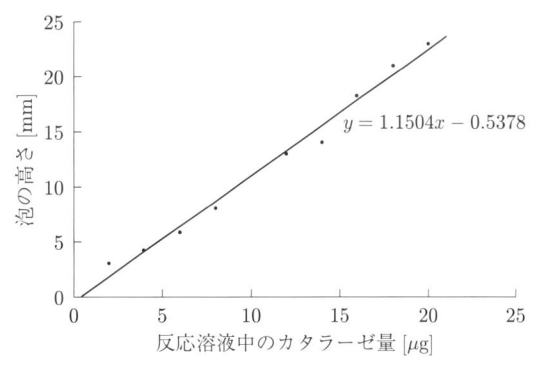

図 5.6.5 カタラーゼ標準品の酵素活性と泡の高さの関係．
$y = 1.1504x - 0.5378$

表 5.6.4 各サンプルのタンパク質濃度，全活性，および比活性．

	サンプル (1)	サンプル (2)	サンプル (3)
タンパク質濃度			
反応溶液中の酵素活性（250 μL）			
比活性			
試料全体（25 mLまたは10 mL）の酵素活性（全活性）			

5 実験の方法―酵素反応速度論〜酵素活性測定，阻害剤添加による酵素活性阻害様式解析【2日目】

基質と酵素の反応液中に阻害物質が存在している場合，どのように酵素反応が変化するのかを実際に観察し，酵素反応について，より深く学ぶことを目的とする．

(1) 実験器具と試薬

表5.6.5のとおり．

表 5.6.5 実験器具と試薬．

品 名	数量	品 名	数量
試験管	20	ビーカー	2
試験管立て	1	定規	1
2〜20 μL マイクロピペット	1	3% 過酸化水素含有 PBS 溶液†	適量
20〜200 μL マイクロピペット	1	アジ化ナトリウム水溶液（0.025 mM）	適量
100〜1000 μL マイクロピペット	1	酵素溶液	適量
マイクロピペット用チップ（200 μL 用，1000 μL 用）	各1箱	PBS（pH 7.4）†	適量

† 0.1%となるように界面活性剤を加えておく．

6 実験の方法
―至適温度・pH 測定, 化学触媒との比較【3 日目】

温度変化および反応溶液の pH が酵素反応に与える影響を観察する. また, 酵素反応と化学触媒を比較し, 酵素反応について, より深く学ぶことを目的とする.

(1) 実験器具と試薬

表 5.6.10 のとおり.

表 5.6.10 実験器具と試薬.

品　名	数量	品　名	数量
試験管	20	定規	1
試験管立て	1	3% 過酸化水素含有 PBS 溶液[†]	適量
2〜20 μL マイクロピペット	1	10% 塩酸	適量
100〜1000 μL マイクロピペット	1	酵素溶液	適量
マイクロピペット用チップ	各1箱	酸化マンガン（MnO_2）	適量
（200 μL 用, 1000 μL 用）		PBS (pH 7.4)[†]	適量
ウォーターバス (20, 50, 80℃)	各1	ビーカー	2

[†] 0.1% となるように界面活性剤を加えておく.

(2) 実験操作

(i) 酵素反応に与える温度の影響

① 試験管を 6 本準備し, 表 5.6.11 のとおりに基質以外の試薬を加え, 20℃, 50℃, および 80℃ の水浴中で各時間加温する.
② 基質溶液を入れ 1 分間反応させ, 速やかに泡の高さを定規で測る.
③ それぞれの条件下での泡の高さを比較し, 至適温度を理解し, また, 熱による酵素失活に関して考察する.
④ 2 日目に作成したグラフをもとに, それぞれの温度における反応速度変化を考察する.

表 5.6.11 温度変化後の酵素活性測定.

	1	2	3	4	5	6
酵素溶液	10 μL	10 μL	10 μL	10 μL	10 μL	10 μL
PBS (pH7.4)	490 μL	490 μL	490 μL	490 μL	490 μL	490 μL
基質（3% 過酸化水素）	500 μL	500 μL	500 μL	500 μL	500 μL	500 μL
Total	1000 μL	1000 μL	1000 μL	1000 μL	1000 μL	1000 μL
20℃ の水浴	1 min	5 min				
50℃ の水浴			1 min	5 min		
80℃ の水浴					1 min	5 min

(ii) pH による酵素活性変化測定：至適 pH 測定

① 試験管を 8 本準備し, 表 5.6.12 のとおりにリン酸緩衝液, 基質,

および 10% 塩酸をそれぞれ加える．
② 酵素溶液を加え緩やかに撹拌後，1 分後の泡の高さを定規で測る．
③ それぞれの条件下での泡の高さを比較する．
④ それぞれの pH における反応速度変化を考察する．

表 5.6.12　溶液中の pH による酵素活性変化測定．

	1	2	3	4	5	6	7	8
酵素溶液	10 µL	10 µL	10 µL	10 µL	10 µL	10 µL	10 µL	10 µL
PBS（pH7.4）	490 µL	488 µL	486 µL	484 µL	482 µL	480 µL	475 µL	465 µL
基質（3% 過酸化水素）	500 µL	500 µL	500 µL	500 µL	500 µL	500 µL	500 µL	500 µL
10% 塩酸	0 µL	2 µL	4 µL	6 µL	8 µL	10 µL	15 µL	25 µL
Total	1000 µL	1000 µL	1000 µL	1000 µL	1000 µL	1000 µL	1000 µL	1000 µL

(iii)　化学触媒の活性測定
① 1 mg の酸化マンガン粉末を入れた試験管を 8 本準備し，表 5.6.13 のとおりに基質以外のリン酸緩衝液，10% 塩酸を加える．
② 基質溶液を加え，緩やかに撹拌後，反応させた 1 分後，速やかに泡の高さを定規で測る．
③ それぞれの条件下での泡の高さを比較し，至適 pH を確認し，酵素反応との違いを考察する．

表 5.6.13　酸化マンガンによる触媒活性変化測定．

	1	2	3	4	5	6	7	8
酸化マンガン（0.01 M）	1 mg	1 mg	1 mg	1 mg	1 mg	1 mg	1 mg	1 mg
PBS（pH7.4）	500 µL	498 µL	496 µL	494 µL	492 µL	490 µL	485 µL	475 µL
基質（3% 過酸化水素）	500 µL	500 µL	500 µL	500 µL	500 µL	500 µL	500 µL	500 µL
10% 塩酸	0 µL	2 µL	4 µL	6 µL	8 µL	10 µL	15 µL	25 µL
Total	1000 µL	1000 µL	1000 µL	1000 µL	1000 µL	1000 µL	1000 µL	1000 µL

7　結果と考察

☐ 各濃度の硫酸アンモニウム画分（サンプル 1～3）の比活性を比較し，変化した理由について考察せよ．
☐ ブラッドフォード試薬によるタンパク質定量の原理を調べよ．また，他のタンパク質定量法との比較をせよ．
☐ アジ化ナトリウムによるペルオキシダーゼ（カタラーゼ）阻害機構を調べ，実験結果と照らし合わせて考察せよ．
☐ ミカエリス・メンテンの式の導出課程を説明せよ．
☐ pH 変化による酵素活性変化について，なぜ得られた実験結果になったのか考察せよ．
☐ ペルオキシダーゼとカタラーゼの違いについて調べよ．

† あらかじめ SMQ に溶かし，90～100℃ で 10～15 分煮沸しておく．

†† 1 g を 2.5 mL の濃硫酸に十分に溶かし，さらにこの溶液を氷酢酸でメスアップして 100 mL とする．試薬が劣化するため当日調製する．

表 5.7.2 実験器具と試薬．

品　名	数量	品　名	数量
分光光度計	1	マイクロピペット用チップ	各 1 箱
プラスチックセル	1	（200 μL 用，1000 μL 用）	
試験管	10	標準 DNA 溶液	3 mL
試験管立て	1	（0.5 mg/mL）†	
パスツールピペット	1	ジフェニルアミン溶液††	8 mL
20～200 μL マイクロピペット	1	SMQ	
100～1000 μL マイクロピペット	1		

††† ① で DNA 溶液を 0 μL としたもの．

③ 試験管の上部をガラス玉でふさぎ，煮沸水浴中で 10 分間加熱する（試料と検量線用 DNA 溶液は同時に加熱する）．

④ 水道水で冷却後，標準 DNA 溶液††† を対照に 595 nm の吸光度を測定する．

⑤ 方眼紙上に DNA の濃度（mg/mL）を横軸，吸光度を縦軸にプロットし，検量線を作成する．

(ii) 試料の吸光度測定

トリ肝臓から抽出・精製した DNA 溶液（10 mL）を以下のように 10 倍および 5 倍希釈する．

・10 倍希釈：DNA 溶液 200 μL に SMQ を 1800 μL 加える．

・5 倍希釈：上記 DNA 溶液 400 μL に SMQ を 1600 μL 加える．

希釈した試料から各々 1000 μL を別の試験管に移し，ジフェニルアミン溶液（1000 μL）を加え，煮沸水浴中で 10 分間加熱し，水道水で冷却後，標準 DNA 溶液††† を対照に 595 nm の吸光度を測定する．

△ 使用する試薬は酸を含んでいるので，煮沸中に眼や手に付けないように十分注意すること（保護メガネは必ず着用）．

△ 廃液は流しに捨てないこと．

5　結果と考察

☐ トリ肝臓 1 g あたりの DNA 量はいくらであったか．

☐ 本実験で用いた呈色反応等を応用すると，生体成分の分析においてどのようなことが可能となるか，また，この他に DNA の定量にはどのような方法があるか，その長所と短所を比較せよ．

☐ ゲノム DNA と cDNA の違いは何か．

5.8 遺伝子のクローニング

⚠ 5章のこれ以降の実験† はすべて遺伝子組換え実験（P1）の対象となるので，プレートなどは必ず指定された場所に捨てること．また，実験に使用した溶液は絶対に流しに捨てないこと．

⚠ 遺伝子組換え操作に関しての安全指針については第1章に記載されているので，十分に理解して実験を開始すること．

† 5.8～5.19節は一連の実験である．

1 実験の目的

この実験ではベクターとして pCRII を用いる．この遺伝子にはあらかじめアンピシリン耐性遺伝子，カナマイシン耐性遺伝子および lacZ 遺伝子が組み込まれている．これらの遺伝子を利用して様々な薬剤耐性選択を行う．また，目的遺伝子としてマウス由来の G3PDH の遺伝子の一部が lacZ 遺伝子中に挿入されており，本実験ではこの遺伝子を増幅し，解析する．プラスミド DNA と呼ばれる環状 DNA をコンピテントセル（大腸菌）に導入することで，目的の遺伝子を増幅させる．あわせて無菌操作およびコンピテントセルの取り扱いを学ぶ．

ベクター
(vector)

コンピテントセル
(competent cell)

2 実験の背景

(1) 遺伝子工学

ゲノム DNA を細胞から取り出し，人工的な操作を加え，遺伝子産物（タンパク質）を細胞に作らせる技術を遺伝子操作，遺伝子組換え技術と呼ぶ．1970年に相次いで発見された制限酵素と逆転写酵素は，遺伝子工学を現実のものとした．

制限酵素
(restriction endonuclease)
逆転写酵素
(reverse transcriptase)

(2) 組換え体

組換え体の作成では，まず細胞から mRNA を抽出する．その後，逆転写酵素により mRNA に相補的な標識をした cDNA を作成する．作成した cDNA から目的遺伝子配列を増幅し，リガーゼによってベクターに組み込んでクローニングに用いる（図 5.8.1）．リガーゼは DNA の切れ目をつなぐ酵素で，組換え体を作成するのに用いられる．ベクターとは，遺伝子を組み込む相手として用いられる DNA であり，現在広く用いられているベクターは，ファージ，動植物ウイルスおよびプラスミドなどがある．プラスミドは多くのバクテリアに存在する小型の核外遺伝子で，組換え体を選別するためのマーカー遺伝子や複製開始点をもつ．

クローニング
(cloning)

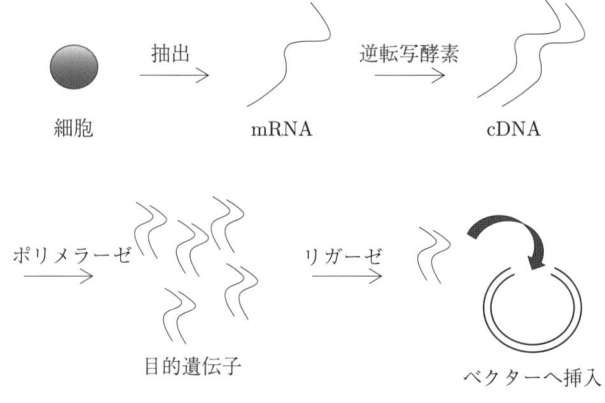

図 5.8.1 クローニングの流れ．

組換え体を取り込ませて増やすためには，大腸菌，酵母などの宿主細胞が必要である．

(3) クローニング

　DNA クローニングとは，組換え体を宿主細胞にいれて目的遺伝子を増やし，DNA 断片を量的に得る操作を呼ぶ．その塩基配列を決定することで遺伝子の構造を知ることが可能となった．一方，組換え体を用いて目的のタンパク質を作成することもできる．近年，DNA の新しい増殖法として PCR 法が開発され，微量の試料からでも DNA をクローニングできるようになった．

(4) コンピテントセル

　増殖期の大腸菌を，2価陰イオン存在下（塩化カルシウム等）で冷却処理することで，細胞膜がプラスミドなど比較的小さな DNA に対して透過性を得る．この大腸菌をコンピテントセルと呼ぶ．

(5) 形質転換

　コンピテントセルに DNA を加え，混和する．その後，熱処理（ヒートショック，通常は 42°C で 30〜45 秒）することで DNA が取り込まれ形質転換がおこる（図 5.8.2）．形質転換とは，ゲノムあるいはプラスミド DNA を化学的，物理的手段により細胞に導入することによって，細胞の性質を変えることである．

(6) 薬剤選択

　形質転換されなかった大腸菌と形質転換された大腸菌を分けるためには，薬剤選択が必要である．例えば，アンピシリン耐性遺伝子を含むプラスミドを用いて形質転換した大腸菌は，アンピシリン耐性を得る．し

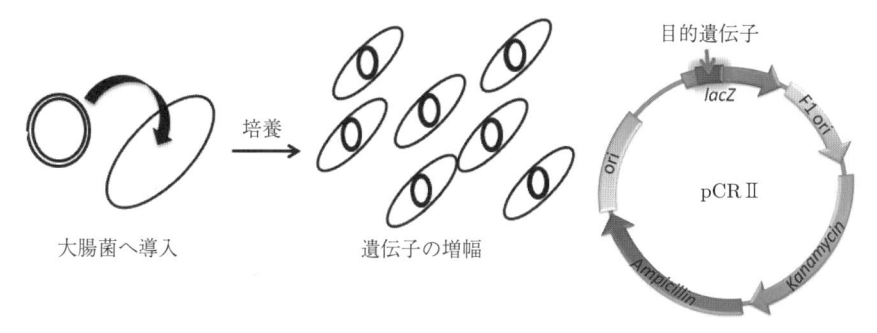

図 5.8.2 形質転換とベクター.

たがって，形質転換後にアンピシリンを含む寒天培地で培養すると形質転換した大腸菌のみがコロニーを形成することができる．

(7) 青白コロニー選択

形質転換後の薬剤選択を行い，得られたシングルコロニーを培養することで高濃度の目的遺伝子が得られる．しかし，導入した遺伝子（プラスミド）を抽出しても，プラスミド内に目的遺伝子が含まれていない場合がある．これは，組換え体を作成する時点で，目的遺伝子がベクターに挿入されていないものが存在するためである．したがって，そのような事態をなくすために，青白コロニー選択を行う．まず，5-ブロモ-4-クロロ-3-インドリル-β-D-ガラクトピラノシド（X-gal）をアンピシリン入り寒天培地にあらかじめ塗布しておく．この物質は，ガラクトースと置換インドールから構成される有機化合物である．β-ガラクトシダーゼにより分解されると青色に呈する性質を利用して，青白選択を行う（図 5.8.3）．

実験で用いるプラスミドDNA内にはβ-ガラクトシダーゼを生産する lacZ と呼ばれる遺伝子が含まれており，目的遺伝子を挿入する部位になっている．つまり，目的遺伝子が挿入されると，lacZ の塩基配列が分かれるため β-ガラクトシダーゼが生産できなくなる．したがって，遺伝子が挿入された大腸菌によってはX-galは分解されず，白色のコロニーが形成する．しかし，遺伝子が挿入されないと lacZ の塩基配列は正しく転写され，β-ガラクトシダーゼを産生するので，コロニーは青色となる．

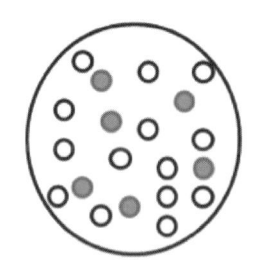

図 5.8.3 コロニーの青白選択．アンピシリン入り寒天培地により形成されたコロニーは，すべてプラスミドが入っている．さらに青白コロニー選択を行うことで，目的遺伝子を有しているプラスミドが導入された白コロニーからプラスミドを抽出することができる．

プラスミド
(plasmid)

(8) プラスミド

細菌の細胞質内に存在して，細胞の染色体とは別に自律的に自己複製を行う染色体外の遺伝子をいう．通常は細菌自体の生育にとっては必須の遺伝子ではなく，染色体に組み込まれる場合がほとんどである．小さい環状のDNAで，性決定因子（F因子），薬剤耐性因子（R因子），病

原性決定プラスミド，抗生物質合成プラスミド，バクテリオシン産出プラスミドのほかに，代謝系に関係するプラスミドなどがある．遺伝子の組替え実験で，他の細胞から取りだした DNA をプラスミド DNA へ組み込ませて，その自律増殖性を利用して，ベクター（異種の DNA を宿主へ運ぶ DNA）としてよく用いられている．

(9) G3PDH

G3PDH（GAPDH）とも書かれ，グリセルアルデヒド 3 リン酸脱水素酵素である．この酵素は解糖系の酵素のひとつで，細胞質に多く含まれる．また，ハウスキーピング遺伝子，すなわち，多くの組織や細胞中に共通して一定量発現する遺伝子で，常に発現され，細胞の維持，増殖に不可欠な遺伝子である．G3PDH（glyceraldehyde-3-phosphate dehydrogenase）以外に β-アクチン，β2-マイクログロブリン，HPRT1（hypoxanthine phosphoribosyltransferase 1）などがある．

5.9 プラスミドDNAの抽出と精製

1 実験の目的

増幅した遺伝子をアルカリ抽出法により抽出する．本実験では初歩的なプラスミド抽出法を学ぶ．

プラスミド (plasmid)

2 実験の背景

効果的にプラスミドDNAを抽出するには，アルカリによってDNAが1本鎖になること，すなわち変性を利用する．DNAは，中性付近のpHでは塩基間に水素結合を形成しているが，pHが9.2を越えると塩基の脱プロトン化が始まり水素結合が壊れて変性する．変性は，穏和な変化に対しては可逆的でpHを戻せばDNAは2本鎖に戻るが，急激な変化には対応できず2本鎖に戻ることができない．また，DNAのアルカリ変性は，DNAの分子量あるいは存在状態によっても，その効率に違いがある．分子量の大きい染色体はアルカリ変性しやすいが，分子量が小さく，しかも**超らせん**構造をとる閉環状のプラスミドは変性しにくい．この性質の違いを利用したアルカリ抽出法を用いることにより，導入したプラスミドを精製できる．

超らせん (super coil)

3 実験の方法

(1) 実験器具と試薬

表5.9.1のとおり．

表 5.9.1 実験器具と試薬．

品　名	数量	品　名	数量
培養ラウンドチューブ（ファルコン2059）	1	溶液 II：200 mM NaOH, 1% SDS	300 μL
振とう培養機	1	溶液 III：3 M 酢酸カリウム（pH 5.5，氷上に置いておく）	300 μL
エッペン用冷却遠心分離機	1	フェノール	100 μL
1.5 mL エッペンチューブ	5	クロロホルム：イソアミルアルコール（24：1, v/v）	100 μL
氷（アイスボックス付き）	1箱		
2～20 μL マイクロピペット	1	SMQ（滅菌超純水）	10 μL
20～200 μL マイクロピペット	1	冷却 100% エタノール	1.05 mL
100～1000 μL マイクロピペット	1	冷却 70% エタノール	2 mL
マイクロピペット用チップ（200 μL 用，1000 μL 用）	各1箱	3 M 酢酸ナトリウム（pH 5.2）	10 μL
		RNase（100 μg/mL）	6 μL
溶液 I：50 mM Tris-HCl (pH 8.0), 10 mM EDTA	300 μL	キムワイプ	1箱

(2) 実験操作

(i) 培養

培養は事前に TA が行い，G3PDH をコードする cDNA が挿入されているプラスミドが形質転換された大腸菌の培養チューブ（下記③）を学生に配布してもよい．

① 培養チューブにアンピシリン入り LB 培地を 3 mL 加える．

② 5.8 節で作成したコロニーが検出できるアンピシリン入り LB プレートから目的遺伝子が正しく挿入された白いシングルコロニーを爪楊枝でピックしてアンピシリン入り LB 培地に入れる．

③ 37℃ で 16 時間振とう培養する．

(ii) プラスミド抽出

① 100〜1000 μL マイクロピペットで，培養チューブ内の培養液を 2 本の 1.5 mL エッペンチューブに 1.5 mL（750 μL × 2 回）ずつ移す．4℃，10000 rpm で 5 分間遠心分離する．

② 遠心分離後，100〜1000 μL マイクロピペットで上清を除く．この上清は大腸菌を培養した培養ラウンドチューブに戻す．上清を除いた片方のエッペンチューブに 100〜1000 μL マイクロピペットで溶液 I を 300 μL 加え，穏やかにピペッティングし，沈殿物を懸濁させる．もう一方のエッペンチューブに懸濁液を全量移し，同様に沈殿物を懸濁させる．2 本分の培養液は，この時点で①の 1.5 mL エッペンチューブ 1 本にまとめる．

③ 上記②に溶液 II を 300 μL 加え，穏やかに転倒混和し，5 分間静置する．

④ 静置後，冷やしておいた溶液 III を 300 μL 加えて穏やかに転倒混和し，5 分間氷上に静置する．その後，4℃，10000 rpm で 10 分間遠心分離する．

⑤ 遠心分離後，100〜1000 μL マイクロピペットで上清を新しい 1.5 mL エッペンチューブに移す．移した上清に 20〜200 μL マイクロピペットでフェノールとクロロホルム：イソアミルアルコール（24：1）混合液を 100 μL ずつ加え，3 分間穏やかに転倒混和する．その後，4℃，10000 rpm で 8 分間遠心分離する．

⑥ 遠心分離後，20〜200 μL マイクロピペットで上層を数回に分けて 700 μL を量り取り，新しい 1.5 mL エッペンチューブに移す．移した上清に冷却 100% エタノールを 800 μL 加え，数回穏やかに転倒混和する．その後，4℃，10000 rpm で 8 分間遠心分離する．

⑦ 遠心分離後，100〜1000 μL マイクロピペットで上清を取り除き，残った沈殿に冷却 70% エタノール 1000 μL を加え，数回穏やかに転

倒混和する．その後，4℃，10000 rpm で 10 分間遠心分離する．

⑧ 遠心分離後，100〜1000 μL マイクロピペットおよび 20〜200 μL マイクロピペットで上清を取り除く．沈殿物（プラスミド DNA と RNA を含む）の入った 1.5 mL エッペンチューブをキムワイプ上で逆さにして数分間風乾する．その後，20〜200 μL マイクロピペットで SMQ を 50 μL 加え，穏やかにピペッティングする．

⑨ 上記⑧に 20〜200 μL マイクロピペットで RNase（100 μg/mL）を 6 μL 加え，20〜200 μL マイクロピペットで穏やかにピペッティングする．37℃ で 30 分間反応させる．

⑩ 上記⑨に 20〜200 μL マイクロピペットでフェノールとクロロホルム：イソアミルアルコール（24：1, v/v）を 100 μL ずつ加え，3 分間穏やかに転倒混和する．その後，4℃，10000 rpm で 8 分間遠心分離する．

⑪ 遠心分離後，20〜200 μL マイクロピペットで上層を取り（約 90〜100 μL になる），新しいエッペンチューブに移す．

⑫ 上記⑪に 100〜1000 μL マイクロピペットで冷却 100% エタノール 250 μL を加え，数回穏やかに転倒混和する．次に 3 M 酢酸ナトリウムを 10 μL 加え，さらに穏やかに転倒混和する．その後，4℃，10000 rpm で 10 分間遠心分離する．

⑬ 遠心分離後，100〜1000 μL マイクロピペットで上清を取り除き，冷却 70% エタノール 1000 μL を加え，数回穏やかに転倒混和する．その後，4℃，10000 rpm で 5 分間遠心分離する．

⑭ 遠心分離後，100〜1000 μL マイクロピペットおよび 20〜200 μL マイクロピペットで上清を取り除く．沈殿物の入った 1.5 mL エッペンチューブをキムワイプ上に逆さにして，10 分間風乾する．その後，2〜20 μL マイクロピペットで SMQ を 10 μL 加え，穏やかにピペッティングする．

4 結果と考察

☐ プラスミド抽出の際に RNase を加えるのはなぜか．
☐ 本実験においてゲノム DNA はどこに回収されているか．
☐ この実験で用いたプラスミド DNA の精製法以外にどのようなものがあるか．

5.10 RNAの抽出と1stストランドcDNAの合成

1 実験の目的
mRNAを鋳型にして逆転写酵素を用いて1stストランドcDNAを作成する．

2 実験の背景

RT-PCR
(reverse transcription-PCR)

PCRは微量なDNAの存在を非常に鋭敏に検出できる方法であり，この方法でごくわずかなmRNAの発現を検出することができれば非常に有効である．これを可能にしたのが**RT-PCR**であり，これはmRNAを試料（鋳型）として行う増幅法である．RT-PCRではまずmRNA（全RNAでもよい）を鋳型として逆転写酵素により最初のcDNA（1stストランド）を合成する．その後，RNaseHによってRNAを分解してPCR用のDNAの鋳型を調製する．逆転写のためのプライマーとして目的とする遺伝子に対する特異的な**プライマー**を利用するか，あるいは試料に含まれるmRNAすべてをDNAとして増幅する場合は，汎用プライマー（オリゴ（dT）プライマーや6塩基からなるランダムプライマー）を用いる．

プライマー
(primer)

3 実験の方法—RNAの抽出

(1) 実験器具と試薬

表5.10.1のとおり．

表5.10.1 実験器具と試薬．

品　名	数量	品　名	数量
エッペン用冷却遠心分離機	1	TORIzorl® Reagent (Life technologies REF 15596026)	1000 μL
分光光度計	1	2-プロパノール	500 μL
マイクロセル	1	冷却70% エタノール	1000 μL
2〜20 μL マイクロピペット	1	DEPC Treated Water	217 μL
20〜200 μL マイクロピペット	1	クロロホルム：イソアミルアルコール (24：1, v/v)	200 μL
100〜1000 μL マイクロピペット	1		
2.0 mL エッペンチューブ	2		
フィルター付マイクロピペット用チップ (200 μL用，1000 μL用)	各1箱		

(2) 実験操作

① あらかじめ培養した細胞（約 2×10^7 個）を 2.0 mL エッペンチューブに移し，生理的食塩水または PBS で洗浄後，1000 rpm，5 分間遠心分離を行う．得られた沈殿（細胞）を TORIzorl® Reagent 1000 μL に溶かし，細胞をほぐすようにゆっくりピペッティングを行う．室温で 5 分間放置し，3000 rpm，10 分間遠心分離を行う．

② 遠心後，上清を 2.0 mL エッペンチューブに移し，上清にクロロホルム：イソアミルアルコール（24：1, v/v）を 200 μL 加え 15 秒間ピペッティングし，10000 rpm，15 分間遠心分離を行う．

③ 上清を新しいエッペンチューブに移す．

④ 上清に 2-プロパノール 500 μL を加え，ピペッティングを行い，15～30℃（室温）で 10 分間放置する．

⑤ 10000 rpm，10 分間遠心分離を行い，遠心後，上清を取り除く．

⑥ 沈殿物に冷却 70% エタノール 1000 μL を加え，ピペッティングする．

⑦ 7500 rpm，5 分間遠心分離し，その後上清を取り除き風乾する．

⑧ DEPC Treated Water 100 μL に沈殿を溶かす．

⑨ 上記⑧の RNA 溶液 3 μL を DEPC Treated Water 117 μL に加え（40 倍希釈），試料調製する．

⑩ 分光光度計を用いて，調製した試料の吸光度を測定し，RNA 量を算出する．

4 実験の方法—1st ストランド cDNA の合成

(1) 実験器具と試薬

表 5.10.2 のとおり．

表 5.10.2 実験器具と試薬．

品　名	数量	品　名	数量
サーマルサイクラー	1	SuperScript® Ⅲ First-Strand Synthesis System for RT-PCR （以下の試薬を含む）	
PCR チューブ	1		
マイクロピペット （0.2〜2 μL，2〜20 μL）	各 1	Primer (50 ng/μL random hexamers)	1 μL
		10 mM dNTPs mix	1 μL
マウスハイブリドーマ細胞由来の全 RNA（1 μg/μL）	1 μL	DEPC Treated Water	7 μL
マイクロピペット用チップ （2 μL 用，200 μL 用）	各 1 箱	10 × RT buffer	2 μL
		25 mM MgCl$_2$	4 μL
		0.1 M DTT	2 μL
		RNase OUT (40 U/μL)	1 μL
		Super Script Ⅲ RT (200 U/μL)	1 μL
		RNase H (2 U/μL)	1 μL

(2) 実験操作

① PCR チューブ 1 本あたり以下の試薬 A を加える（計 10 μL）．

試薬 A・Primer (50 ng/μL random hexamers)　　1 μL
　　　・10 mM dNTP mix　　　　　　　　　　　1 μL
　　　・DEPC Treated Water　　　　　　　　　　7 μL
　　　・RNA 溶液 (1 μg/μL)　　　　　　　　　　1 μL

② サーマルサイクラーを用いて調製した試薬 A を 65℃，5 分間反応させる．

③ 反応後，氷上に置き調製した試薬 B（計 10 μL）を各 PCR チューブに加える．

試薬 B・10 × RT buffer　　　　　　　　　　　　2 μL
　　　・25 mM MgCl$_2$　　　　　　　　　　　　4 μL
　　　・0.1 M DTT　　　　　　　　　　　　　　2 μL
　　　・RNase OUT (40 U/μL)　　　　　　　　　 1 μL
　　　・Super Script Ⅲ RT (200 U/μL)　　　　　　1 μL

④ サーマルサイクラーを用いて下記のプログラムで反応させる．

Cycle 1・25℃　　　　　　10 分
　　　・50℃　　　　　　50 分
　　　・85℃　　　　　　5 分

⑤ 反応後，PCR チューブを氷上に置き，RNase H 1 μL を各 PCR チューブに加え，37℃，20 分間反応させる．

⑥ 反応後，PCR チューブは −20℃ のフリーザーで保存する．

5　結果と考察

☐ 1st ストランド cDNA の作成においてこの実験ではランダムヘキサマーを使用したが，オリゴ dT を使用する場合もある．その理由を調べよ．

☐ 全 RNA と mRNA を鋳型に使った場合で，得られる結果の違いは何か．

5.11 特異的なプライマーによるPCRを用いた遺伝子の増幅

1 実験の目的

5.10 節の **4** において，逆転写酵素により合成された最初の cDNA（1st ストランド）を鋳型として，目的の DNA を **PCR** により増幅する．

PCR
(polymerase chain reaction)

2 実験の背景

PCR は，ある特定の DNA 断片を少ない量からでも，短時間で大量，かつ容易に増幅することのできる画期的な方法である．PCR は，主に**熱変性**，**アニーリング**，**伸長**の 3 段階から成り立っている．まず，2 本鎖の DNA を加熱することで変性させ，1 本鎖の DNA にする．次に温度を下げ，あらかじめ加えておいた増幅したい DNA 鎖の両端と相補的なプライマーを 1 本鎖の DNA と結合させる．DNA 合成のきっかけとなるプライマーが結合したことにより，DNA 鎖の伸長反応が始まる．伸長反応の際に必要なポリメラーゼは酵素なので，PCR に必要な高温下では失活してしまい，これまでは PCR は不可能であるとされていたが，温泉に生息する細菌から発見された *Taq* ポリメラーゼによって可能となった．

熱変性
(thermal denaturation)
アニーリング
(annealing)
伸長
(extension)

RT-PCR には 5.10 節の **3** と **4** のように 2 つの反応ステップで行う方法と，逆転写反応から PCR まで 1 本のチューブで行うワンステップ RT-PCR 法の 2 つのタイプがあり，後者の場合は *Taq* ポリメラーゼとは異なる *Tth* DNA ポリメラーゼを用いる場合が多い．

3 実験の方法

(1) 実験器具と試薬

表 5.11.1 のとおり．

(2) 実験操作

① 次のとおりに PCR チューブへ入れ反応液を調製する（計 49.2 μL）．

表 5.11.1 実験器具と試薬.

品　名	数量	品　名	数量
サーマルサイクラー 　（GenAmp PCR System 9700； 　アプライドバイオシステムズ社）	1	鋳型 DNA 　（5.10 節で作成した 　1st ストランド cDNA）	20 μL
PCR チューブ	1	Taq ポリメラーゼ	0.2 μL
0.2～2 μL マイクロピペット	1	dNTPs mix	4 μL
2～20 μL マイクロピペット	1	10 × PCR buffer	5 μL
マイクロピペット用チップ 　（2 μL 用，200 μL 用）	各1箱	プライマー 　（Forward Primer, Reverse Primer, 　2.5 μM 各 10 μL）	1 セット

- 10 × PCR buffer　　　　5 μL
- 2.5 mM dNTPs mix　　　4 μL，最終濃度 0.2 mM
- 2.5 μM Forward Primer　10 μL，最終濃度 0.5 μM
- 2.5 μM Reverse Primer　10 μL，最終濃度 0.5 μM
- 鋳型 DNA（5.10 節で作成した 1st ストランド cDNA を 10 倍希釈した）　20 μL
- Taq ポリメラーゼ　　　0.2 μL

② 下記のサーマルサイクラーのプログラムで反応さる．
- Cycle 1(×1)　　Step 1　94℃，2 分，Preheating
- Cycle 2(×35)　Step 1　94℃，20 秒，Denaturation
　　　　　　　　Step 2　62.2℃，30 秒，Annealing
　　　　　　　　Step 3　72℃，40 秒，Extension
- Cycle 3(×1)　　Step 1　72℃，5 分，Extension
　　　　　　　　Step 2　4℃，∞

③ 反応後，PCR チューブを氷上に取り出し，10 × loading buffer を終濃度が 1× となるように加え，1% アガロースゲルで電気泳動を行う．この試料は 5.13 節で使用する．

④ 泳動後，ゲルに UV 照射し，ハウスキーピング遺伝子の増幅の確認を行う（G3PDH は 460 bp 付近にバンドが増幅される）．

4　結果と考察

☐ PCR おいてアニーリング温度の設定が非常に大切である．その理由と，温度を上げたりあるいは下げた場合どのような PCR の結果につながるか考察せよ．

☐ PCR では T_m の設定が非常に大切である．理由を説明せよ．

5.12 プラスミドDNAの制限酵素処理

1 実験の目的

5.9節で抽出したプラスミドに外来の遺伝子が挿入されているかをプラスミドDNAから制限酵素処理（EcoR I）で切り出し，アガロース電気泳動により確認する．

制限酵素
(restriction endonuclease)

2 実験の背景

制限酵素は2本鎖DNAの特定の塩基配列を認識し，これを切断する働きをもつ．この性質を利用して目的の遺伝子配列を切りだすことができる．本実験で用いる制限酵素EcoR Iは図5.12.1のような遺伝子配列を認識し切断する．pCRIIベクターでは挿入したDNAから約10 bp離れた両側にEcoR Iサイトが存在するので，ベクター由来の直鎖のDNA（約4.0 kb）と外来の挿入されたDNA（ここではPCRで増幅されたG3PDH遺伝子の約460 bpのバンド）が検出される．

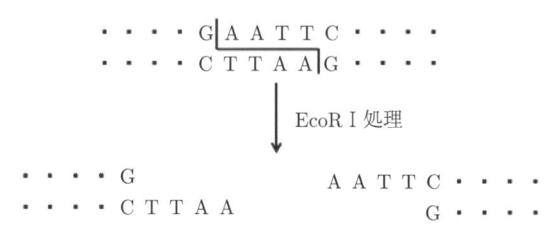

```
····G|A A T T C····
····C T T A A|G····
          ↓ EcoR I処理
····G        A A T T C····
····C T T A A        G····
```

図 5.12.1 制限酵素 EcoR I による切断．

3 実験の方法

(1) 実験器具と試薬

表5.12.1のとおり．

表 5.12.1 実験器具と試薬．

品　名	数量	品　名	数量
0.2～2 μL マイクロピペット	1	フローテングパッド	1
2～20 μL マイクロピペット	1	10 × H buffer	4 μL
ウォーターバス	1	EcoR I	0.2 μL
マイクロピペット用チップ	各1箱	SMQ	31.8 μL
（2 μL 用，200 μL 用）		氷（アイスボックス付）	1箱
1.5 mL エッペンチューブ	2		

(2) 実験操作

① 2〜20 μL マイクロピペットと 0.2〜2 μL マイクロピペットを用いて，各 1.5 mL エッペンチューブ（A, B）に以下を加える（各計 20 μL）．

- エッペン A：
  - 5.9 節で抽出したプラスミド　4 μL
  - 10 × H buffer　2 μL
  - EcoR I　1 μL
  - SMQ　1.3 μL
- エッペン B：
  - 5.9 節で抽出したプラスミド　4 μL
  - 10 × H buffer　2 μL
  - SMQ　14 μL

② ウォーターバスを用いて，37℃ で 90 分間反応させる．
③ 反応後，氷上に保存する．

4 結果と考察

□ 制限酵素以外に DNA を分解する酵素類が存在するが，性質の違いは何か．

5.13 アガロースゲル電気泳動

1 実験の目的

PCR によって増幅させた DNA の長さを，**電気泳動**によって視覚的に確認すると同時に，プラスミド DNA を制限酵素処理したレーンで得られた DNA フラグメントの長さを確認する．

電気泳動
(electrophoresis)

2 実験の背景

電気泳動ではミドリグリーンを含むアガロースゲルを用いる．ミドリグリーンは UV 光を受けて緑色の発光を示す．DNA の二本鎖の間にミドリグリーンが入り込むと，DNA と相互作用していないミドリグリーンよりも強く光るので，DNA が存在するところがわかる．

⚠ ゲルや泳動溶媒には有害物質であるミドリグリーン色素が含まれているので，取り扱いは注意する．

3 実験の方法

(1) 実験器具と試薬

表 5.13.1 のとおり．

表 5.13.1 実験器具と試薬．

品　名	数量	品　名	数量
電気泳動槽	1	1% アガロースゲル	1
ゲル作成トレイ・コーム	1	10 × loading buffer	適量
2～20 μL マイクロピペット	1	TAE 緩衝液	約 200 mL
マイクロピペット用チップ（200 μL 用）	1	ミドリグリーン	2 μL
DNA マーカー	4 μL		

(2) 実験操作

(i) 1% アガロースゲルの調製

① アガロース 1.0 g を三角フラスコに加えた後，TAE 緩衝液を 100 mL 加える．

② 電子レンジで数分加熱してゲルを完全に溶かした後，ミドリグリーン（2 μL）を加え，泡立たないように注意しながら撹拌する．

③ ゲル形成トレイにゲルを流し込み，コームを差し込む．ラップを上にかけて静置する．

④ ゲルが固まったら，コームを外す（ウェルがつぶれないようにゆっくり引き上げる）．
⑤ アガロース電気泳動に使用するまでラップで包んで乾燥を防ぐ．

(ii) アガロースゲル電気泳動
① 泳動槽の目印の部分まで TAE 緩衝液を約 180 mL 入れる．
② 泳動槽にゲルをセットする．
③ 2～20 µL マイクロピペットで TAE 緩衝液を吸い，穴（ウェル）に流し込み，ウェルを軽く洗浄する．
④ 5.11 節で得られた PCR の試料に 10 × loading buffer を 5 µL 加える．5.12 節の制限酵素処理した試料すべてに 2～20 µL マイクロピペットを用いて 10 × loading buffer を 2 µL 加える．
⑤ 泡が出ないように良く溶液を混和させ，ウェルに各試料，20 mL を入れる．泡が出た場合は 1 分間遠心分離を行ってからウェルに試料を入れる．
⑥ DNA マーカー 4 µL をウェルに入れる．
⑦ 蓋を閉めて，電気泳動槽の電源を入れる（図 5.13.1）．

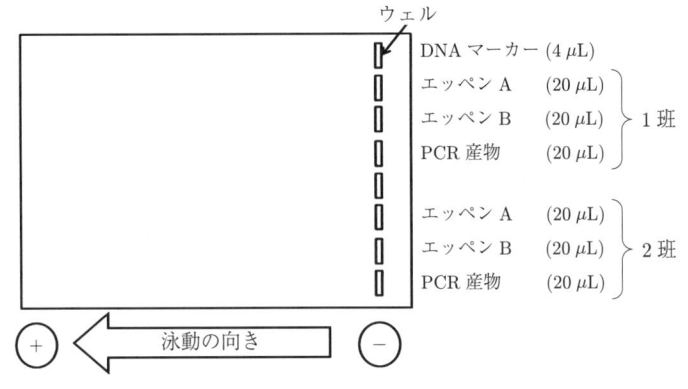

図 5.13.1 アガロースによる電気泳動．

⑧ 5 割ほど泳動が進んだら，泳動槽の電源を切り，ゲルを外す．
⑨ ラップ上にゲルの型枠を持っていき，滑らせるようにして型枠からゲルを外す．
⑩ ラップごとゲルを UV 装置の上に置き，泳動の結果を確認する．

⚠ **UV（紫外線）は必ずカバー越しに覗き，直接見てはいけない．**

4 結果と考察

□ ここでは 1% のアガロースを使用するが，この濃度を高くしたり，低くしたりしたゲルを使用すれば電気泳動の結果はどうなるか，また，それはなぜか考察せよ．

□ PCR 産物と制限酵素処理した試料の泳動距離はどうなったか，その原因を考察せよ．

5.14 DNA フラグメントの抽出と精製（ゲル抽出）

1 実験の目的
5.13 節で行った電気泳動のゲルから増幅した DNA に対応する DNA バンドを回収する．

2 実験の背景
PCR 生成物を直接フェノール-クロロホルム処理，エタノール沈殿した場合には，相補性があるプライマーどうしが結合して増幅したプライマーダイマーなどの低分子の夾雑物がクローニングされやすいので，ゲルからの目的 DNA の精製を行う．電気泳動でメインのバンドしか見えない場合でも，低分子の夾雑物はミドリグリーンの染色効率が悪くて見えにくいため，無視できない量が含まれている場合が多い．

3 実験の方法

(1) 実験器具と試薬

表 5.14.1 のとおり．

表 5.14.1 実験器具と試薬．

品　名	数量	品　名	数量
フェザー替刃メス No.14	1	1 × TE（10 mM Tris-HCl, 1 mM EDTA pH 8.0）	10 μL
フェザー替刃メスハンドル No.3	1		
1.5 mL エッペンチューブ	1	3 M 酢酸ナトリウム (pH 5.2)	適量
0.5 mL エッペンチューブ	1	2〜20 μL マイクロピペット	1
ウォーターバス	1	20〜200 μL マイクロピペット	1
冷却遠心分離機	1	100〜1000 μL マイクロピペット	1
QIAEX® II Gel Extraction kit (150) (QIAGEN Cat. No. 200221)*	1	マイクロピペット用チップ（200 μL 用，1000 μL 用）	各 1 箱

*本キットには，Buffer QX 1，QIAEX II，Buffer PE が含まれる．

(2) 実験操作

① 5.13節のゲルにUV照射してバンドを確認し，増幅したDNAフラグメントをフェザー替刃メスを用いて切り出し，1.5 mLエッペンチューブに入れる．

② 以下QIAEX® II Gel Extraction kitを用いてDNAの精製を行う．上記のエッペンチューブにBuffer QX 1を1 mL，QIAEX IIを5 μL，3 M酢酸ナトリウムを7 μL加え，よく転倒混和を行い，50℃で8分間インキュベートする．2分毎に転倒混和を行い，ゲルが溶解しない場合は，適宜インキュベートの時間を延ばし完全にゲルを溶解させる．

③ 溶液が黄色であることを確認し10000 rpm，30秒間，室温で遠心分離を行う．溶液が黄色でない場合は，3 M酢酸ナトリウムを溶液が黄色になるまで加える．

④ 遠心後，上清を20～200 μLマイクロピペットで取り除き，沈殿物にBuffer QX 1を500 μL加え，ペレットを洗浄し，10000 rpm，30秒間，室温で遠心分離を行う．

⑤ 遠心後，上清を20～200 μLマイクロピペットで取り除き，沈殿物にBuffer PEを500 μL加え，ペレットを洗浄する．

⑥ 10000 rpm，30秒間遠心分離を行い，遠心後，上清を20～200 μLマイクロピペットで取り除く．

⑦ 沈殿を15分間風乾させたのち，1 × TE 10 μLに完全に溶解させ，50℃，10分間インキュベートする．

⑧ 10000 rpm，30秒間，室温で遠心分離を行い，上清を0.5 mLエッペンチューブに移す．

4 結果と考察

□ QIAEX® II Gel Extraction kitの中に，DNAを吸着する試薬が含まれているが，どのような原理で吸着するか．

5.15 ライゲーションと形質転換

1 実験の目的

PCR によって増幅させた DNA フラグメントとベクターのクローニング部位を制限酵素処理した DNA を一定量の割合で混合し，T4 リガーゼを加えることにより連結し，その後形質転換に供する．

リガーゼ
(ligase)

2 実験の背景

同じ制限酵素で切断した DNA 断片とプラスミド DNA を連結する操作が一般的であるが，ここでは PCR 増幅した DNA 断片を制限酵素で切断することなく，そのまま用いる．すなわち，PCR 反応により，3' 末端に余分に 1 個 A が付加されることを利用する．これを，あらかじめ切断され，3' 末端に 1 個 T を付加したプラスミド DNA と**ライゲーション**（連結）する（図 5.15.1，TA クローニング法）．ライゲーションした組換え体プラスミドを大腸菌に導入する（形質転換）．この形質転換体はアンピシリンを含む寒天培地上で生育することができ，コロニー形成が行われる．

ライゲーション
(ligation)

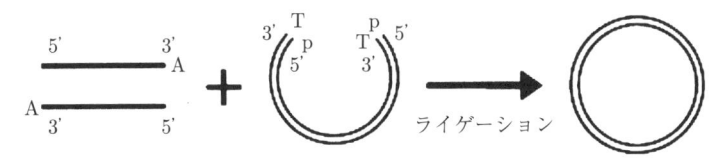

図 5.15.1　TA クローニングの概略．

3 実験の方法

(1) 実験器具と試薬

(i) ライゲーション

表 5.15.1 のとおり．

表 5.15.1　実験器具と試薬．

品　名	数量	品　名	数量
ウォーターバス	1	マイクロピペット用チップ	各 1 箱
1.5 mL エッペンチューブ	1	（2 μL 用，200 μL 用）	
2〜20 μL マイクロピペット	1	ラウンドチューブ	
20〜200 μL マイクロピペット	1	Dual Promoter TA Cloning® Kit (Invitrogen REF 45-0007LT)*	1

＊本キットには，pCR II, ligation buffer, T4 DNA Ligase (5 U/μL) が含まれる．

(ii) 形質転換

表 5.15.2 のとおり．

表 5.15.2 実験器具と試薬．

品　名	数量	品　名	数量
乾燥棚		2～20 μL マイクロピペット	1
スプレッダー	1	20～200 μL マイクロピペット	1
アンピシリン入り LB 寒天培地* （50 μg/mL）	1	100～1000 μL マイクロピペット マイクロピペット用チップ	1 各 1 箱
培養ラウンドチューブ （ファルコン 2059）	1	（200 μL 用，1000 μL 用） X-gal (20 mg/mL)	40 μL
1.5 mL エッペンチューブ	1	コンピテントセル	25 μL
振とう培養機	1	（competent high DH5α）	
ウォーターバス	1	遺伝子（pCRII ベクターに G3PDH の	2 μL
氷（アイスボックス付き）	1 箱	一部の cDNA が挿入されている）	
		SOC 培地	250 μL

* あらかじめ 37℃ の乾燥棚で暖めておく．

(2) 実験操作

(i) ライゲーション

① 1.5 mL エッペンチューブに以下の試薬を調製する（計 20 μL）．
- DNA 溶液（5.14 節でゲル抽出した DNA）　4 μL
- pCR II (5 ng/μL)　2 μL
- ligation buffer　8 μL
- SMQ　5.5 μL
- T4 DNA Ligase (5 U/μL)　0.5 μL

② 調製した溶液を室温で 1 時間静置してライゲーションを完了させ，形質転換に供する試料とする．

(ii) 形質転換

① 凍結しているコンピテントセルを氷上で融解し，1.5 mL エッペンチューブにコンピテントセル（25 μL）を入れる．

② 上記①に 2～20 μL マイクロピペットを用いて，ライゲーション後の溶液（2 μL）を加える．

③ 2～20 μL マイクロピペットで上記②を緩やかにピペッティングする．

④ コンピテントセルを入れたチューブを 30 分間氷上に静置する．

⑤ この間に，100～1000 μL マイクロピペットで培養チューブに SOC 培地を 250 μL 加えておく．

⑥ 42℃ のウォーターバスにコンピテントセルが入ったチューブの下半分を浸し，30 秒間ヒートショックする（時間を厳守すること）．

⑦ 再び氷上に 1 分間静置する．

⑧ SOC 培地が入った培養チューブにヒートショックしたコンピテントセルを全量加える．
⑨ 振とう培養機（37℃）で1時間振とうする．
⑩ この間に，アンピシリン入り LB 寒天培地を 37℃ の乾燥棚で 30 分間インキュベートする．
⑪ 30分後にアンピシリン入り LB 寒天培地を乾燥棚から取り出す．
⑫ アンピシリン入り LB 寒天培地の中心に 20～200 μL マイクロピペットで X-gal を 40 μL 添加する．
⑬ スプレッダーを用いて，X-gal を万遍なく広げる（必ずプレート表面が乾いていることを確認すること）．
⑭ 1時間培養した形質転換溶液全量をアンピシリン入り LB 寒天培地に添加し，スプレッダーを用いて，万遍なく広げる．
⑮ 培地に浸み込んだのを確認後，37℃ の乾燥棚に一昼夜入れる．
⑯ 翌日に形質転換したプレート上のコロニーを数える．

4 結果と考察

(i) ライゲーション

- [ ] 平滑末端あるいは6塩基切断酵素で切断された場合など，TA クローニング以外にどのような方法でベクターとフラグメントを結合させることができるか調べよ．
- [ ] T4 DNA ligase 以外に核酸を連結させる酵素群を調べよ．

(ii) 形質転換

- [ ] ライゲーション後の試料を X-gal 入りアンピシリンプレートで形質転換した際に，青と白の中間の緑色のコロニーが検出される場合がある．このコロニーはどのような性質をもつと考えられるか考察せよ．
- [ ] 形質転換を行うとき，アンピシリン以外にどのような試薬を使用するか考察せよ．

5.16 シークエンス反応

1 実験の目的

5.9節で精製したプラスミドDNAを用いてシークエンス解析を行う．

シークエンス
(sequence)

2 実験の背景

DNA はデオキシリボース（5単糖）とリン酸，塩基から構成される核酸である．塩基はアデニン，グアニン，シトシン，チミンの4種類あり，それぞれ A, G, C, T と略す．DNA の塩基配列の解析は，個人間および集団間の遺伝的な差異の発見やクローン化した DNA の塩基配列とデータベースとの相同性の解明等，様々な生命現象や疾患機構解明の有用なツールとして用いられており，医学やバイオテクノロジーの飛躍的な発展に貢献している．塩基配列を明らかにする方法（DNA シークエンシング）としては，DNA ポリメラーゼを利用したジデオキシ法（**サンガー法**）と，塩基特異的な分解反応を利用した化学分解法（**マキサム・ギルバート法**）の2つが考案された．前者は，耐熱性 DNA ポリメラーゼの利用など改良されながら，現在まで遺伝子工学において中心的な技術として利用されている．

サンガー法
(Sanger method)
マキサム・ギルバート法
(Maxam-Gilbert method)

3 実験の方法

(1) 実験器具と試薬

表 5.16.1 のとおり．

表 5.16.1 実験器具と試薬．

品　名	数量	品　名	数量
サーマルサイクラー	1	【以下の試薬を PCR チューブに調製する】	
PCR チューブ	1	Terminator Ready Reaction Mix	4 μL
0.2～2 μL マイクロピペット	1	BigDye Sequencing Buffer	2 μL
2～20 μL マイクロピペット	1	DNA（5.9節で精製したプラスミド DNA 溶液）	1.5 μL
マイクロピペット用チップ（2 μL用，200 μL用）	1箱	M13 Forward Primer 　または M13 Reverse Primer	4 μL
		SMQ	8.5 μL

(2) 実験操作

上記で調製した試薬を図 5.16.1 の条件で反応させる．

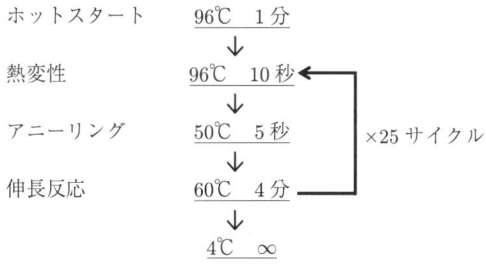

```
ホットスタート    96℃   1分
                   ↓
熱変性           96℃   10秒 ←┐
                   ↓          │
アニーリング      50℃   5秒   │ ×25サイクル
                   ↓          │
伸長反応         60℃   4分  ─┘
                   ↓
                 4℃    ∞
```

図 **5.16.1** シークエンス反応．

4 結果と考察

☐ Terminator Ready Reaction Mix の中には何が含まれているか．

☐ 試料の DNA と Terminator Ready Reaction Mix はどのような反応をするか．

☐ M13 フォワードとリバースの両方のプライマーで DNA 配列の決定を行う理由は何か．

5.17 シークエンス反応物の精製

1 実験の目的
シークエンス反応物に含まれる不純物を除くために反応物のみを精製する．

2 実験の背景
5.16節のシークエンス反応物には未反応のdNTPと蛍光ラベルされたddNTPが反応物よりも遥かに多量に含まれ，これはシークエンス反応を阻害するだけでなく，解析の際に過剰の蛍光ラベルされたddNTPが存在するために解析がしばしば困難になり，通常可能な400〜500 bpの解析ができない場合が多々見られる（図5.17.1）．したがって反応物をできるだけ精製することが重要である．

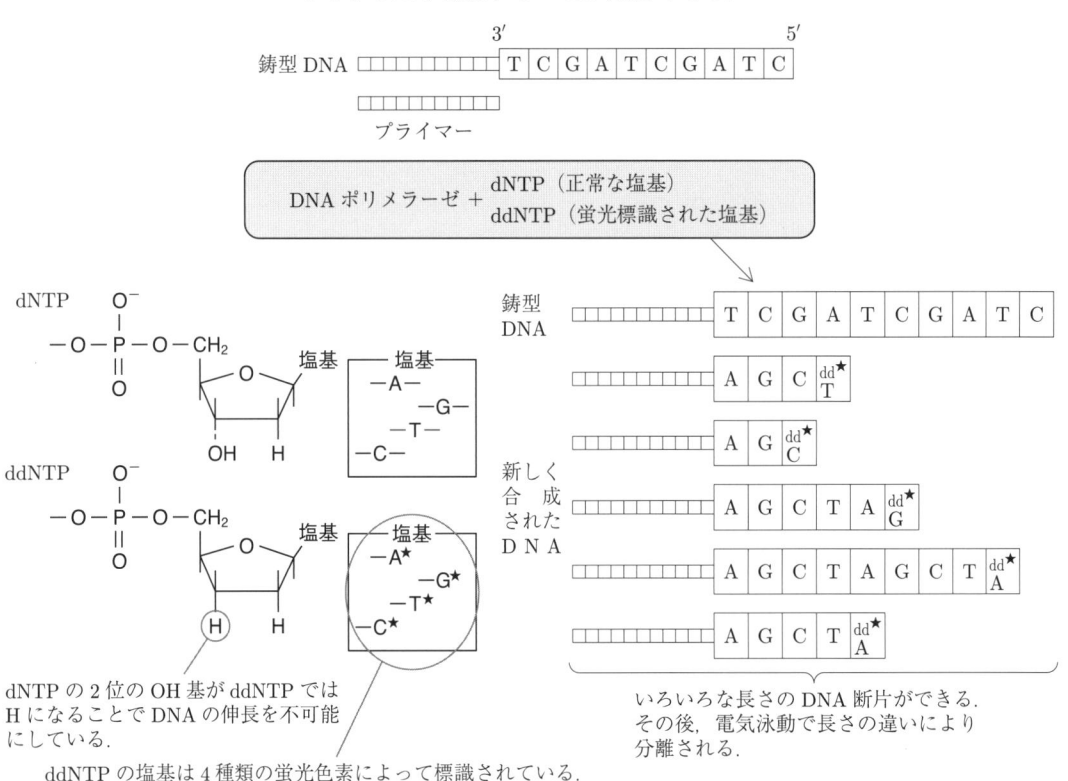

dNTPの2位のOH基がddNTPではHになることでDNAの伸長を不可能にしている．

ddNTPの塩基は4種類の蛍光色素によって標識されている．

いろいろな長さのDNA断片ができる．その後，電気泳動で長さの違いにより分離される．

図 **5.17.1** ジデオキシ法による DNA シークエンス解析．

3 実験の方法

(1) 実験器具と試薬

表 5.17.1 のとおり.

表 5.17.1 実験器具と試薬.

品 名	数量	品 名	数量
スピンカラム	1	遠心分離機	1
2.0 mL エッペンチューブ	1	Buffer PB	100 μL
2～20 μL マイクロピペット	1	3 M 酢酸ナトリウム (pH 5.2)	10 μL
20～200 μL マイクロピペット	1	Buffer PE	750 μL
100～1000 μL マイクロピペット	1	SMQ	20 μL
マイクロピペット用チップ (200 μL 用, 1000 μL 用)	各1箱	氷 (アイスボックス付)	1箱

(2) 実験操作

① 5.16 節で得られたシークエンス反応物に 20～200 μL マイクロピペットで Buffer PB を 100 μL および 3 M 酢酸ナトリウムを 10 μL 加える.

② 上記①の溶液の全量を 20～200 μL マイクロピペットを用いてスピンカラムに入れ, 10000 rpm で 1 分間遠心分離する.

③ 遠心後, スピンカラムを外し, チューブ内の溶液は捨てる. その後, スピンカラムをチューブに戻す.

④ スピンカラムに 100～1000 μL マイクロピペットで Buffer PE を 750 μL 加え, 10000 rpm で 1 分間遠心分離する.

⑤ 遠心後, スピンカラムを外し, チューブ内の溶液を捨てる. その後, スピンカラムをチューブに戻す.

⑥ チューブ内を空にした状態で, 10000 rpm で 1 分間遠心分離する.

⑦ 遠心後, チューブを外し, 代わりに 2.0 mL エッペンチューブにスピンカラムをセットする.

⑧ スピンカラムに 2～20 μL マイクロピペットを用いて SMQ を 20 μL 入れ, 10000 rpm で 1 分間遠心分離する.

⑨ エッペンチューブ内に溶出した DNA を回収し, 氷上に置く.

4 結果と考察

☐ シークエンス反応物の精製をしないでシーケンサーに供すると配列決定にどのような影響を与えるか考察せよ.

5.18 シークエンス解析

1 実験の目的
精製したサンプルを用いて，目的遺伝子の塩基配列を決定する．

2 実験の背景
　オートシーケンサーを用いて配列を決定するために合成する DNA は，蛍光物質で標識する．この反応物を電気泳動するが，泳動中にレーザーを当てて蛍光物質を励起し，蛍光を自動で検出し，コンピューターで解析する．オートシーケンサーの反応には取り込まれる蛍光物質を ddNTP に付ける方法（dye terminator 法）とプライマーに付ける方法（dye primer 法）があり，この実験では前者を使用する．また，本実験で用いる装置（ABI PRISM® 310 Genetic Analyzer）では 4 つの塩基にそれぞれ発光波長が異なる 4 つの蛍光色素を使用する．そのため，1 つの DNA 配列を分析するのに 1 つのサンプルだけ泳動すればよいので，数多くの検体の分析が可能になる．

3 実験の方法

(1) 実験器具と試薬

表 5.18.1 のとおり．

表 **5.18.1**　実験器具と試薬．

品　名	数量	品　名	数量
オートシーケンサー （ABI PRISM® 310 Genetic Analyzer）	1	シーケンサー用チューブの蓋 サーマルサイクラー	1 1
遠心エバポレーター	1	ホルムアミド	25 μL
20〜200 μL マイクロピペット	1	氷（アイスボックス付）	1 箱
遠心分離機	1		
マイクロピペット用チップ （20〜200 μL 用）	1 箱		
シーケンサー用チューブ	1		

(2) 実験操作

① 5.17節で精製したシークエンス反応物を遠心エバポレーターを用いて乾燥させる（約20分）.
② 風乾後, 20～200 μLマイクロピペットを用いてホルムアミドを25 μL加え, 穏やかにピペッティングしながら風乾したサンプルを溶かす.
③ シーケンサー用チューブに上記②の溶液を20～200 μLマイクロピペットで全量移し, 蓋を付け, 氷上に置く.
④ サーマルサイクラーを用いてサンプルを95℃, 3分間反応させる.
⑤ 反応後, 氷上に置く.
⑥ サンプルをシーケンサーにセットし解析を開始する.

4 結果と考察

□ 解析した配列において, 各々のピークが十分に分離できてない場合やピークの強度が弱かったりして, 配列の解析ができない場合がある. その原因と解決法を考察せよ.
□ M13フォワードとリバースのプライマーで解読した配列を, 逆向かつcomplementaryで解析できるか.
□ 精製したシークエンス反応物にホルムアミドを加えて加熱する理由は何か.

5.19 塩基配列のデータベース解析

1 実験の目的

解析した目的遺伝子の塩基配列をデータベースで検索し，解析した遺伝子がどのようなものなのか確認する．

2 実験の背景

バイオインフォマティクス(bioinformatics)

バイオインフォマティクスは，生物科学と情報科学の間に生まれた学問分野である．現在，遺伝子やタンパク質の配列・構造・機能に関する情報，あるいは学術論文の内容などは，巨大なデータベースに日々蓄積され，インターネットを介して多くの場合無料で公開されている．これらのデータベースを利用することは，生命科学研究において研究の効率を良くし，さらに新しい研究を進めるために必要不可欠となっている．

3 実験の方法

(1) 実験器具と試薬

表5.19.1のとおり．

表 5.19.1 実験器具と試薬．

品　名	数量	品　名	数量
ノートパソコン	1台	プリンター	1台

(2) 実験操作

① 「NCBI BLAST」を検索する（http://blast.ncbi.nlm.nih.gov/Blast.cgi）．
② 「BLAST: Basic Local Alignment Search Tool」をクリックする．
③ サイト内の「nucleotide blast」をクリックする．
④ 図5.19.1の中の余白に5.18節で得られた塩基配列を入力する．
⑤ 図面の"Choose Search Set"の"Database"から生物種を"Program Selecton"から"Highly Similar Sequence"を選択し，ページ下部の「BLAST」をクリックする．
⑥ 解析したDNAを確認する．

ここに解析した塩基配列を入力

図 5.19.1 データベース解析.

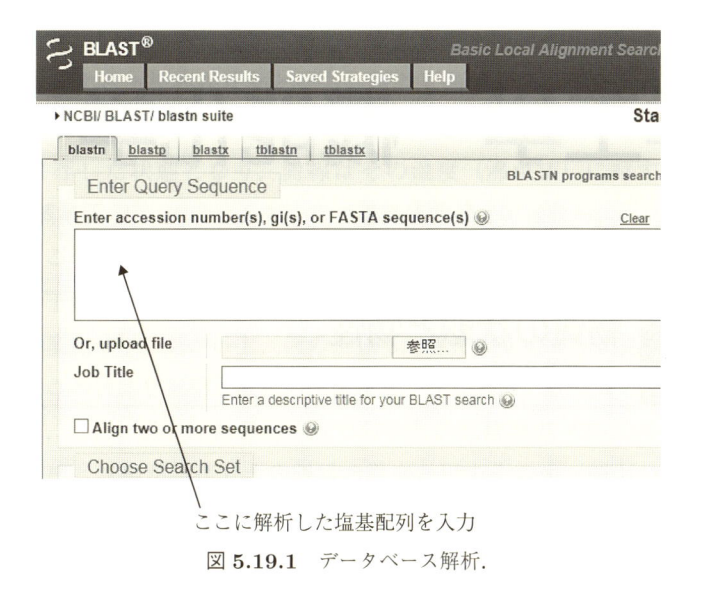

4 結果と考察

- この実験ではマウス由来の G3PDH（GAPDH）の配列を解析したが，種が異なるヒトの G3PDH ではどの程度の配列に相違があるか調べよ．その違いにどのような生物学的意義があるか考えよ．

5 参考文献

[1] 大山徹, 渡部俊弘：『初歩からのバイオ実験』三共出版社，2002.
[2] 中山広樹：『バイオ実験イラストレイテッド③本当に増える PCR（細胞工学別冊 目で見る実験シリーズ）』秀潤社，1996.

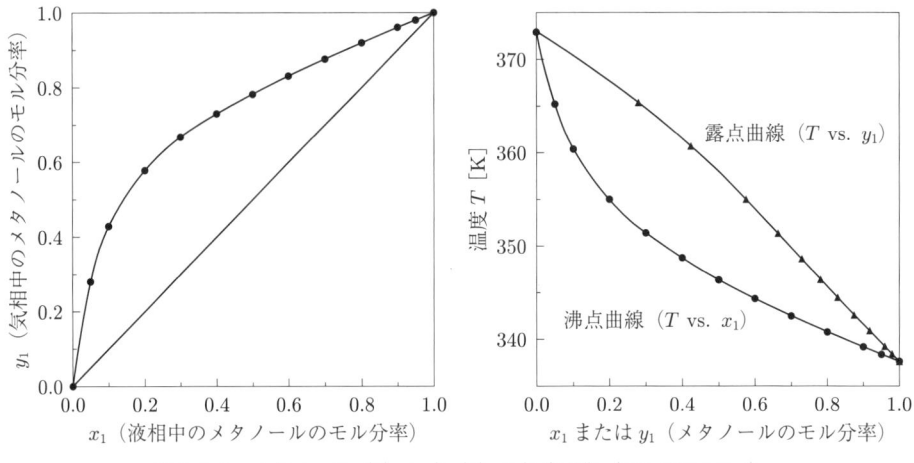

図 **6.1.2** メタノール (1) + 水 (2) の気液平衡 (101.325 [kPa]).

表 **6.1.1** メタノール (1) + 水 (2) 系の気液平衡データ ($P = 101.325$ [kPa]).

液相組成 x_1 [メタノールのモル分率]	気相組成 y_1 [メタノールのモル分率]	液相組成 x_1 [メタノールの重量分率]	気相組成 y_1 [メタノールの重量分率]	平衡温度 T [K]
0.000	0.000	0.000	0.000	373.15
0.050	0.281	0.085	0.410	365.45
0.100	0.425	0.165	0.568	360.73
0.200	0.577	0.308	0.708	355.03
0.300	0.665	0.432	0.779	351.42
0.400	0.729	0.542	0.827	348.69
0.500	0.783	0.640	0.865	346.42
0.600	0.830	0.727	0.897	344.40
0.700	0.875	0.806	0.926	342.56
0.800	0.918	0.877	0.952	340.85
0.900	0.959	0.941	0.976	339.23
0.950	0.980	0.971	0.989	338.45
1.000	1.000	1.000	1.000	337.69

係が純物質の気液平衡と同じく混合物の気液平衡である[1-3]．その関係は，含まれる成分，温度あるいは圧力によって異なるが，一例として図 6.1.2 および表 6.1.1 に，メタノール + 水系の 101.325 kPa における気液平衡（文献値[4]）を示す．図 6.1.2 中，液相組成 x と沸点 T の関係を**沸点曲線**（液相線），気相組成 y と沸点 T の関係を**露点曲線**（気相線）という．また平衡にある液相組成 x と気相組成 y との関係を x-y 曲線と呼ぶ．すなわち，図中の沸点曲線と露点曲線から見て取れるように，純物質では等しい沸点と露点が混合物では一致せず，また x-y 曲線から明らかなように，平衡状態にある液相と気相で組成が異なり，一般的に気相において低沸点成分の組成が高まる．

なお図 6.1.2 のように，一定の圧力下の気液平衡を定圧気液平衡と呼び，平衡状態にある圧力 P（平衡圧力，全圧）− 温度 T（平衡温度，

沸点曲線
(boiling point curve)
露点曲線
(dew point curve)

沸点）－ 液相組成 x － 気相組成 y の関係が 1 点の気液平衡データであり，この関係を $x_1 = 0 \sim 1$ モル分率まで測定したデータが一組の気液平衡データとなる．

(3) 気液平衡の条件

気液平衡の熱力学的条件は，気相と液相の混合物中の各成分の**フガシティー** f_i が等しいことで与えられるが，液相の f_i を**活量係数** γ_i で表し，気相を理想気体とみなすと，その平衡条件は 2 成分系について次式で表される [1]．

$$Py_1 = \gamma_1 P_1^S x_1 \qquad (6.1.4a)$$

$$Py_2 = \gamma_2 P_2^S x_2 \qquad (6.1.4b)$$

フガシティー (fugacity)
活量係数 (activity coefficient)

ここで，下付添字の 1, 2 は成分数を表し，P_1^S, P_2^S は成分 1, 2 の飽和蒸気圧であり，平衡温度 T を用いて式 (6.1.3) から計算される値である．したがって，気液平衡データが与えられれば，次式から活量係数 γ_1, γ_2 を求められる．

$$\gamma_1 = \frac{Py_1}{P_1^S x_1} \qquad (6.1.5a)$$

$$\gamma_2 = \frac{Py_2}{P_2^S x_2} \qquad (6.1.5b)$$

図 6.1.3 は，表 6.1.1 に示した気液平衡データ [4] から計算した活量係数の対数値を，液相中のメタノールのモル分率 x_1 に対してプロットしたものであるが，その値は図のように，$x_1 = 1$ において $\ln \gamma_1 = 0$ ($\gamma_1 = 1$)，$x_1 = 0$ ($x_2 = 1$) において $\ln \gamma_2 = 0$ ($\gamma_2 = 1$) となる．

この活量係数は，**理想溶液**において 1 となるので，その値が 1 とどの程度異なるかで理想溶液からの隔たりを表す因子（無次元）であり，

理想溶液 (ideal solution)

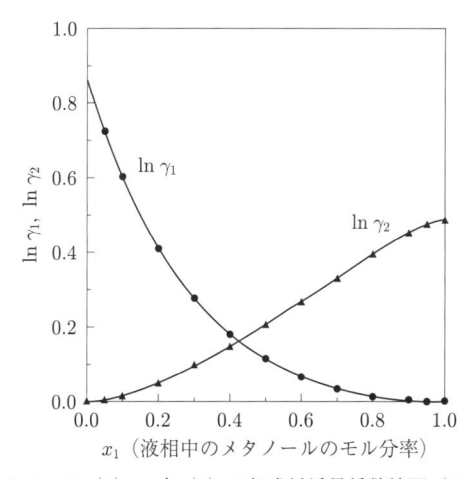

図 **6.1.3** メタノール (1) ＋ 水 (2) の組成対活量係数線図 (101.325 [kPa])．

ギブズ・デュエム式
(Gibbs-Duhem equation)

熱力学的には次の**ギブズ・デュエム式**を満足しなければならない値として定義されるので[1]，

$$x_1 \frac{d\ln\gamma_1}{dx_1} + x_2 \frac{d\ln\gamma_2}{dx_2} = 0 \quad (6.1.6)$$

気液平衡を計算によって求める場合には，このギブズ・デュエム式を満たす関係式（これを**活量係数式**と呼ぶ）が使われる．

活量係数式
(activity coefficient equation)

(4) 活量係数式

ウイルソン式
(Wilson equation)

活量係数式として広く知られている**ウイルソン式**を式 (6.1.7) に示す[1,3]．

$$\ln\gamma_1 = -\ln(x_1 + \Lambda_{12}x_2) + x_2\left[\frac{\Lambda_{12}}{x_1 + \Lambda_{12}x_2} - \frac{\Lambda_{21}}{\Lambda_{21}x_1 + x_2}\right] \quad (6.1.7\text{a})$$

$$\ln\gamma_2 = -\ln(\Lambda_{21}x_1 + x_2) - x_1\left[\frac{\Lambda_{12}}{x_1 + \Lambda_{12}x_2} - \frac{\Lambda_{21}}{\Lambda_{21}x_1 + x_2}\right] \quad (6.1.7\text{b})$$

ここで，Λ_{12}, Λ_{21} はウイルソン式の2成分系についての定数である．

これらの定数は，測定した気液平衡データより，式 (6.1.5a)，式 (6.1.5b) を用いて活量係数を求めれば，その値に基づき決定することができる．定数の決定にあたっては，$x_1 = 0 \sim 1$ モル分率の全組成領域で測定された1組の気液平衡データ法を用いることが一般的であるが，1点の実測値から定数を求めることも可能である（この場合，決定した定数が全組成領域に適用できるかは確認が必要）．しかしウイルソン式は定数に対して非線形の式であるので，1点でも1組でも定数決定には**試行法**[5]が必要である．

試行法（試行錯誤法）
(try and error method)

(5) 気液平衡の計算（沸点計算）

ウイルソン式の定数を決定すると，圧力一定下で，任意の液相組成に平衡な温度と気相組成を求められる[1]．この方法を**沸点計算**と呼ぶが，2成分系についての手順は以下のとおりである[1]．

沸点計算
(calculation of the bubble point)

① 計算を行う圧力 P と液相の第一成分のモル分率 x_1 を与える（x_2 は $x_2 = 1 - x_1$ より求める）．

② 液相組成 x_1, x_2 における活量係数 γ_1, γ_2 をウイルソン式より計算する．

③ 平衡温度 T を仮定し，仮定した温度における成分1, 2の飽和蒸気圧 P_1^S, P_2^S をアントワン式により算出する．

④ 式 (6.1.4a)，式 (6.1.4b) の右辺は分圧（$=$ 全圧 $P \times x_i$）であるから，ドルトンの分圧の法則から，

ドルトンの分圧の法則
(Dalton's law of partial pressures)

$$P = Py_1 + Py_2 = \gamma_1 P_1^S x_1 + \gamma_2 P_2^S x_2 \tag{6.1.8}$$

$$\therefore P - \gamma_1 P_1^S x_1 - \gamma_2 P_2^S x_2 = 0 \tag{6.1.8}'$$

であり,式 (6.1.8)′ 中の未知数は温度 T のみであるから,式 (6.1.8)′ を満足する T を試行法[5]で求める.

⑤ 求めた平衡温度より,次の式 (6.1.9) で気相組成 y_1,y_2 を計算する.

$$y_1 = \frac{\gamma_1 P_1^S x_1}{P} \tag{6.1.9a}$$

$$y_2 = \frac{\gamma_2 P_2^S x_2}{P} \tag{6.1.9b}$$

上記の計算を各組成について行えば,全組成領域の定圧気液平衡を計算することができる.なお手順④中の試行法については,Microsoft 社製表計算ソフト Excel には試行法の機能を有するゴールシークやソルバーが搭載されているので,これらを利用すれば容易に平衡温度 T を求められる.

3 実験の方法

(1) 実験器具と試薬

表 6.1.2 のとおり.

表 6.1.2 実験器具と試薬.

品　名	数量	品　名	数量
気液平衡蒸留器	一式	ロート	1
スターラーチップ	2	変圧器	1
マグネチックスターラー	2	電圧計	1
デジタル温度計	1	電流計	1
（精度 ±0.1 K）		密度測定装置	一式
試料仕込み用容器	1	コルク栓	2
30 mL ガラスシリンジ	2	グラフ用紙	B4 × 4
（液・気相留分採取用）		自在定規	1
50 mL 三角フラスコ	2	メタノール	適量

(2) 実験に必要な図の作成

次の図を実験開始までに作成する.

① 表 6.1.3 を用いて,メタノール (1) ＋ 水 (2) 系の 298.15 K における液相中のメタノールのモル分率 x_1 対密度 ρ 線図.

② 表 6.1.1 を用いて,メタノール (1) ＋ 水 (2) 系の 101.325 kPa における液相中のメタノールのモル分率 x_1 対気相中のメタノールのモ

ル分率 y_1 線図.

③ 同表を用いて，メタノール (1) + 水 (2) 系の 101.325 kPa における x_1, y_1 対平衡温度 T 線図.

④ 同表を用いて，式 (6.1.5a)，式 (6.1.5b) から計算した活量係数 γ_1, γ_2 の対数値の，x_1 に対するプロット（メタノール (1) + 水 (2) 系の 101.325 kPa における x_1 対 $\ln\gamma_1$, $\ln\gamma_2$ 線図）.

なお，活量係数の計算に必要なメタノール (1) と水 (2) の飽和蒸気圧 P_1^S, P_2^S は次のアントワン式を用いて求める．

$$\text{メタノール}: \log P_1^S = 7.20602 - \frac{1582.27}{T - 33.42} \tag{6.1.10a}$$

$$\text{水}\quad\quad: \log P_2^S = 7.19621 - \frac{1730.63}{T - 39.72} \tag{6.1.10b}$$

表 6.1.3 メタノール (1) + 水 (2) 系の組成と密度の関係 ($P = 101.325$ [kPa]).

液相組成 x_1 [メタノールのモル分率]	液相組成 x_1 [メタノールの重量分率]	密度 ρ [kg/m³] 298.15 [K]
0.000	0.000	997.1
0.029	0.050	988.7
0.059	0.100	980.4
0.090	0.150	972.6
0.123	0.200	964.9
0.158	0.250	957.2
0.194	0.300	949.2
0.232	0.350	940.5
0.273	0.400	931.6
0.315	0.450	922.0
0.360	0.500	912.2
0.407	0.550	901.9
0.458	0.600	891.0
0.511	0.650	879.2
0.568	0.700	867.5
0.628	0.750	855.3
0.693	0.800	842.4
0.761	0.850	829.3
0.835	0.900	815.8
0.914	0.950	801.5
1.000	1.000	786.7

(3) 実験操作

本実験で使用する改良ローズ・ウイリアム (Rose-Williams) 型気液平衡蒸留器の概略を図 6.1.4 に示す．本装置は，加熱フラスコ，ヒーター，コットレルポンプ，温度測定部，気液分離部，凝縮器，液相留分だめ，気相留分だめから構成されている．実験方法を以下に示すが，この実験では気液平衡蒸留器を大気開放として，大気下の定圧気液平衡

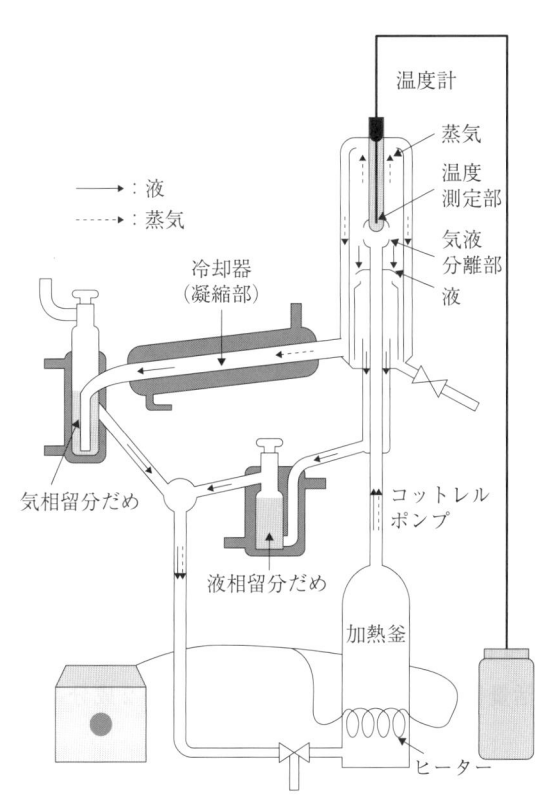

図 6.1.4 改良ローズ・ウイリアム型気液平衡蒸留器.

データを測定する.

① あらかじめ調製した約 0.3 モル分率のメタノール水溶液を加熱フラスコに適量仕込み，凝縮器に冷却水を流し，ヒーターで試料の加熱を開始，測定開始時を 0 分として，加熱量，温度測定部の温度を 5 分間隔で読み取り記録する.

② しばらくすると，液温の上昇が始まり，やがて連続的に気泡が発生し溶液の沸騰が始まり，沸騰液とそこから発生した蒸気が共存した状態でコットレルポンプと呼ばれる細管内を上昇し，温度測定部に噴出する（これをフラッシュと呼ぶ）.

③ 沸騰液と蒸気は気液分離部で分離され，液は液相留分だめを通って加熱フラスコに戻り，蒸気は凝縮器ですべて液化され，気相留分だめを通って，同じく加熱フラスコに戻る.

④ 沸騰液と蒸気のフラッシュと循環が開始した後，15 分間温度が一定となったら平衡状態とみなして，その温度を記録し，ただちに加熱を停止した後，液相留分だめと気相留分だめの液を，50 mL 三角フラスコにシリンジを用いて約 20 mL 採取する.

⑤ 採取した試料は常温近くまで冷却後，その密度を密度計で測定し，密度対組成線図を用いて液相および気相のメタノールのモル分率 x_1 と y_1 を決定する.

6.2 物質収支
― 単蒸留

1 実験の目的

化学プロセスの開発や解析あるいは運転にあたって解明しなければならない課題に，物質の量についての検討があり，化学工学ではこれを物質収支といい，重要な基礎事項の1つと位置付けられている[1]．本実験では，メタノール＋水2成分系を試料として単蒸留を行い，物質収支の概念とその適用法を学ぶ．

2 実験の背景

(1) 物質収支の概念[1]

化学プロセスでは各操作・工程で様々な物質の出入りがあるが，この量を量論的に考察する際に基本となるのが**物質収支**である．物質収支とは，**質量保存の法則**を任意の操作・工程に適用したものであり，プロセス（装置）内に入る物質の量を**入量**，プロセス（装置）から出る物質の量を**出量**とし，プロセス（装置）内の物質量の変化を**蓄積量**とすると，一般に物質収支は次のように表される．

$$入量 - 出量 = 蓄積量 \quad (6.2.1)$$

特に蓄積がない定常状態の場合は次のように与えられる．

$$入量 = 出量 \quad (6.2.2)$$

物質収支はプロセス（装置）に出入りする混合物全体についてはもちろん（これを**全物質収支**と呼ぶ），混合物中の各成分についても成立する（これを**成分収支**と呼ぶ）．なおプロセス（装置）中に量的な物質の**損失**がある場合には，これを出量の項に加えることになる．物質収支は化学プロセスで取り扱う物質の量に関する情報のうち未知量があればそれを求める手段としても使われ，量に関する情報がすべて既知の場合にはそれらの点検に用いられる．本実験では単蒸留の実験を通して物質収支の理論とその適用法を理解することを目的とする．

なお物質収支を物理的な操作で考える場合には，物質の量を質量だけでなく物質量（モル）で取り扱うこともできるが，化学反応操作では物質の変換を伴うため，式(6.2.1)，式(6.2.2)が成立するのは質量の場合のみである．

物質収支
(material balance)
質量保存の法則
(law of conservation of mass)
入量
(flow into the system)
出量
(flow out of the system)
蓄積量
(accumulation of material within the system)

全物質収支
(total material balance)
成分収支
(component balances)
損失
(loss)

(2) 単蒸留における物質収支 [2]

単蒸留とは，第4章の図4.8.1に示すように，一定量の液体混合物を加熱フラスコに仕込み，加熱沸騰させ，発生した蒸気のすべてを装置外に取り出して冷却凝縮させ，適当量の留出液を得たら操作を中止する蒸留法である．一般に液体混合物を加熱沸騰させて混合蒸気を発生させると，蒸気中では低沸点成分が多く含まれているのが普通であるから，単蒸留によって混合物中の成分組成を高めることができる．

いま，2成分系の単蒸留を考えてみることにする．加熱フラスコへ仕込む液体混合物（原料）の量を L_1 [kg]，原料中の低沸点成分の重量分率を x_1 として蒸留を開始すると，図6.2.1に示すように，留出につれてフラスコ中の液量は次第に減少し，低沸点成分の組成も減少していく．その液（釜残液）量が L_2 [kg]，低沸点成分の組成が x_2（釜残液組成）のとき蒸留を終了し，この時点までに装置外に留出し冷却凝縮した液（留出液）量を D [kg]，留出液の平均組成を低沸点成分の重量分率で表して $\bar{x}_D$（平均留出組成）とすると，単蒸留をめぐる物質収支は式(6.2.1)より次式となる．

全物質収支　　　　　： $L_1 - L_2 = D$ 　　　　(6.2.3)

低沸点成分物質収支： $L_1 x_1 - L_2 x_2 = D \bar{x}_D$ 　　　　(6.2.4)

$$\therefore \bar{x}_D = \frac{L_1 x_1 - L_2 x_2}{D} = \frac{L_1 x_1 - L_2 x_2}{L_1 - L_2} \quad (6.2.5)$$

すなわち，留出液量 D と平均留出組成 $\bar{x}_D$ は，物質収支によりフラスコ中の液量と液中の成分組成だけから求められる．

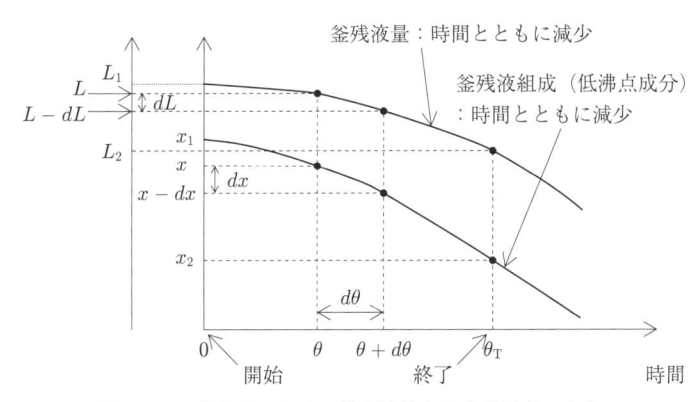

図 6.2.1 単蒸留における釜残液量と釜残液組成の変化．

さてそこで，釜残液量と釜残液組成の関係を考えてみよう．図6.2.2を参照して，まず任意の時刻 θ における釜残液量を L，釜残液中の低沸点成分組成を x，これから発生する蒸気組成を y（y と x は気液平衡

単蒸留
(simple distillation)

凝縮
(condensation)

留出液
(distillate)

低沸点成分
(low boiling component)

釜残液
(bottoms)

平均留出組成
(average composition of the distillate)

気液平衡状態
(state of vapor-liquid equilibrium)

状態にある）とする．次にこの時刻 θ から，$d\theta$ 経過したとき，液量が dL だけ減少し，dL はすべて蒸気として留出したとすると，時刻 θ から $\theta + d\theta$ の間の全物質収支は次のように表される．

$$L - (L - dL) = dL \tag{6.2.6}$$

また時刻 $\theta + d\theta$ における低沸点成分組成は dx だけ減少し $x - dx$，蒸気の組成は dy だけ減少し $y - dy$ であるとすると，低沸点成分物質収支は次式で表される．

$$Lx - (L - dL)(x - dx) = dL(y - dy) \tag{6.2.7}$$

これを展開すると，

$$Lx - Lx + Ldx + xdL - dLdx = ydL - dydL$$

$$\therefore Ldx = (y - x)dL + dLdx - dydL \tag{6.2.8}$$

であり，ここで二次の微分量，$dLdx$，$dydL$ は一次の微分量と比較して無視できるので，$dLdx - dydL = 0$ とすると式 (6.2.8) は次のようになる．

$$Ldx = (y - x)dL \tag{6.2.8a}$$

そこで，式 (6.2.8a) を質量と組成で変数分離すると，

$$\frac{dL}{L} = \frac{dx}{y - x} \tag{6.2.8b}$$

であり，この式 (6.2.8b) を単蒸留の初めの状態を "1"，終わりの状態を "2" として状態 1 から 2 まで積分すると，**レイリーの式**として知られている次式が得られる [2]．

レイリーの式
(Rayleigh's equation)

$$\int_{L_1}^{L_2} \frac{dL}{L} = \int_{x_1}^{x_2} \frac{dx}{y - x}$$
$$\therefore \ln \frac{L_2}{L_1} = \int_{x_1}^{x_2} \frac{dx}{y - x} \text{ または，} \ln \frac{L_1}{L_2} = \int_{x_2}^{x_1} \frac{dx}{y - x} \tag{6.2.9}$$

ここで，右辺の積分は，原料とする 2 成分系液体混合物の気液平衡データが既知であれば x と y の関係が与えられるので，**数値積分**または**図積分**を用いて求められる [3]．

数値積分
(numerical integration)
図積分
(graphical integration)

さてレイリーの式は，2 つの量 (L_1, L_2) と 2 つの組成 (x_1, x_2) の関係を表しており，この中で 3 つがわかれば，残りの値が計算できる．したがって式 (6.2.9) を用いると，留出液量 D と平均留出組成 $\bar{x}_D$ は，(L_1, x_1, x_2) あるいは (L_1, L_2, x_1) を与えることにより求められる．

3 実験の方法

(1) 実験器具と試薬

表 6.2.1 のとおり．

表 **6.2.1** 実験器具と試薬．

品　名	数量	品　名	数量
1 L 枝管付き丸底フラスコ	1	電流計	1
500 mL 三角フラスコ	1	密度測定装置	1 式
300 mL 三角フラスコ	2	アルコール温度計	1
50 mL ビーカー	2	パラフィルム	適量
ロート	1	コルク栓	4
コンデンサー	1	グラフ用紙	B4 × 4
ジョイント	1	自在定規	1
マントルヒーター	1	沸騰石	適量
変圧器	1	電子天秤	1
電圧計	1	メタノール	適量

(2) 実験に必要な図の作成

次の図を実験開始までに作成する．

① 表 6.1.3 を用いて，メタノール＋水系の 298.15 K における液相中のメタノールの重量分率 x 対密度 ρ 線図．

② 表 6.1.1 を用いて，メタノール＋水系の 101.325 kPa における液相中のメタノールの重量分率 x 対気相中のメタノールの重量分率 y 線図．

③ 表 6.1.1 を用いて，メタノール＋水系の 101.325 kPa における液相中のメタノールの重量分率 x 対 $1/(y-x)$ 線図．

④ 上記③で作成した図に基づいて，メタノール＋水系の液相中のメタノールの重量分率 x 対 $\int_{x_0}^{x} \frac{dx}{y-x}$ 線図（積分曲線図）．

(3) 実験操作

装置は図 6.2.1 に示すように断熱材で保温された丸底フラスコ，コンデンサーおよび留出液受器から構成され，フラスコの加熱にはマントルヒーターを用いる．

① 原料として，あらかじめ組成を約 0.3 重量分率メタノールに調整したメタノール水溶液を約 350 mL 秤量し，その後，丸底フラスコに仕込む．原料の密度を密度計で別途測定する．

② コンデンサーに十分な水を供給した後，マントルヒーターで加熱し，蒸留を開始する．しばらくすると，液温の上昇が始まり，やがて連続的に気泡が発生し，沸点に達するとやがて最初の一滴が留出する**初留点**となる．

初留点
(initial boiling point)

③ 初留点を確認後，そのまま蒸留を続けて仕込み液量の約 1/3 が留出したら加熱を止め蒸留を終える．

④ 釜残液を常温近くまで冷却し，冷却後の釜残液と留出液の質量測定と密度測定を行う．

⑤ 密度測定は，原料，釜残液および留出液をそれぞれ 50 mL 三角フラスコに分取し，298.15 K に保たれた恒温槽に保持し，液温を 298.15 K とした後に行い，各組成をメタノール＋水系の密度対組成線図を用いて作図により求める．

(4) 実験結果の整理

レイリーの式による理論値と実測値との比較を行うが，そのため式 (6.2.9) の積分を，台形則を用いた数値積分で行う[3]．すなわち，実測した始めの状態と終わりの状態の液組成 x_1 と x_2 との間の適当な組成を x_0 とすると数学的に次式が成立するので，

$$\int_{x_2}^{x_1} \frac{dx}{y-x} = \int_{x_0}^{x_1} \frac{dx}{y-x} - \int_{x_0}^{x_2} \frac{dx}{y-x} \tag{6.2.10}$$

一般に，

$$I = \int_{x_0}^{x} \frac{dx}{y-x} \tag{6.2.11}$$

とおく．そこでまず x 対 $1/(y-x)$ 線図を x_1 と x_2 を含む組成領域で作成し，次に描かれた曲線を $x_1 \sim x_2$ の間で n 等分した後，分割した組成区間 Δx ごとに曲線下の面積を台形として求めてそれらを加え合わせると，式 (6.2.11) の積分を行ったことになり，

$$I = \int_{x_0}^{x} \frac{dx}{y-x} = \sum_{i=0}^{n} \left[\left(\frac{1}{y-x}\right)_i + \left(\frac{1}{y-x}\right)_{i+1} \right]_i \frac{\Delta x}{2} \tag{6.2.11a}$$

その結果を図示すると図 6.2.2 のような積分曲線が得られる．ただし x が x_0 より小さいとき，積分値は負の数値としてこれを描く．

この曲線を用いると積分値は次式のように表される．

$$\int_{x_2}^{x_1} \frac{dx}{y-x} = I_1 - I_2 \tag{6.2.12}$$

したがって，式 (6.2.9) と組み合わせると次式となり，

$$\ln L_2 = \ln L_1 - I_1 + I_2 \tag{6.2.13}$$

これより，フラスコ中の液量 L と液組成 x の理論値を求められる．一方，平均留出組成の理論値 $\bar{x}_D$ も式 (6.2.5) にしたがって求められるので，それぞれ実験値と比較する．

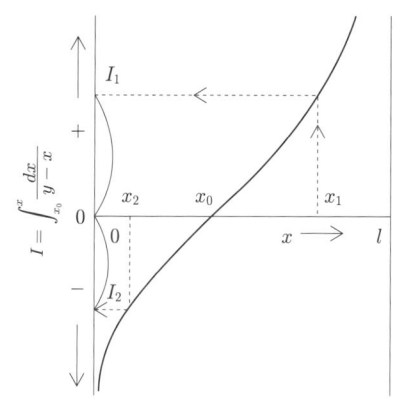

図 **6.2.2** 積分曲線.

4 結果と考察

- 単蒸留実験の結果から，メタノール水溶液全体と低沸点成分であるメタノールの損失（= 入量 − 出量 − 蓄積量）を計算し，損失が 0 でない場合には，損失を生じた原因を考察せよ．
- また損失を 0 とするためには，装置や操作をどのようにすればよいか議論せよ．
- 式 (6.2.13) のレイリーの式を用いて以下の理論値を求めよ．

① 実験値として (L_1, x_1, x_2) を用いて，L_2 の理論値を次式から求める．

$$L_2 = e^{(\ln L_1 - I_1 + I_2)} \tag{6.2.13a}$$

式中の I_1 と I_2 は，図 6.2.2 の積分曲線を用いて，x_1, x_2 の実験値から作図により求める．

② 実験値として (L_1, L_2, x_1) を用いて，I_2 の理論値を次式から計算し，図 6.2.2 の積分曲線を用いて作図を行い，釜残液中のメタノールの重量分率の理論値 x_2 を求める．

$$I_2 = \ln L_2 - \ln L_1 + I_1 \tag{6.2.13b}$$

③ 留出液中のメタノールの平均留出組成の理論値 $\bar{x}_D$ を，以下の数値を用いて，それぞれ求める．
  (a) 3 種の実験値 (L_1, x_1, x_2) と 1 種の理論値 L_2
  (b) 3 種の実験値 (L_1, L_2, x_1) と 1 種の理論値 x_2
  (c) 4 種の実験値 (L_2, L_1, x_1, x_2)

- 上記で求めた L_2, x_2 および $\bar{x}_D$ の理論値をそれぞれ実験値と比較して，違いがあればその原因を損失だけでなく，分縮（文献調査せよ）も考えて考察せよ．
- 初留点について文献調査し，その結果を踏まえて，実験上の初留点

について議論せよ．
- ☐ 蒸留について文献調査し（意義，原理，用途など），蒸留あるいは単蒸留について議論せよ．
- ☐ 密度測定に用いた装置の測定原理ならびに測定精度について議論せよ．

5 参考文献

[1] 小島和夫ほか：『入門化学工学 改訂版』培風館，1989，pp.19-28.

[2] 化学工学会編：『化学工学便覧 改訂7版』丸善，2011，p.383.

[3] 長浜邦雄ほか：『化学数学』朝倉書店，2004，p.118.

6.3 物質分離
——充填塔による蒸留

1 実験の目的

物質分離は，化学プロセス中の主要な工程（操作）の1つであり，揮発性の成分よりなる液体混合物を各成分に分離する蒸留は広く化学工業で利用されている．本実験では，充填塔を用いてメタノール＋水2成分系を試料として蒸留実験を行い，分離が行われていることを確かめるとともに，充填塔の性能を示す **HETP** を求める．

HETP
(height equivalent to theoretical plate)

2 実験の背景 [1〜4]

(1) 蒸留の基礎

蒸留による成分分離は，基本的には分離すべき混合物を加熱沸騰させたとき，共存している液相中と気相中での成分組成の違い，すなわち気液平衡を利用して分離するものである．

蒸留法として，工業的に広く使われているのは，**蒸留塔**を用いる**連続蒸留**である．連続蒸留とは，液体混合物の**沸騰**と，発生した蒸気の**凝縮**を繰り返すことにより，低沸点成分を濃縮し，ついには純粋な成分を得る操作である．例えば，メタノール水溶液の蒸留分離を図6.3.1（表6.1.1を図示したもの）の**気液平衡関係**を用いて考えてみると，0.050モル分率メタノール水溶液は，図のように沸騰と凝縮を各3回繰り返すと，0.859モル分率までメタノールが濃縮されることがわかる．この蒸留分離を具体的に行う装置の一例を図6.3.2に示す．この装置を用いて加熱が理想的に行われるものとすると，下からの蒸気は上の段の液と接触して潜熱を与えてすべて凝縮し，同時に段上の液の沸騰が起きる．また図6.3.2では，塔頂からの蒸気をすべて冷却凝縮し，液として塔頂へ戻している．このような操作は**還流**と呼ばれ，この還流によって，段上で蒸気と液を接触させることが可能となり，**加熱缶**が1個だけで効果的に液の沸騰と蒸気の凝縮を繰り返し行うことができる（還流を含む蒸留は**精留**とも呼ばれる[2]）．

蒸留
(distillation)
蒸留塔
(distillation column)
連続蒸留
(continuous distillation)
沸騰
(boiling)
凝縮
(condensation)
気液平衡
(vapor-liquid equilibrium)

還流
(reflux)
加熱缶
(still)
精留
(rectification)
蒸留塔
(distillation column)
凝縮器
(condenser)
段塔
(plate column
(tray column))
充填塔
(packed tower
(packed column))

(2) 蒸留装置

蒸留装置は主体となる**蒸留塔**，分離対象とする液体混合物を加熱沸騰させるための加熱缶，および塔頂からの蒸気を冷却凝縮するための**凝縮器**から構成されている．また，蒸留塔は塔内の構造により**段塔**と**充填塔**

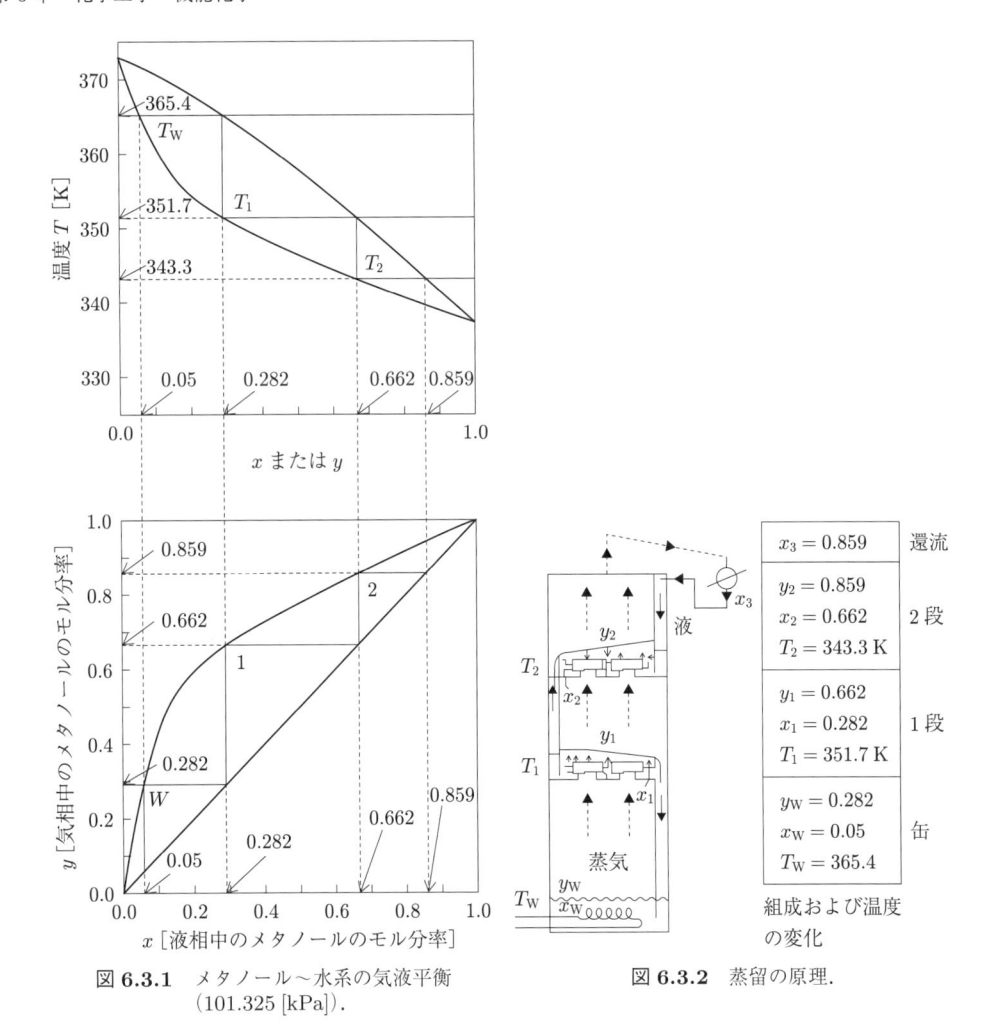

図 6.3.1 メタノール〜水系の気液平衡 (101.325 [kPa]).

図 6.3.2 蒸留の原理.

に大別され，段塔では塔内の組成変化は階段的であるのに対して，充填塔では組成変化は連続的である．本実験で用いる充填塔は，空塔内に充填物を詰めた簡単な構造のものであり，作成が極めて容易である．したがって比較的少量の液を蒸留する場合，また真空下の蒸留などによく用いられる．

(3) HETP

HETP とは充填層の高さを理論段数で割った充填塔の性能因子であり，次式で表される．

$$H_P = \frac{z_t}{n} \tag{6.3.1}$$

マッケーブ・シーレ法
(MaCabe-Thiele method)
理論段数
(number of the theoretical plates)

ここで，H_P は HETP [m]，z_t は充填塔の高さ [m] であり，また n は**マッケーブ・シーレ法**で求められる**理論段数**である．

HETP は段塔における 1 理論段に相当する充填塔の高さがどれほどになるかを表示したものであるから，理論的な性能因子ではない．しか

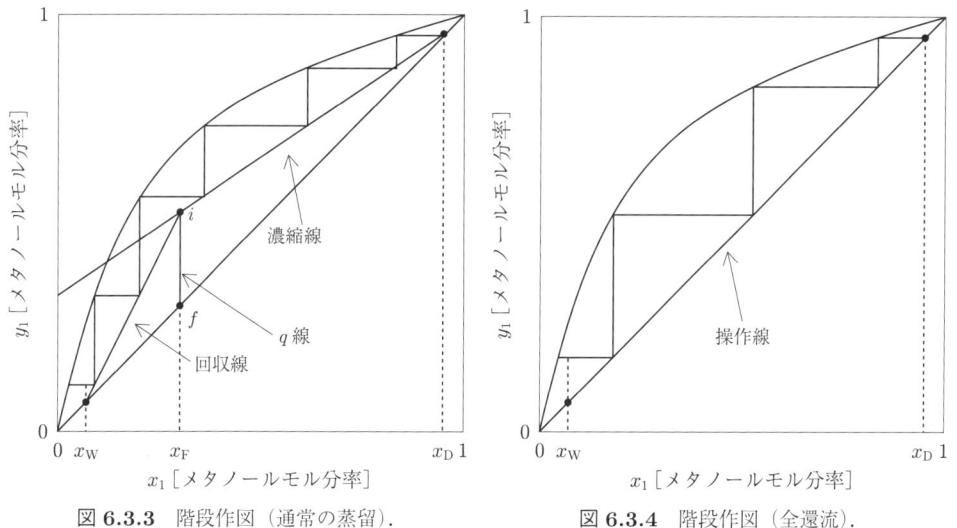

図 6.3.3 階段作図（通常の蒸留）. **図 6.3.4** 階段作図（全還流）.

し計算が非常に簡単であるので，実用的見地からしばしば用いられている．

(4) マッケーブ・シーレ法

マッケーブ・シーレ法とは，還流比 R（= 蒸気を凝縮させた**留出液**を装置外に取り出す液量/留出液を塔頂に戻す液（**還流液**）量）が与えられているとき，図 6.3.3 のように濃縮部および回収部の操作線と x-y 線図との間で階段作図を行うことより，理論段数（ステップ数から 1 を引いた値）を求める方法である．本実験では留出液をすべて充填塔に戻す**全還流**の条件（$R = \infty$）で行うことから，図 6.3.4 のように操作線は対角線と一致するため，x-y 線図と対角線間で階段作図を行うことにより，理論段数を求められる．

還流比
(reflux ratio)
留出液
(distillate)
還流液
(reflux)
全還流
(total reflux)

3 実験の方法

(1) 実験器具と試薬

表 6.3.1 のとおり．

(2) 実験に必要な図の作成

次の図を実験開始までに作成する．

① 表 6.1.3 を用い，メタノール (1) + 水 (2) 系の 298.15 K における液相中のメタノールのモル分率 x_1 対密度 ρ 線図．

② 表 6.1.1 を用い，メタノール (1) + 水 (2) 系の 101.325 kPa における液相中のメタノールのモル分率 x_1 対気相中のメタノールのモル分率 y_1 線図．

6.4 流体輸送
——円管内流体の摩擦損失

1 実験の目的

化学プロセスでは，原料の供給から製品搬出までの工程に液体や気体（まとめて流体という）を輸送するためのパイプラインが多数配管されている．このパイプラインは各種の装置を円滑に運転する上で重要な役割を果たしている．この流体の輸送には送風機やポンプなどが用いられるが，流体を輸送するために加えられたエネルギーは，流体とパイプラインとの間の摩擦により発生する熱に一部変換されて流体内に放散してしまい，有効に用いられないエネルギー損失が生じる．そこで本項では，流体輸送の基礎事項であるエネルギー収支式を理解し，また円管内流動における**エネルギー損失（圧力損失）**を，流体に水を用いて実測して，摩擦係数とレイノルズ数との関係を調べる．

エネルギー損失
(energy loss)
圧力損失
(pressure loss)

2 実験の背景 [1-3]

(1) 流体輸送のエネルギー収支

図 6.4.1 に示すようなプロセスを用いて，流体を入口 (1) から出口 (2) まで輸送する．すなわち輸送にはポンプを用い，高さが z_1 [m] から z_2 [m] に変化し，途中，熱交換器が設置されたパイプラインを通って，単位時間あたり 1 kg の流体が**定常状態流れ系**[1]（単位時間あたりにプロセスに入る流体の量と出る量が等しい流れ）で輸送されるプロセスを考えると，流体輸送に関する**全エネルギー収支**は，一般に次のように与えられる．

定常状態流れ系
(flow steady-state system
(open steady-state system))
全エネルギー収支式
(total energy balance)

（プロセスの出口で流体が所有するエネルギー）
＝（プロセスの入口で流体が所有するエネルギー）
＋（プロセスに加えられた仕事および熱）

これより，図 6.4.1 のプロセスについての全エネルギー収支式は次式で表される [2]．

$$U_2 + \frac{\bar{u}_2^2}{2} + gz_2 + P_2 v_2 = U_1 + \frac{\bar{u}_1^2}{2} + gz_1 + P_1 v_1 + W + Q \quad (6.4.1)$$

ここで g：重力加速度 (9.81 m/s^2)，P：流体圧力 [Pa]，z：基準面よりの高さ [m]，$\bar{u}$：流体の平均流速 [m/s]，v：流体の比体積 [m^3/kg]（密度 ρ [kg/m^3] の逆数），W：ポンプにより流体 1 kg に加えられた仕事 [J/kg]，Q：熱交換器により流体 1 kg に加えられた熱 [J/kg] であり，

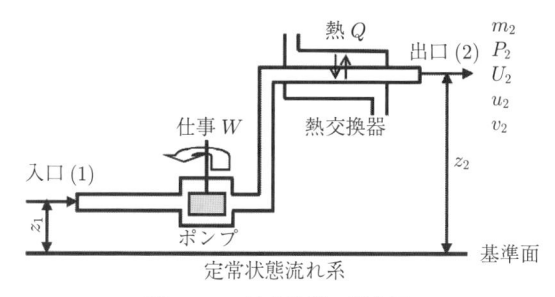

図 6.4.1 流体輸送の概念図.

下付の数字 1, 2 は入口および出口を表す.また,U, $\frac{\bar{u}^2}{2}$, gz, Pv は流体と共にプロセスに出入りするエネルギーであり,それぞれ,

U：流体 1 kg の**内部エネルギー** [J/kg]

$\frac{\bar{u}^2}{2}$：流体 1 kg の**運動エネルギー** [J/kg]

gz：流体 1 kg の**位置エネルギー** [J/kg]

Pv：流体 1 kg の **Pv エネルギー** [J/kg]

を表す.

内部エネルギー (internal energy)
運動エネルギー (kinetic energy)
位置エネルギー (potential energy)
Pv エネルギー (Pv energy)

この中で,Pv エネルギーは流体特有のエネルギーであり,圧力 P で比体積 v の流体をプロセスに押し込むために必要なエネルギーである(Pv エネルギーは流れが停止したときには,内部エネルギーに変換される)[1].なお式中の仕事 W と熱 Q は,流体に加えられる場合を正として示している.

ところで,この全エネルギー収支式には,流体輸送の際に生じる損失が含まれていない.この損失とは,流体を輸送するとき,輸送のために加えられたエネルギー（動力）の一部が,流体とパイプラインとの間の摩擦により熱に変換されて流体内に放散してしまい,有効に用いることができないエネルギーの損失を指す.そのため,このようなエネルギー損失を**摩擦損失**と呼び,流体 1 kg について ΣF [J/kg] で表す（ここで Σ を用いて摩擦損失を表すのは,後述するように,摩擦損失の原因が 1 つでなく複数存在することから,それらの総和によって,摩擦損失を求めるためである）.

摩擦損失 (frictional loss)

そこで図 6.4.1 について熱をめぐる収支（熱収支）を考えると,プロセス中で,流体には熱交換器からの熱だけでなく,摩擦損失も熱として加える必要がある.これらの熱は流体の温度上昇（→ 流体の内部エネルギーの増加）とともに,流体の熱膨張（→ 流体の熱膨張によりなされる仕事）にも使われる.よって,その熱収支は**熱力学第一法則**[1] により,次のように表される.

熱力学第一法則 (first law of thermodynamics)

$$\Delta U = U_2 - U_1 = \left(Q + \sum F\right) + W \qquad (6.4.2)$$

ここで,ΔU は流体の内部エネルギー変化であり,仕事 W は膨張仕事

圧力損失 ΔP, $\bar{u}$ を実測すれば，式 (6.4.11) を用いて摩擦係数 f を求められる．また f が既知であれば，式 (6.4.10) から圧力損失を推定できる．

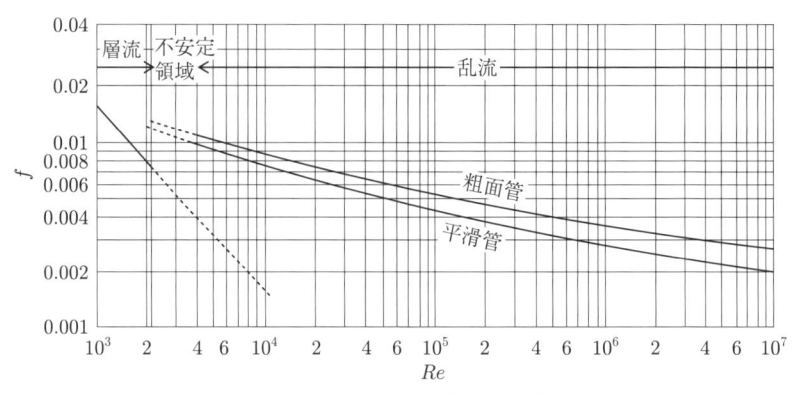

図 6.4.3　円管内を流れる流体の摩擦係数．

3 実験の方法

(1) 実験器具と試薬

表 6.4.1 のとおり．

表 6.4.1　実験器具と試薬．

品　名	数量	品　名	数量
ローターメーター（1～10 L/min）	1	ガラス製直円管（内径 10 mm，管長 1 m）	1
差圧計	1式	配管	適量
輸送用ポンプ	1	ビニールホース	適量
貯水槽	1	流量調整用コック	1
アルコール温度計	1		

(2) 実験に必要な図の作成

実験開始までに，両対数グラフに図 6.4.3 を参考にして，レイノルズ数 Re 対摩擦係数 f 線図を作成する．その際，図中には以下の式を用いて計算した f の値を Re に対して描くこと．

層流域：$Re \leqq 2100$ [2]

$$f = \frac{16}{Re} \tag{6.4.12}$$

乱流域：$Re \geqq 4000$ [2] かつ平滑管

$$f = 0.0791 Re^{\left(-\frac{1}{4}\right)} \tag{6.4.13}$$

図 **6.4.4** 円管内流体の摩擦損失の測定装置.

なお式 (6.4.13) は**ブラジウスの式**と呼ばれ，ガラス管などの表面が滑らかな管（これを**平滑管**と呼び，表面が粗い管を**粗面管**と呼ぶ）の乱流域の f を求めるために提案された実験式である[2].

また層流域の Re と f の関係は式 (6.4.12) より直線となるが，乱流域では曲線となるので，その作図では自在定規を用いること．

ブラジウスの式
(Blasius equation)
平滑管
(smooth pipe (plain tube, smooth tube))
粗面管
(rough pipe (rough tube))

(3) 実験操作

本実験で使用する装置の概略を図 6.4.4 に示す．装置は，貯水槽，ポンプ，流量計およびこれに接続するガラスの直円管と差圧計から構成される．実験方法を以下に示す．

① ポンプと差圧計の電源を入れる．
② 流量ゼロの状態で差圧計をゼロ校正する．
③ 測定を行う水の流量（体積流量）を次のように，流量調整用コックを用いて調整する．
  ・10～3 L/min：1 L/min ごとに 8 ポイント
  ・3～2 L/min：適当な流量で 4 ポイント
  ・2 L/min 未満：適当な流量で 5 ポイント（ただし 1 L/min 未満の適当な流量で 3 ポイントを含む）

なお，約 2.1 L/min 以下で $Re < 4000$，約 1.1 L/min 以下で $Re < 2100$ となる．

④ 各流量において，流量，差圧計の値 [kPa] と水温 [℃]（絶対温度に換算する）を記録する．

(4) 実験結果の整理

まず各種の流量について測定した体積流量 V [L/min]，圧力損失 ΔP [kPa] および水温 T [K] から，レイノルズ数 Re を式 (6.4.9) から，摩擦係数 f は式 (6.4.11) より算出し，求めた Re と f の関係を両対数グラフにプロットする．次に乱流域の実験値について，最小二乗法[4]

を用いて直線近似する．

なお Re と f の計算を行う際，次の点に注意する．

① 体積流量 V の単位を L/min から m³/s に換算し，その値から平均流速 $\bar{u}$ [m/s] を次式で求める．

$$\bar{u} = \frac{V}{\frac{\pi}{4}D^2} \tag{6.4.14}$$

② 圧力損失 ΔP の単位を kPa から Pa に換算する．
③ 流体である水の密度 ρ [kg/m³] および粘度 μ [Pa s] の計算には，測定したすべての実験値の水温の平均値を用いる．

4 結果と考察

☐ プロットした実測値の傾向を考察し，摩擦係数 f がレイノルズ数 Re に対してどのように変化しているか考察せよ．

☐ 摩擦係数の実測値は，層流域では式 (6.4.12) から，乱流域では式 (6.4.13) から求めた値と一致しているか議論し，違いがあればその原因を考察せよ．

☐ 乱流域の実測値から最小二乗法を用いて決定した直線の式（近似式）からの計算値と実測値を比較し，計算値がどの程度実験値と一致しているか議論せよ．

☐ レイノルズ数 Re や，今回の直円管の摩擦損失 F_f および他の 3 種の摩擦損失，平滑度（平滑管・粗面管）について調査し，物理的な意味やその取り扱い方を考察せよ．

☐ 化学プロセスなど，流体を輸送するためのパイプラインを設計・建設する上で，摩擦係数 f を知ることの意義を議論せよ．

5 参考文献

[1] 小島和夫：『エクセルギーを活かそう エクセルギー有効利用の原理』培風館，2004, pp.5-9, pp.57-63.

[2] 小島和夫ほか：『入門化学工学 改訂版』培風館，1989, pp.133-148.

[3] 竹内雍ほか：『解説化学工学 改訂版』培風館，2006, p.51.

[4] 長浜邦雄ほか：『化学数学』朝倉書店，2004, pp.38-43.

6.5 ミクロサイズ電気分解による水素の発生とその爆発性の評価

1 実験の目的

　エネルギーキャリアとして注目が高まっている水素をアルカリ電解質電気分解法によって製造し，爆鳴気ができたときの爆発がどれくらい恐ろしいものかを体感し，これを制御するにはどうしたらよいのかを実験を通して考えたい．具体的には，ミクロサイズの電気分解システムを組み，アルカリ水溶液を電気分解して発生する気体すべてを洗剤の泡の中に閉じ込め，これに着火して爆発する様子を観察することを通して，電気分解の仕組みを理解するとともに，水素を安全に扱うためのヒントを得る．さらに，発生する気体を別々に捕集する工夫を行い，Plan-Do-Seeサイクルをまわすための基本的態度を養成する．また，6.6節の実験と合わせて，水素エネルギーシステム全体を考察する基礎を築くことをさらなる目的とする．

2 実験の背景

（1） エネルギーキャリアとしての水素

　水素はエネルギーキャリアとして期待されている．再生可能エネルギーから得られる電力は時間変動や季節変動が大きいため，貯蔵して出力を平準化したり，需要のピークに合わせて出力を上げたりするのに水素が用いられようとしている．エネルギーの運び手，それがエネルギーキャリアである．各家庭が小規模に電力貯蔵する場合には蓄電池でも用が足りるが，コミュニティー単位，市町村単位と貯蔵すべきエネルギーの量が大きくなるほど，水素の形で貯蔵する方が有利である．

　水素からエネルギーを取り出すとき，高温で燃焼させてタービンで発電することも可能であるが，燃焼反応の際のギブズエネルギー変化をそのまま電力に変換できる燃料電池がさらに有望である．固体高分子形燃料電池は，定置型のものがエネファームという統一商品名で市販されており，移動体用のものは燃料電池自動車のモーター駆動電源として大々的に使用され始めた．2014年12月に市場に投入された燃料電池自動車MIRAIは，水素社会への扉を開いたと言われている．

　一次エネルギーの分散立地を後押しする二次エネルギーとして水素は期待されているが，これは必ずしもエネルギーの自給自足ということを意味しない．アルゼンチンのパタゴニアの風力エネルギーや中東の太陽

エネルギーを水素に変えて日本に持ってこようというプロジェクトも提案されている．海外の再生可能エネルギーを大規模に取り込もうという考えである．

(2) 水素を製造し安全に取り扱うために

水素をエネルギーキャリアとして活用する際に問題となるのは水素の安全性である．空気と適当な比率で混合されると大きな爆発を起こすことは周知の事実となっている．この爆発がどれくらい恐ろしいものかを体感し，これを制御するにはどうしたらよいのかを実験を通して考えたい．取り扱う量を少なくすることや，水素ガスの拡散の速さを利用することなどが保安のヒントとなる．現時点では，世の中の水素の大半は化石資源の水蒸気改質によって作られているが，将来は，太陽光発電や風力発電などで得られる電力を用いた電気分解で水素を作るのが主流になるはずである．二酸化炭素を排出しないエネルギーシステムとすることができるため，まさに 21 世紀の新エネルギーシステムといえる．水素の危険性を最小限に押さえ込むことは化学技術者の責務である．

3 実験の方法

(1) 実験の原理

KOH 水溶液の電気分解反応は，

$$\text{陰極} \quad 2H_2O + 2e^- \rightarrow H_2 + 2OH^- \tag{6.5.1}$$

$$\text{陽極} \quad 2OH^- \rightarrow H_2O + 1/2 O_2 + 2e^- \tag{6.5.2}$$

にしたがって進行する．反応式に K^+ イオンはあらわには登場しない．

電気分解に必要な理論電圧 E_0 は，トータルの反応の $\Delta G = 237$ kJ/mol を用いて，

$$E_0 = \Delta G / nF \tag{6.5.3}$$

により計算できる．ここで，ファラデー定数 F は，

$$F = 96500\,\text{C/mol} \tag{6.5.4}$$

であり，n は，式中の電子の数を意味する．今の場合，

$$E_0 = 237\,\text{kJ mol}^{-1} / (2 \times 96500\,\text{C mol}^{-1}) = 1.23\,\text{V} \tag{6.5.5}$$

と計算することができ，理論上は 1.5 V の乾電池 1 個で電気分解できることがわかる．

(2) 実験器具と試薬

表 6.5.1 のとおり．

表 **6.5.1** 実験器具と試薬．

品　名	数量	品　名	数量
単一乾電池	4	チャッカマン	1
半端紙		シャーレ	1
接着テープ		線香	1
スポイト	3	KOH（3 M，2 M，1 M）	
電極用金属		NaOH（比較用，3 M，2 M，1 M）	
マイクロプレート	1	台所用洗剤希釈液	
ワニ口クリップ付きリード線	2		

(3) 実験操作 A

① 台所用洗剤の希釈液をマイクロプレートに注ぐ．
② スポイトに図 6.5.1 のように 2 本の電極を刺す．
③ スポイトの中に 3 M の KOH 水溶液を吸い取る．

⚠ 3 M の KOH 水溶液が眼に入ると危険なので，必ず保護メガネを着用する．万一眼に入った場合は，すぐに洗眼し，眼科の診察を受けることになる．スポイト操作はとくに注意すること．

④ 1.5 V 単一乾電池を 4 個直列に並べ，ずれないようにする．
⑤ ワニ口クリップを電極に取り付け，他端を直列の乾電池の極に接触させ，電気分解を開始させる．
⑥ スポイトの先をマイクロプレートの液の中に浸し，泡を爆鳴気でふくらませる．
⑦ チャッカマンの火を泡に近づけて小爆発させる（原則，指導者が着火する）．
⑧ 線香の火を近づけると爆発するかどうか試す（オプション）．

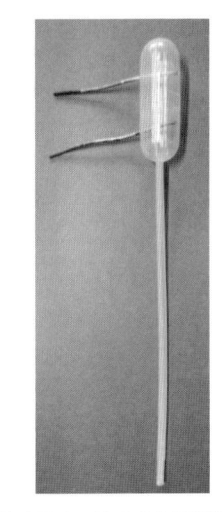

図 **6.5.1** スポイトに電極を刺した例．

(4) 実験操作 A のバリエーション

・台所用洗剤の濃度を変えたり，添加剤を加えたりしてみる．
・電極間の距離を変えてみる．電極の太さや電極表面の粗さを変えてみる．電極の材質を変えてみる．
・KOH 水溶液の濃度を変えてみる．
・KOH のかわりに NaOH を用いる．
・電池の種類や個数を変えてみる．
・泡のサイズを変えてみる．

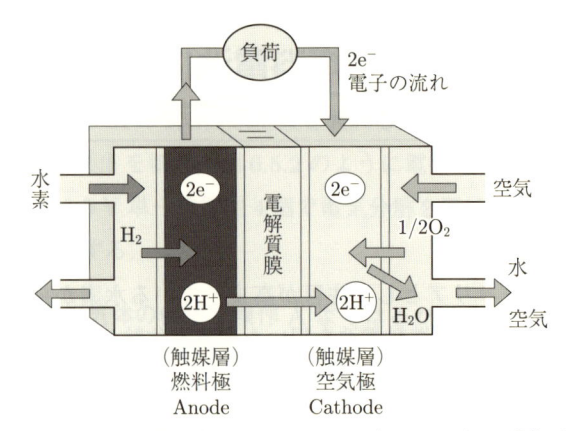

図 6.6.1 固体高分子形燃料電池の原理．Anode（アノード）は酸化反応の起こる電極，放電中の電池では負極．Cathode（カソード）は還元反応の起こる電極，放電中の電池では正極．
出典：水素エネルギー協会編『トコトンやさしい水素の本』日刊工業新聞社，2008．

ということになる．ΔH は温度依存が小さいため，低温になると相対的に $T\Delta S$ の寄与率が下がり，平衡論的には低温で発電するほど有利である．

　家庭用燃料電池で用いられる水素は，都市ガスやプロパンガスからその場で合成されている．燃料電池自動車に搭載されている水素は 70 MPa という高圧のガスである．本実験では，プッシュ缶に入った水素や，水素吸蔵合金から放出させた水素（オプション）を用いて燃料電池発電を体験する．

△ $LaNi_5$ に代表される水素吸蔵合金は，金属格子の間に原子状の水素を取り込み，発熱する．逆に，加温されると，水素を分子状に戻して放出する．この性質を利用すると，室温付近で 0.5 MPa 程度の水素を安全に出し入れすることができる．

(2) 実験の原理

　絶縁性をもつ 2 枚のアクリルプレート（AP）の間に 1 組の固体高分子形燃料電池が収容された構造となっている．2 枚のカーボンセパレーター（CS）が電極の役割とそれぞれ空気および水素を流し込む流路としての役割をもっており，そのカーボンセパレーターの間の 5 枚のフィルムが発電の役割を担っている．セパレーターとは，空気と水素を混合させない，分離して供給する，という意味からのネーミングである．5 枚のフィルムのうち，最も外側の 2 枚 1 対のものは，柔軟性と密着性をもつシリコーンフィルムであり，燃料電池内の気体が外へ漏れ出したり，外気が燃料電池内に流入したりするのを防止する，ガスケット（GK）の役割を果たすものである．その内側の 3 枚が，いわば燃料

電池の心臓部であり，拡散層（GDL）付き電極 2 枚が固体高分子電解質膜（PEM）を挟み込んだ配置となる．この 3 枚 1 組のものは，ガスケットにあいた窓のところに落ち込むように組み込まれ，カーボンセパレーターと電気的にも雰囲気的にも（ガス流路的にも）連結される．発電の際，水素分子は拡散層付き電極上の白金触媒の働きによってプロトンと電子に分解され，プロトンは固体高分子電解質膜を通り抜け，電子は電極およびリード線を経由して逆側に到達する．そこで酸素と化学反応して水を生成するが，これも触媒の働きによって実現される．

3 実験の方法

(1) 実験器具と試薬

表 6.6.1 のとおり．

表 6.6.1 実験器具と試薬.

品　名	数量	品　名	数量
ケニス FC-S 燃料電池キット[†]	1	30.1 mm 幅の紙片	1
プラスチックピンセット	1	バブラー	1
六角レンチ	1	10 mm φ チューブ	1
電子オルゴール	1	水素	1
ワニ口クリップ付きリード線	2	（プッシュ缶入り，圧力は 1 MPa 以下）	

[†] ケニス FC-S

(2) 実験操作

① 図 6.6.2 のように，空気極アクリルプレートに空気極カーボンセパレーターを重ねる．

② プラスチックピンセットを使用して，シリコーンガスケット，拡散層付き電極，固体高分子電解質膜，拡散層付き電極およびシリコーンガスケットを（図 6.6.3），空気極カーボンセパレーターの上に順に重ねる．拡散層付き電極には裏表があり，黒い側が触媒塗布面である．この触媒塗布面を固体高分子電解質膜に接触させる．

③ 図 6.6.4 のように水素極カーボンセパレーターをかぶせる．

④ 水素の出入り口をあわせて水素極アクリルプレートをかぶせ，四隅を締め付けボルトで締める．このとき，六角レンチのトルクが小さくなる持ち方で対角線締めを行ったあと，さらに 1/4 回転ほど増し締めする．四辺の厚みが 30.1 mm におさまっていれば合格．図 6.6.5 のようになる．

⑤ 図 6.6.6 を参考にして，バブラーを介して水素プッシュ缶と燃料電池をチューブで接続する．

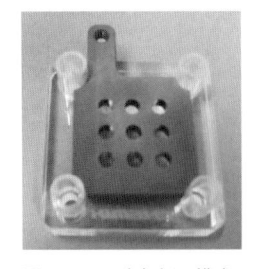

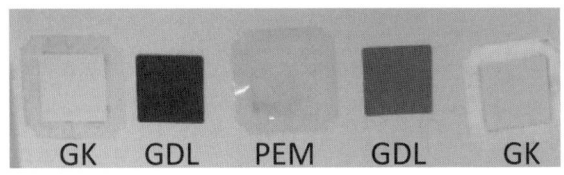

図 6.6.2　空気極の構成．　　図 6.6.3　発電の現場を構成する 3 枚の膜とガスケット．

図 6.6.4　水素極カーボンセパレーターをのせたところ．

図 6.6.5　水素極を完成させ全体を締め付けたところ．

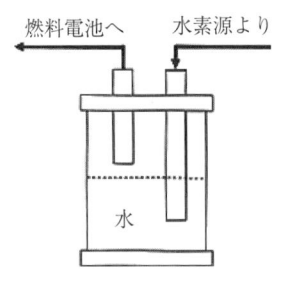

図 6.6.6　バブラーの接続．

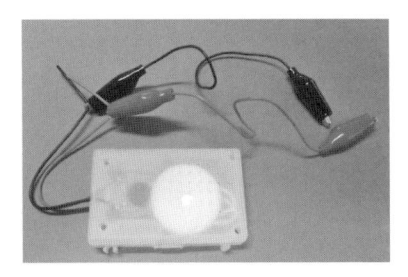

図 6.6.7　電子オルゴールの接続．

図 6.6.8　水素キャニスター⇔バブラー⇔燃料電池⇔電子オルゴールを連結した全景．

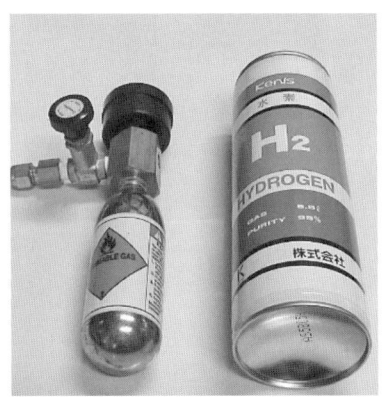

図 6.6.9　水素キャニスター（左）および水素プッシュ缶（右）．

⑥ 図6.6.7の電子オルゴールを燃料電池とリード線で接続する．電子オルゴールの赤の線が正極，燃料電池側では空気極が正極である．

⑦ 図6.6.8のようなシステム全景（水素吸蔵合金を収容するキャニスターを使った接続例が示されているが，通常はプッシュ缶を使用）のもとで実際に水素ガスを流して発電を確かめる．

⑧ 計測器を用いて，電圧，電流など，必要なデータを収集する．

⑨ もとのとおりに分解してビニール袋などに収容する．

△ 図6.6.8および図6.6.9のキャニスターには40 Lの水素が入っている．図6.6.9に並んで写っているプッシュ管の中の水素は5.8 Lである．直径6.4 cm，高さ20 cmほどの容器に5.8 L入っているということは，圧力がいくらくらいに圧縮されているか，概算してみるとよい．一方，キャニスターの中の気相の水素の圧力は0.7 MPa程度である．収容されている水素の大半が水素吸蔵合金の中に固形化されたものであることがわかる．なお，水素の体積をLやm^3といった単位で表すとき，標準状態（0℃，標準大気圧）の体積に換算するのが普通で，このような体積をNLやNm^3と表記して，ノルマルリットル，ノルマル立米などと読む．

4 結果と考察

☐ 燃料電池の起電力はどれくらいか．バブラーの中の泡の出方と相関するか．

☐ 電子オルゴールを鳴らすときの電流はどれくらいか．バブラーの中の泡の出方と相関するか．

☐ 燃料電池の出力は何ワットくらいになるか．

☐ 水素の酸化反応のギブズエネルギー変化を考慮したとき，出力のワット数と継続時間の積は水素の流出量と見合っているか．

☐ 1 kW，100 kWなどに出力を上げたらどんなことが起こりそうか．出力を上げるにはどんな要素技術が必要か．

6.7 色素増感型太陽電池の作成と評価

1 実験の目的

安価な**有機色素分子**を利用した次世代型太陽電池の1つに**色素増感型太陽電池**がある．ここでは，**吸収スペクトル**の測定・解析を通して分子の分光特性を学ぶ．また，その分子を利用した色素増感型太陽電池を作成し，その光電変換機構を学ぶ．

2 実験の背景

(1) 電子励起

電子によって占有されている**分子軌道**のうち最もエネルギーの高い軌道を**最高被占軌道**（HOMO），電子によって占有されていない分子軌道のうち最もエネルギーの低い軌道を**最低空軌道**（LUMO）という．**基底状態**にある分子が可視光や紫外光を吸収すると，最高被占軌道の電子はそれよりも高エネルギー側に存在する最低空軌道に遷移し，**励起状態**になる．これを**電子励起**という．このとき，2つの軌道間のエネルギー差と照射光の**光子エネルギー**が一致する．光子エネルギー E（単位：J）は，以下の式 (6.7.1) で表現される．

$$E = h\nu \tag{6.7.1}$$

ここで，h は**プランク定数**（6.626×10^{-34} Js），ν は光子の**振動数**（単位：s^{-1}）である．また，振動数と**波長**の関係式は以下のとおりである．

$$\nu = \frac{c}{\lambda} \tag{6.7.2}$$

ここで，c は光速度（3×10^8 m/s），λ は波長（単位：m）である．

(2) 吸収スペクトル

分子が溶解した溶液をある波長の**単色光**が透過するとき，入射光の強度（I_0）に対して透過光の強度を I で表現すると，透過率（％）は以下の式で表現される．

$$T = \frac{I}{I_0} \times 100 \tag{6.7.3}$$

透過率の逆数の常用対数は**吸光度**（A）という．

$$A = \log\left(\frac{I_0}{I}\right) \quad (6.7.4)$$

吸収される光のエネルギーは，光が通る道筋に存在する分子の数に比例するので，吸光度は溶液の濃度（c, 単位：M）および光路の長さ（光路長）l（単位：cm）に比例し，これを表現した以下の式をランベルト・ベールの法則という．

ランベルト・ベールの法則 (Lambert-Beer law)

$$A = \varepsilon c l \quad (6.7.5)$$

ここで ε（単位：$M^{-1}\,cm^{-1}$）をモル吸光係数という．吸収スペクトル測定によって，ある濃度の分子の溶液の吸光度が得られ，これをもとに任意の波長における分子の光吸収能力の指標値としてモル吸光係数を算出することが可能となる．

モル吸光係数 (molar absorption coefficient)

(3) 光増感

光増感とは，触媒による光反応の促進を指す．まず基質以外の物質（光増感剤）に光が吸収されて励起状態となり，その励起エネルギーがエネルギー移動や電子移動過程を経て基質に渡されることによって，基質の光反応が誘起される．

光反応 (photoreaction)
光増感剤 (photosensitizer)

(4) 光電子移動

光電子移動は，電子供与性分子（D）と電子受容性分子（A）を組み合わせた系に，光を照射することによって起きる．電子供与性，受容性分子の最高被占軌道・最低空軌道のエネルギー準位が図 6.7.1 のようであるとする．光電子励起によって電子供与性分子内の最高被占軌道から最低空軌道に遷移した電子が，電子受容性分子の最低空軌道に移動する．これを光電子移動という．

なお，図 6.7.1 の反応を反応式として表すと以下のようになる．

$$D + A \xrightarrow{h\nu} D^{+\cdot} + A^{-\cdot}$$

電子供与性分子，電子受容生分子とも中性の分子である場合には，光電

光電子移動 (photoinduced electron transfer)
電子供与性分子 (electron-donating molecule)
電子受容性分子 (electron-accepting molecule)
エネルギー準位 (energy level)

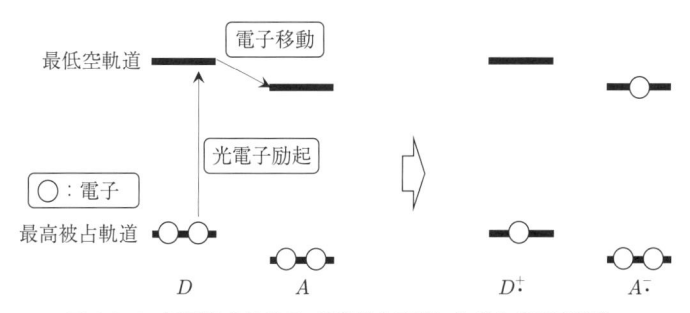

図 6.7.1 電子供与性分子–受容性分子対における光電子移動．

子移動の結果，電子供与性分子の陽イオン，受容性分子の陰イオンが生成する．両者は不対電子をもつラジカルイオンである．

3 実験の方法

(1) 実験器具と試薬

表 6.7.1 のとおり．

表 **6.7.1** 実験器具と試薬．

品　名	数量	品　名	数量
100〜1000 µL マイクロピペット	1	廃液用ビーカー	1
ピンセット	1	2〜20 µL マイクロピペット	1
50 mL サンプル管	1	可視・紫外分光光度計	1
乳鉢	1	吸収スペクトル用標準セル（光路長：1 cm）	1
乳棒	1	上皿天秤	1
ガラス棒	1	20 mL メートルグラス	1
アルミホイル	1	洗浄用アセトン	適量
ITO 透明電極（4 × 5 cm）	1	擬似太陽光照射装置	1
ステンレス電極（4 × 5 cm）	1	電流-電圧曲線測定装置	1
セロハンテープ	1	二酸化チタン粉末	5.2 g
ハサミ	1	電解質溶液	適量
鉛筆	1	0.2 mM テトラカルボキシフェニルポルフィリン（増感分子）のエタノール溶液	適量
台紙	1		
薬さじ	1	15% 酢酸水溶液	20 mL
ワニ口クリップ付き銅線	2	5% トリトン X100 水溶液	1.5 mL
ダブルクリップ	4	エタノール	適量
薬包紙	1		

(2) 実験操作

(i) テトラカルボキシフェニルポルフィリンの吸収スペクトル測定

可視・紫外分光光度計の測定マニュアルに従って測定を行うが，基本的には，まず，溶媒（本実験ではエタノール）のみを吸収スペクトル用標準セルに 3 mL 入れ，分光光度計の所定位置に差し込んでベースライン測定を行う．その後，溶媒を捨て，0.2 mM のテトラカルボキシフェニルポルフィリン溶液をエタノールで 100 倍に希釈した溶液 3 mL をセルに入れて測定を行う．こうすることで，溶媒による光吸収が差し引かれた，溶質（テトラカルボキシフェニルポルフィリン）のみの吸収スペクトルが得られる．

△ 吸収セルは 2 面透過性となっている．これら面は光が通過する面であるので汚れがないことを確認する他，手で触れてはいけない．セルを持つ際は側面を持つ．

(ii) 二酸化チタンペーストの作成

① 二酸化チタンペースト粉末を上皿天秤で 5.2 g 量り取り，乳鉢に入れ，メートルグラスを使って 15% の酢酸水溶液を 20 mL を量り取って加え，乳棒で均一に懸濁させる．

⚠ 酢酸水溶液は刺激臭がするので，直接においを嗅がないこと．

② マイクロピペットを使って 5% のトリトン X100 水溶液を 1.5 mL 乳鉢に加え，乳棒で均一に懸濁させる．完成した二酸化チタンペーストは 50 mL サンプル管に移す．

⚠ 使用済みの乳鉢と乳棒は乾燥する前に速やかに洗浄する．

(iii) 二酸化チタン光電極の作成

① 酸化インジウムスズ電極を，切り込みを左上にして台紙の上に置き，図 6.7.2 のように横・縦にセロハンテープを貼って固定する．本実験では計 2 つの電池を作成するので，2 枚の ITO 電極を固定する．

酸化インジウムスズ
(tin-doped indium oxide: ITO)

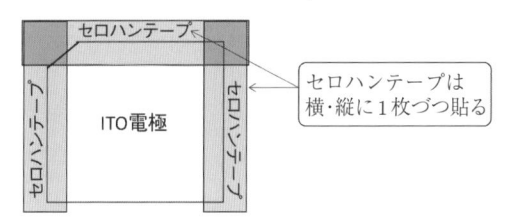

図 6.7.2 ITO 電極を台紙に固定した様子．

② 二酸化チタンペーストを 1 mL マイクロピペットで 400 μL 量り取り，図 6.7.3 のように ITO 電極の上部（セロハンテープの上）にのせ，ガラス棒の腹で広げる．セロハンテープの厚さ程度の二酸化チタンが必要なので，ペーストを広げる際は，テープ上を，少し力を入れながらガラス棒で引き延ばす．その後，約 5 分間自然乾燥させる．

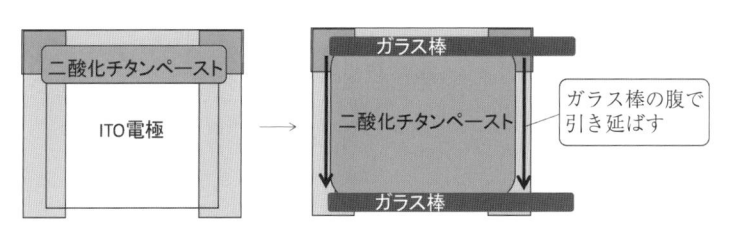

図 6.7.3 二酸化チタンペーストの塗布の様子．

③ 乾燥後，セロハンテープを剥がして台紙から電極を外す．このとき二酸化チタン膜に傷が入らないように慎重にセロハンテープを剥がす．次いで 350℃ に設定された電気炉で 30 分間焼成する．焼成後，炉を開放し，さらに 10 分間静置させておく．焼成後，すぐに炉から取り出すと ITO 電極が破損しやすいので，注意すること．焼成後，

二酸化チタン膜がまだ褐色であれば，白色に変化するまで焼成を続ける．

(iv) ステンレス電極の作成

ステンレス電極の 3 辺（1 つの長辺と 2 つの短辺）に，図 6.7.4 のように電極にセロハンテープを包むように貼る．その後，剥き出しの電極表面を鉛筆で黒く塗りつぶす．二酸化チタン光電極と同様に計 2 枚作成する．

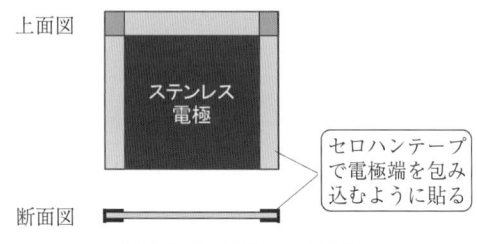

図 6.7.4 ステンレス電極．

(v) 増感分子による電極の修飾

0.2 mM の光増感分子溶液を適量シャーレに入れ，2 枚の二酸化チタン光電極のうち 1 枚を浸し，アルミホイルで遮光しながら 10 分間静置させる．その後，溶液から電極を取り出し，エタノールで優しく電極表面を洗浄する．浸す際，および洗浄する際は，二酸化チタン膜が脱離しないよう，慎重に操作すること．

(vi) 太陽電池の組み立てと評価

① ステンレス電極上に電解液を 5, 6 滴，均一に滴下する．
② 光増感分子を修飾させた面を下にして，二酸化チタン光電極をステンレス電極に貼り合わせる．この際，電流を取り出す銅線を取り付けるために，両端を 0.5 cm 程度ずらして貼り合わせる（図 6.7.5）．最後にダブルクリップで挟んで固定する．光増感分子を修飾した電極としていない電極を用いてそれぞれ太陽電池を作成する．

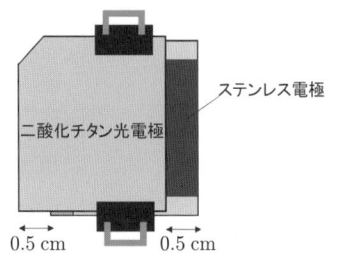

図 6.7.5 太陽電池の概観図．

③ 性能評価：ワニ口クリップでそれぞれの電極に銅線を繋ぎ，電流―電圧曲線測定装置に取り付け，擬似太陽光照射装置で光を照射した際の電流―電圧特性を測定し，性能を評価する．作成した 2 つの太陽電池について測定する．

4 結果と考察

- 本実験で用いた光増感分子の吸収スペクトルから，**吸収極大波長**およびモル吸光係数を算出せよ．

- 色素増感型太陽電池によく利用される光増感分子を調べ，本実験で用いた分子と比較し，本実験の光増感分子の良い点・悪い点を，吸収スペクトルの測定結果に基づいて議論せよ．

- 光増感分子が修飾された太陽電池とされていない電池の性能差はあったか．なぜそのような結果になったのか，色素増感型太陽電池の発電機構を調べ，それに基づいて議論せよ．

- 本実験で作成した太陽電池の性能をさらに向上させるにはどうすればよいか，議論せよ．

> 吸収極大波長
> (wavelength of maximum absorption)

5 参考文献

[1] 市村正也：『太陽電池入門』オーム社，2012.

[2] R. D. McConnell: *Renew. Sustainable Energy Rev.*, 2002, **6**, p.271.

[3] 荒川裕則：『色素増感太陽電池』シーエムシー出版，2001.

入量　228
熱機械分析　76
熱収縮　77
熱重量分析法　75
熱物性　75
熱変性　199
熱膨張　77
熱力学第一法則　241
ネルンストの式　45
粘性率　128
粘度　25, 128
燃料電池　251

■ハ行
配位数　52
バイオインフォマティクス　216
配向性　91
培養　160
薄層クロマトグラフィー　115
波長　256
白金電極　45
発電効率　251
バテライト　52
バブラー　253
パラ位　91
反磁性体　67
反応速度　30, 38, 98
反応速度定数　30
比活性　181
光増感剤　257
光反応　257
非共有電子対　87, 95
ピクノメーター　23
菱面体晶　53
比重　23
比旋光度　107
引張強さ　71
比表面積　62
ピペット法　58
ビュレット　13
比容　135
標準酸化還元電位　45
標準水素電極　45
標準溶液　45
ピリジンフェロヘモクロム　173
頻度棒グラフ　125
貧溶媒　116
ファニング　243
不安定領域　243
フェライト　65
フガシティー　221
不均一核生成　146

複合電極　47
物質収支　228
物質の三態　218
沸点　219
沸点曲線　220
沸点計算　222
沸騰　235
不飽和カルボニル　103
プライマー　196
ブラジウスの式　245
プラスミド　191, 193
ブラッドフォード法　157
プランク定数　256
浮力補正　23
フロイントリッヒ　41
プロトン　33
ブロンステッドの酸・塩基　33
分子軌道　256
分子ふるい　99
分配　99
平滑管　245
平滑度　243
平均留出組成　229
平衡　111
平衡コンプライアンス　137
平衡状態　33
ベクター　189
ペルオキシダーゼ　174
偏光　106
ベンゾイル化　95
飽和カロメル電極　45
飽和蒸気圧　219
ボーア磁子　66
保護　92
ホモポリマー　123
ポリアミド　112
ポリウレタン　112
ポリエステル　111
ポリエチレン　85
ポリ塩化ビニル　85
ポリスチレン　85
ポリ尿素　112

■マ行
マキサム・ギルバート法　210
マグネタイト　65
曲げ強さ　71
摩擦係数　243
摩擦損失　241
マッケーブ・シーレ法　236, 237
ミカエリス・メンテン式　174
密度　23, 96

無菌操作　160
無定形部分　144
メートルグラス　12
メスシリンダー　12
メスピペット　13
メスフラスコ　12
メタ位　91
メタ配向性　91
滅菌　162
毛細管粘度計　128
モル吸光係数　257
モル蒸発エンタルピー　219

■ヤ行
ヤング率　72
有機色素分子　256
誘導期　160
溶解度　55
溶解度積　54
溶離液　99
容量分析法　45

■ラ行
ライゲーション　207
ラインウィーバー・バークプロット　176
ラジカル連鎖重合　118
ラングミュア　41
ランダム鎖　126
ランベルト・ベールの法則　257
乱流　243
リガーゼ　207
理想溶液　221
リパーゼ　153
リボ核酸（RNA）　186
硫安分画　171
粒子　58
留出液　229, 237
粒度分布　58
粒度分布曲線　59
良溶媒　116
理論段数　236
理論電圧　248
臨界点　219
励起状態　256
レイノルズ　243
レイリーの式　230
連鎖重合　111
連続蒸留　235
ローリー法　157
六方晶　53
露点曲線　220

【監修者】

岩村 秀（いわむら ひいず）

東京大学理学部卒，同大学大学院化学系研究科において理学博士の学位を取得，物理有機化学の分野において53年間教育研究に従事した．2005年日本大学大学院総合科学研究科教授，2010年日本大学理工学部客員教授．2001年日本化学会会長を務める．分子科学研究所名誉教授，東京大学名誉教授，九州大学名誉教授．

角五 正弘（かくご まさひろ）

名古屋大学工学部卒，同大学大学院合成化学研究科修士課程を修了し，東京工業大学で工学博士の学位を取得．住友化学工業株式会社（現 住友化学株式会社）で主としてポリオレフィンの研究開発に従事．2013年日本大学理工学部客員教授，2015年山形大学客員教授．

【編　者】

大月 穣（おおつき じょう）

東京大学大学院工学系研究科博士課程修了，工学博士
現　在　日本大学理工学部物質応用化学科 教授
専　門　超分子化学
主　著　『基礎の化学』東京化学同人（2014），『6つの約束，日本大学N.研究プロジェクト物語』日本大学N.研究プロジェクト編，リバネス出版（2014），『はじめての有機化学』東京化学同人（2012），Multiporphyrin Arrays, Fundamentals and Applications, Ed. D. Kim, Pan Stanford（2012）

青山 忠（あおやま ただし）

芝浦工業大学大学院工学研究科修士課程修了，博士（工学）
現　在　日本大学理工学部物質応用化学科 准教授
専　門　有機合成化学
主　著　The Power of Functional Resins in Organic Synthesis, Eds. Tulla-Puche, J and Albericio, F., WILEY-VCH（2008）

浮谷 基彦（うきや もとひこ）

日本大学大学院理工学研究科博士前期課程修了，博士（工学）
現　在　日本大学理工学部物質応用化学科 准教授
専　門　天然物有機化学

遠山 岳史（とうやま たけし）

日本大学大学院理工学研究科博士後期課程修了，博士（工学）
現　在　日本大学理工学部物質応用化学科 准教授
専　門　無機材料化学
主　著　『第7版 化学便覧 応用化学編I（リン化学工業）』（分担執筆）丸善（2014）

松田 弘幸（まつだ ひろゆき）

日本大学大学院理工学研究科博士前期課程修了，博士（工学）
現　在　日本大学理工学部物質応用化学科 准教授
専　門　化学工学
主　著　『化学技術者のための実用熱力学演習』（分担執筆）化学工業社（2013）

理工系のための化学実験	監修者 岩村　秀・角五正弘
―基礎化学からバイオ・機能材料まで	編　者 大月　穣・青山　忠・浮谷基彦 ⓒ 2016
Undergraduate Experiments in Chemistry	遠山岳史・松田弘幸
from Basic Chemistry to Biochemistry and	
Functional Materials	発行者 南條光章
2016 年 3 月 25 日　初版 1 刷発行	発行所 共立出版株式会社
2022 年 2 月 20 日　初版 4 刷発行	東京都文京区小日向 4 丁目 6 番 19 号
	電話 東京（03）3947-2511 番（代表）
	〒 112-0006/振替口座 00110-2-57035 番
	URL　www.kyoritsu-pub.co.jp
	印　刷 大日本法令印刷
	製　本 協栄製本
	一般社団法人
	自然科学書協会
	会員
検印廃止	
NDC 432	
ISBN 978-4-320-04450-0	Printed in Japan

[JCOPY] <出版者著作権管理機構委託出版物>
本書の無断複製は著作権法上での例外を除き禁じられています．複製される場合は，そのつど事前に，出版者著作権管理機構（ＴＥＬ：03-5244-5088，ＦＡＸ：03-5244-5089，e-mail：info@jcopy.or.jp）の許諾を得てください．

定数・数

素電荷	$e = 1.60 \times 10^{-19}$ C
プランク定数	$h = 6.63 \times 10^{-34}$ J s
ボルツマン定数	$k_B = 1.38 \times 10^{-23}$ J K^{-1}
ファラデー定数	$F = 9.65 \times 10^4$ C mol^{-1}
気体定数	$R = 8.31$ J K^{-1} mol^{-1}
光速	$c = 3.00 \times 10^8$ m s^{-1}
アボガドロ定数	$N_A = 6.02 \times 10^{23}$ mol^{-1}
真空の誘電率	$\varepsilon_0 = 8.85 \times 10^{-12}$ C^2 N^{-1} m^{-2}
真空の透磁率	$\mu_0 = 1.26 \times 10^{-6}$ N A^{-2} = $4\pi \times 10^{-7}$ N A^{-2}
	$\varepsilon_0 \mu_0 = c^{-2}$
電子の質量	$m_e = 9.11 \times 10^{-31}$ kg
陽子の質量	$m_p = 1.67 \times 10^{-27}$ kg
ボーア磁子	$\mu_B = e\hbar/2m_e = 9.27 \times 10^{-24}$ J T^{-1} ($\hbar = h/2\pi$)
水の比誘電率	78.5
単位の換算	1 cal = 4.18 J
	1 atm = 1.01×10^5 Pa = 1.01 bar = 760 Torr
	= 760 mmHg = 14.7 psi
	1 eV = 1.60×10^{-19} J
	1 T = 1 Wb m^{-2} = 1 kg s^{-1} C^{-1} = 10^4 Gauss
	1 D = 3.34×10^{-30} C m
	1 kWh = 3.6 MJ
	0 V vs. SCE = $+0.241$ V vs. NHE
波長と光子の エネルギーの関係	$E/\text{eV} = \dfrac{1240}{\lambda/\text{nm}}$
理想気体	$pV = nRT$
理想気体のモル体積	$V_m = 24.8$ L mol^{-1} at 298 K
ネルンストの式	$E = E° + \dfrac{RT}{nF} \ln \dfrac{a_{\text{Ox}}}{a_{\text{Red}}}$
	$RT/F = 25.7$ mV at 298 K